水工结构工作模态辨识理论与应用

张建伟 著

科 学 出 版 社
北 京

内 容 简 介

本书根据环境激励的特点，探索研究以泄流激励为系统输入、结构振动响应为输出的水工结构工作模态参数辨识理论，从数模与理论、模型试验、原型观测三方面研究大型水工结构的实时工作模态，分析结构动力特性参数，探究结构安全运行敏感性指标，建立水工结构泄洪振动的状态监测系统，为高坝结构的安全运行提供理论依据和技术，在试验数据和工程实例的基础上，取得了具有实用价值的创新性研究成果。

本书除可用作水利水电工程设计人员、技术人员、管理人员的参考用书外，还可作为相关专业的研究生以及教师的学习参考书。

图书在版编目（CIP）数据

水工结构工作模态辨识理论与应用 / 张建伟著. —北京：科学出版社，2016.3

ISBN 978-7-03-047277-9

Ⅰ.①水… Ⅱ.①张… Ⅲ.①水工结构—排水系统—研究 Ⅳ.①TV3

中国版本图书馆 CIP 数据核字（2016）第 027971 号

责任编辑：耿建业 陈构洪 赵微微 / 责任校对：胡小洁
责任印制：徐晓晨 / 封面设计：耕者设计工作室

科学出版社出版
北京东黄城根北街 16 号
邮政编码：100717
http://www.sciencep.com

北京教图印刷有限公司印刷
科学出版社发行 各地新华书店经销

*

2016 年 3 月第 一 版 开本：720 × 1000 B5
2017 年 7 月第三次印刷 印张：13 1/4
字数：255 000

定价：80.00 元

（如有印装质量问题，我社负责调换）

前　言

我国水能资源居世界首位，开发的重点在西南的金沙江、澜沧江、雅砻江、大渡河等干支流以及西北的黄河上游，这些河流具有高水头、狭窄河谷、大流量、地质条件复杂等特点。在该地区修建高坝大库，其单宽河床的泄洪功率往往很大，达到国外同类工程的几倍甚至十几倍，因此，大型水利工程结构泄流安全问题十分突出，是我国水利水电工程建设中需要解决的关键技术难题之一，且国外没有成功的经验可以直接借鉴。为加强该方面的研究，国家已将“重大灾害监测和防御”、“重大生产事故预警与救援”列入国家中长期科技发展规划的“公共安全”重点领域及其优先主题。因此，如何通过一定的技术手段对结构的健康状况作出合理科学的评估和监控，并采取相应的措施以保证病害结构的安全运行，已成为一个亟待解决的问题。

提高大型水工结构泄流安全主要有以下两种途径：一是通过优化泄水建筑物的设计，提高其安全储备；二是实施有效的安全监控、检测和科学诊断，避免灾难性的事故发生。目前，第一种途径所采用的理论基础比较成熟，工程应用较多；第二种途径所采用的理论涉及多个学科领域，具有一定的学科交叉和融合特征，是水利工程学科研究中的重点和难点之一。

模态参数的准确辨识是对结构进行在线损伤诊断和状态监测的难点和核心之一。高坝等水工结构泄流过程是水流—结构复杂的耦联动力体系，常规的静态监测手段缺乏能对其实施在线无损动态检测和损伤诊断的理论方法和关键技术。鉴于传统的动力测试方法难以在大型水工结构原型上实现，本书根据环境激励的特点，探索研究以泄流激励为系统输入、结构振动响应为输出的水工结构工作模态参数辨识理论，从数模与理论、模型试验、原型观测三方面研究大型水工结构的实时工作模态，分析结构动力特性参数，探究结构安全运行敏感性指标，建立水工结构泄洪振动的状态监测系统，为高坝结构的安全运行提供理论依据和技术。

本书共 9 章。第 1 章总体介绍水工结构模态参数辨识方面的研究成果及发展方向；第 2 章介绍水工结构泄流振动响应的信号处理方法，以提取结构振动的有效特征信息；第 3 章介绍振动测试传感器的优化布置方法，使得结构振动有效信息最大化；第 4～8 章分别介绍作者近年来关于泄流结构模态参数辨识方面的最新研究成果；第 9 章对研究成果进行总结与展望。其中，第 2 章和第 3 章是后面几个章节的研究基础，性能优越的降噪技术和合理的传感器布置措施为正确分析结构振动特征提供保障，其目的是为结构安全评价及防灾减灾对策提供理论依据和技术支持。

本书由华北水利水电大学张建伟撰写，是在作者承担的国家自然科学基金（NO.51009066）：高坝泄流激励工作模态参数时域辨识理论与方法研究，天津大学水利工程仿真与安全国家重点实验室开放基金（NO.HESS-1312）：基于泄流激励的高拱坝耦联动力系统损伤诊断研究的基础上完成的。为本书付出辛苦劳动的还有江琦、暴振磊、朱良欢、曹克磊、刘轩然、刘晓亮、王涛等。感谢天津大学练继建教授的鼓励和指导，是练老师给我指明了研究方向；感谢华北水利水电大学赵瑜教授、南昌大学李火坤教授、天津大学马斌教授、王海军教授、广东省水利水电科学研究院黄锦林教授级高工、中国水利水电科学研究院李松辉博士的无私帮助。

由于作者的学识和水平有限，书中难免存在疏漏、不妥之处，恳请读者与专家指正。

张建伟

2015年12月

目　　录

第1章 绪 论

我国水能资源居世界首位，开发的重点在西南的金沙江、澜沧江、雅砻江、大渡河等干支流以及西北的黄河上游，这些河流具有高水头、狭窄河谷、大流量、地质条件复杂等特点，在该地区修建高坝大库，其单宽河床的泄洪功率往往很大，达到国外同类工程的几倍甚至十几倍，因此，大型水利工程结构泄流安全问题十分突出，是我国水利水电工程建设中需要解决的关键技术难题之一[1, 2]，且国外没有成功的经验可以直接借鉴。为加强该方面的研究，国家已将“重大灾害监测和防御”、“重大生产事故预警与救援”列入国家中长期科技发展规划的“公共安全”重点领域及其优先主题。

据国际和中国大坝委员会统计[3, 4]，在坝高为60m以上的大坝中，混凝土坝约占58%～73%，并随着坝体高度的增加，混凝土坝所占的比例加大，目前我国正在兴建的混凝土坝的高度、数量及规模均居世界首位。通常，高坝长期承受着高速水流、温度、冰冻等多种环境荷载的影响，甚至还会受到地震荷载的冲击，这样复杂的工作条件常常导致高坝由于疲劳和腐蚀而发生开裂损伤，这些损伤又往往位于结构的水下部位，不易直接被发现，在高速水流的激振作用下，其破坏范围会迅速扩展，甚至可能导致整个结构功能的失效。而且由于高速水流、水流—结构相互耦合作用的复杂性和巨大的作用力所引起的泄水建筑物破坏的事例屡见不鲜。例如，法国的Malpasset坝垮坝，美国德克萨尔卡那坝（Trxarkana）、纳佛角坝（Navajo）和我国万安水电站导墙的流激振动破坏，巴基斯坦的沙迪·科尔大坝、意大利的瓦依昂拱坝失事，以及奥地利柯恩布莱拱坝、苏联萨扬舒申斯克重力拱坝出现严重裂缝，我国的板桥、石漫滩大坝失事等[5-8]，这些坝体的失事均造成了非常严重的灾害。因此，开展大型水工结构的流激振动研究非常有必要，“5.12”汶川大地震的发生，使得开展诸如堤坝等重大水工结构的动力灾变机理和健康检测研究显得尤为迫切和重要。

我国对水利工程的安全问题一向十分重视，为了全面检查和评价水电站大坝的安全状况，水利部和国家电力公司（原电力部）对所属大坝的安全状况进行定期检查[9, 10]，定检结果如下：至1999年年底，我国已建水利堤坝（即以防洪、灌溉和供水为主并由水利部门管理的大坝）中，有30413座为病险坝，其中大型坝145座，中型坝1118座，小型坝29150座，从1999～2002年垮坝达245座；电力部门管理的以发电为主的130多座水电站大坝中有9座为病险大坝。检查发现，大坝的主要重大缺陷和隐患是洪水、坝基及库岸地质、施工质量、工程设计和运行管理等方面的问题引起的，其中高混凝土坝存在裂缝、溶蚀、冻融、温度疲劳和日照碳化等病害，尤其以裂缝问题最为严重。电力部门第一轮定期检查96座水电站大坝的结果如表1-1所示[3]。

表1-1 96座大中型水电站大坝病患和病险统计

序号	隐患或病险	数量/座	比例/%
1	防洪标准低，不满足现行规范的规定，有的大坝在运行中曾发生洪水漫顶事故，造成巨大损失	38	39.6
2	坝基存在重大隐患，断层、破碎带和软弱夹层未作处理或处理效果差，有的在运行中局部发生性态恶化，使大坝的抗滑安全明显降低	14	14.6
3	坝体稳定安全系数偏低、不满足现行规范的规定	5	5.2
4	坝体裂缝破坏大坝的整体性和耐久性，有的裂缝贯穿上下游，渗漏严重，有的裂缝规模大且所在部位重要，已影响到大坝的强度和稳定	70	72.9
5	结构强度不满足要求，坝基、坝体在设计荷载组合下出现超过允许的拉、压应力	10	10.4
6	坝基扬压力或坝体浸润线偏高，坝基或坝体渗漏量偏大	32	33.3
7	泄洪建筑物磨损、气蚀损坏严重，有的大坝的坝后冲刷坑已影响到坝体的稳定	23	24
8	混凝土遭受冻融破坏严重，表层混凝土剥蚀或碳化较深，有的大坝在泄洪时溢流面发生大面积混凝土被冲毁事故	10	10.4
9	近坝区上下游边坡不稳定，有的曾发生较大规模的滑坡	10	10.4
10	水库淤积严重	10	10.4
11	水工闸门和启闭设备存在重大缺陷，有的已不能正常挡水和启闭运行，影响安全度汛	27	28.1
12	大坝安全监测设施陈旧、损坏严重，测量精度低，可靠性差，部分大坝缺少必要的监测项目和设施	—	≥80

由此可见，我国水工结构运行的健康状况不容乐观，存在着各种病害与隐患。特别是修建于20世纪五六十年代的水工建筑物，由于设计、施工质量和管理等多方面的原因，许多都存在着不同程度的破损，且随着时间的推移，将有大量建筑物达到或超过其设计基准周期。倘若这些结构的缺陷和隐患得不到及时的诊断评价和整治处理，任其恶化下去，轻则影响结构设计功能的正常发挥，重则可能造成坝溃厂毁，殃及下游，给人民的生命财产、国民经济建设乃至生态环境和社会稳定都带来极大的灾难。

同时，从国际水利工程学科的发展来看，受到社会、经济发展水平的影响，发达国家的水利水电开发程度已经达到很高的水平，如日本、瑞士、法国、西班牙、挪威、意大利、美国、加拿大等发达国家的水电开发程度均超过70%，法国、瑞士更达到95%以上。因此，大规模的水利水电建设已不是今后水电事业发展的主流，研究重点将会逐渐转移到水工结构的损伤诊断与寿命预测、水利水电工程与环境、生态的协调、溃坝的风险预测与评估等领域，同时有关水电专家预计[11-13]，21世纪将是老坝加固、病坝除险的高峰期。

综上所述，针对我国基础设施建设中存在的诸多安全质量问题，如何通过一定的技术手段对结构的健康状况作出合理科学的评估和监控，并采取相应的措施以保证病害结构的安全运行，已成为一个亟待解决的问题。而对水工结构的工作性态进行诊断与监测，及时发现结构的损伤，对可能出现的灾害进行预测，评估其安全性已成为未来工程的必然要求，也是水利工程学科发展的一个重要领域。

1.1 水工结构反问题的提出

反问题是相对于正问题而言的，反问题首先由丹麦著名物理学家Lorentz于1910年提出，我国在20世纪80年代初由冯康先生首倡[14, 15]。众所周知，世界的事物或现象之间往往存在着一定的自然顺序，如时间顺序、空间顺序、因果顺序等，所谓正问题一般是按着这种自然顺序来研究事物的演化过程或分布形态，起着由因推果的作用；而反问题则是根据事物的演化结果，由可观测的现象来探求事物的内部规律或所受的外部影响，由表及里，索隐探秘，起着由果求因的作用。例如，夏天人们挑西瓜时把瓜放在耳边拍一拍，有经验的人就知道瓜熟不熟，不需切开来看，不致破坏西瓜的完整；又如，通过泄流激励下的水工结构振动响应（速度、位移、加速度、应变等），利用数学和力学等手段将水工结构的结构信息（模态参数、外激励等）提取出来，然后就可以对该结构的工作性态作出科学的判断。

1.1.1 反问题的定义

反问题（inverse problems或backward problems）一词，在自然科学、社会科学和工程中已被广为使用。一般定义由原因到结果的顺方向问题为正问题或直接问题（forward problems，direct problems），而反问题与其相反，指由结果来推测原因，或由系统的输出来求输入的问题。正问题的处理方法称为正分析（direct analysis），反问题的处理方法称为反分析（inverse analysis）[16-19]。

反问题由于涉及的领域很广，各自的含义也有很大的差异，有时是通过系统的输出信息来推理输入信号，有时是通过测量的信息（变形、应变、频率、振型等）来辨识结构缺陷的位置和程度，有时是利用微分方程的解和部分定解条件来推定尚缺（未知）的剩余定解条件等。因此，要给定反问题的具体定义尚有一定难度，而从正问题的相反角度来界定反问题可能是合适的。正问题是由原因推理结果的过程，所以反问题可定义为正问题之外的任何推理过程，或是由结果推定原因的过程。这里并不一定要求事件的所有原因均未知，可能是部分原因未知，其反问题则是通过已知结果来反推这部分未知原因。

1.1.2 流激振动动力学反问题的提出

对于水工结构流激振动问题的研究，不少学者已经开展了广泛的研究[20-31]，其通常的研究方法有理论分析、模型试验、数学模型等。在这些研究方法中，都必须已知下列条件：①被研究对象的区域范围、边界形状及位置；②支配方程；③边界条件及初始条件；④作用于对象系统的荷载；⑤构成系统材料的物理力学特性及分布特性等，这些条件缺一不可。

在正问题研究中，鉴于水流动力荷载及水流结构相互作用的复杂性，水弹性模型仍是研究流激振动问题的重要手段。其中，天津大学的崔广涛、练继建等[24-31]曾对二滩、小湾、沟皮滩、溪洛渡、拉西瓦、三峡左导墙等进行了全水弹性试验模拟，即“水流动力荷载–结构–水体–基础”四位一体的耦合动力系统的模拟，对大型水工结构在随机脉动水压力作用下的结构响应及坝体泄流安全问题等方面进行了深入细致的研究。

同时，文献［25］认为在水弹性模型的模拟中，存在一些不相似因素，主要包括以下几个方面：①模型材料阻尼比、泊松比的影响。在采用水弹性模型来模拟水流脉动荷载作用下水工结构的动力响应系统时，按模型律的要求，结构模型材料应满足容重比尺 $\lambda_\rho=1$，弹性模量比尺 $\lambda_E=\lambda_l$（λ_l 为几何比尺），阻尼比比尺 $\lambda_\zeta=1$，泊松比比尺 $\lambda_\mu=1$。由于水弹性模型材料采用加重橡胶，其阻尼比和泊松比都偏大，各阶模态阻尼比一般在5%～10%，平均约6.77%，泊松比为0.35～0.40，而实际的水工结构（如东江、泉水双曲拱坝等）的阻尼比为2%左右，混凝土材料的泊松比为0.167。②模型基础模拟范围的影响。③高频荷载的相似性差。即“动力荷载”输入系统相似是按重力相似律设计，水动力荷载中的部分高频荷载难以满足重力律相似的要求。而在理论分析及数值方法（如有限元）研究中，初始条件、边界条件以及材料参数等也同样需要事先给定，而现实情况是要完全正确给出这些条件和参数是有一定困难的，这就导致试验或计算结果与实际动力系统的输出有所出入。

鉴于此，在水工模型试验中，需要通过有限的测点响应，来反分析模型结构的结构参数或物理参数，以便不断修正水工模型，使得水弹性模型趋于实际的结构动力系统。同样，在原型观测中，如需要对已建或在建工程的观测资料作出解释，并推算建筑物材料物理参数的变化，反馈前期设计计算中采用的各种假设和模型，从而判断结构的运行状况，预测今后的变化趋势等，也需要通过反分析来实现。而更为重要的是在模型动力实验中，实测动力响应的测点总是有限的（在原型观测中有时更少），难以全面反映水工结构的动力响应特征，尤其是动应力响应，而最大动应力部位又常位于水下，难以直接进行测量。因此要对水工结构的动力响应进行正确评估，就非常有必要通过有限的实测结构响应特征，回归出整个动位移场和动应力场，以便得到最大动力响应值，这恰恰说明要对水工结构进行反分析的必要性和迫切性。

1.1.3 流激振动动力学反问题的分类

一般而言，一个完备的力学系统由以下因素构成：作用（对于动力情形又称为激励或输入，对于静力情形称为荷载）；作用效应或响应；结构（作用对象）的系统力学特性，包括结构刚度、强度、几何约束、固有频率等。在水工结构动力系统中，流激振动分析中涉及以下四类结构动力学问题。

第一类：已知泄流激励作用和结构系统动力特性，求解结构的动力响应。这类问题是水工结构工程中最基本和最常见的问题，其主要任务在于验算结构、构件在工作时的效应是否满足预定的安全要求（安全性）和其他给定指标（如耐久性指标、适用性指标）。这类问题可称为力学正问题。

第二类：已知泄流激励作用和作用效应或响应，求解结构的系统特性。可以称这类问题为系统辨识。所谓求系统特性，主要是指构造系统的模型或确定已知模型的某些参数。通常，利用监测数据构造模型，称为辨识；而利用实测数据来确定已知模型的某些参数，则称为参数辨识，有时也称为参数估计。系统辨识属于第Ⅰ类力学反问题。

第三类：已知结构的系统特性和作用效应（响应），求解荷载作用。这类问题可以称为环境预测。有时为了保障结构在服役时不发生破坏，需要通过监测系统记录结构的作用效应或响应，来估计结构工作在怎样一种物理环境中，以及结构工作时加在结构上是怎样的一种作用，这样才能有根据地得出结构安全方面的结论，才能有根据地进行结构制定和设计可靠的安全措施。当以求得作用在结构上的荷载、不均匀沉降为主要目的时，可称为荷载辨识。这类问题又称为第Ⅱ类力学反问题。

第四类：除了前述的力学正问题及两类力学反问题之外的其他力学问题，都可以归结为第Ⅲ类力学反问题。例如，通过泄流激励下的水工建筑物的振动响应（如速度、位移、加速度、应变等）信号，检测结构是否存在损伤，以及判定结构损伤的位置及程度，即属于此类问题。

1.1.4 流激振动动力学正、反问题的关系

以往人们大多侧重工程的规划设计和施工建设，对施工中或建成后的原型监测与反演反馈分析重视不够，这不仅影响建筑物的安全运行，而且不能形成反馈通道。实际上规划设计—施工建设—运行监测与反演反馈本身应该构成一个完整的“闭路系统”，在这个系统中，既有正分析，又有反分析。正分析是在系统结构及环境因素已知的情况下，对系统的变化进行计算或模拟分析，进而评价系统的实际运行性态，各类水工结构的安全监测正分析模型即属于此类；反分析是通过对系统监测资料或测试数据的计算分析，反推系统结构或其环境影响因素中的未知量，通过实测变位或模态信息辨识系统参数、荷载以及边界条件等属于此类。观测资料或测试数据的正反分析是相辅相成的，二者密不可分。通过反分析可以确定正分析过程中所需的某些未知因素，而利用得到的反分析值进行正分析计算，又可以验证反分析的可靠性。正反分析现已成为解决实际工程问题的有力工具[32-35]。

本书结合工程实例，对泄流激励下的典型水工结构开展工作模态参数研究，为水工结构损伤诊断与安全检测及监测提供基础。

1.2 水工结构模态参数辨识方法及现状

在研究重大结构灾变行为和健康监测时，首先遇到的关键问题之一就是正确地辨识或监测结构工作时的特性。结构的模态参数辨识属于第Ⅰ类力学反问题，它是后两类反问题的研究基础。结构模态辨识是指通过试验获得结构振动的输入、输出数据，并利用所得的试验数据确定结构模态参数，其中包括结构的固有频率、模态阻尼比、模态质量、模态刚度和振型等。

结构的模态辨识可以分为两大类[36]：一是传统的结构模态辨识方法，这类辨识方法依靠结构振动的输入和输出数据去辨识结构的模态参数，分析方式主要是单输入和单输出频域分析方法，或者多输入和多输出的频域分析方法；由于水工结构模型是按一定比尺缩小而成的模型，结构刚度小，人工激励简单易行，且该方法的测试精度较高，因此，在水工结构模型试验方面尤其是水弹性模型模态试验领域得到广泛应用。二是基于环境激励的结构模态参数辨识方法，该方法利用环境激励作为结构的输入，通过结构输出数据和部分输入数据，或仅利用输出数据来辨识结构的模态参数，此类方法适用于研究对象通常是处于工作状态的大型工程结构。仅利用高坝在工作状态下（如泄流状态）的

结构响应数据辨识结构模态参数的技术方法，也即高坝在工作动力下响应信号的结构参数辨识方法，或称为工作模态参数辨识时域辨识方法，正是本书所要研究的内容。

1.2.1 传统的模态参数辨识方法

传统水工结构模型的模态试验主要采用冲击锤激振方法，称为试验模态分析（experimental modal analysis, EMA），该方法操作简单、易于实施，并且能保证较高的精度，试验时激振点固定（single input），拾振点移动（mutiple output）。实验测试系统如图 1-1 所示，测试仪器主要有：高灵敏度加速度传感器、冲击力锤、电荷放大器、交直流电源、程控放大器、抗混滤波器、A/D 及 D/A 转换器、信号发生器、微型计算机、打印机等具有动态数据采集和显示的仪器。

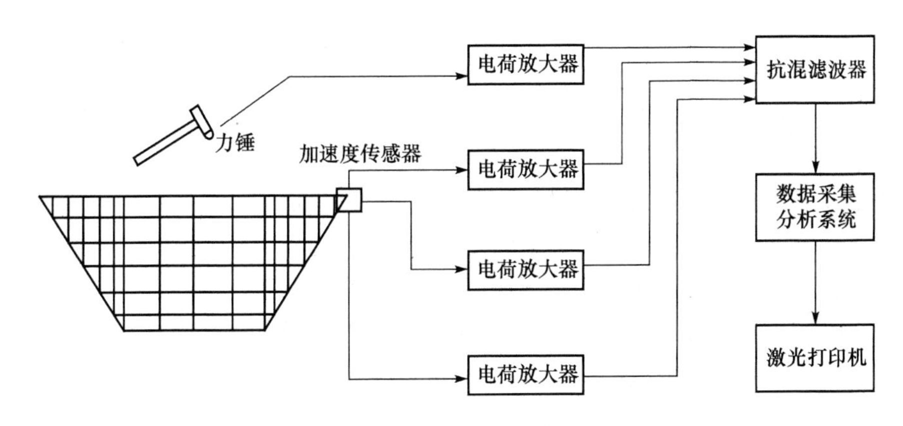

图 1-1 结构模态测试系统配置图

该方法以测量结构的传递函数为基础。传递函数是通过对结构的激励和响应信号在频域内进行同步分析和处理得到的。根据线性振动理论，结构的动力响应主要由该结构的各模态的响应组合得到，故结构的动态特性可以用各阶模态参数来表达。假定 $x(t)$ 代表输入的激振力，$y(t)$ 代表输出的响应，$G_{xx}(f)$、$G_{yy}(f)$ 为相应的自谱，$G_{xy}(f)$ 为输入与输出的互谱，则传递函数（或频率响应函数）可表示为

$$H(f)=\frac{G_{xy}(f)}{G_{xx}(f)} \tag{1-1}$$

传递函数 $H(f)$ 一般为复函数，可表示为：$H(f)=|H(f)|\mathrm{e}^{-\mathrm{j}\psi(f)}$，其模称为系统的增益因子，即输出幅值与输入幅值之比，是表征系统的幅频特征；相角 $\psi(f)$ 为系统的相位因子，即输入与输出的相位差，是表征系统的相频特性。因

此，通过对系统的传递函数的测量，可确定出结构的动态特性。对于单点输入、多点测量传递函数的试验方式，模态参数与传递函数的关系可表示为

$$H_{qp}(\omega)=\sum_{i=1}^{n}\frac{\boldsymbol{\varphi}_{qi}\boldsymbol{\varphi}_{pi}}{-\omega^2 M_i+\mathrm{j}\omega\beta_i+K_i} \tag{1-2}$$

式中，$H_{qp}(\omega)$ 为在 p 点激振、q 点测量响应的传递函数；M_i、β_i、K_i 分别为第 i 阶模态质量、模态阻尼和模态刚度；$\boldsymbol{\varphi}_i$ 为第 i 阶模态向量。由该式可知，若试验测出足够数量的传递函数，则可计算各模态参数。

由于水工结构模型是经原型按一定模型比尺缩小的模型，结构刚度小，人工激励简单易行，且该方法的测试精度较高，在水工结构模型试验方面尤其是水弹性模型模态试验领域得到了广泛的应用[25-31]。

而对于大型水工结构的原型动力试验，一般是在一定控制条件下，为了研究某一特定因素的影响和结构物的某一特定性能而进行的专门试验。以大坝的原型动力试验为例，早期的大坝原型动力试验主要采用一些简易的激振方式研究大坝结构的自振频率、阻尼及振型，如牵拉并快速释放的初位移试验，撞击、小火箭等的初速度试验，小药量的水爆瞬态激振等。直到 20 世纪 60 年代，美国研制出机械式起振机，首次在加利福尼亚州某混凝土拱坝上进行了具有现代意义的大坝原型动力试验，并成功地测出大坝的四阶模态。我国于 1978 年研制出与美国类似的起振机，但仅对房屋建筑及桥闸进行过原型动力试验，随后，中国水利水电科学研究院研制了 TQJ-4 型同步起振设备，先后在安徽陈村、浙江湖南镇、安徽响洪甸、广东泉水、吉林丰满大坝上进行了原型动力试验，随后又利用群孔水封毫秒爆破法以及利用库区基岩进行水下毫秒爆破法在东江拱坝、龙羊峡拱坝取得成功[37]。目前对大坝进行原型动力试验的主要方法有自由振动试验法、瞬态激振试验法和强迫振动试验法。

1.2.2　基于环境激励的模态参数辨识方法

尽管传统的水工结构模态参数辨识方法在水工模型和原型模态测试中得到了广泛的应用，但传统的方法也有不可避免的缺陷。首先对于水工结构人工激励实施难度较大，并且需要采用专门的设备和技术人员，成本较高，并可能会影响结构的正常工作，造成经济损失；其次，人工激励可能会引起结构的损伤[38, 39]。故传统的模态测试技术必须封闭现场或线路，无法实现不影响结构正常使用的在线试验，无法对结构实现实时的安全监测。然而，环境激励（ambient excitation）却是一种自然的激励方式，其中，“环境激励”是指自然激励或者不刻意进行下的人类行为激励，如海浪对船舶的拍击，大地脉动、地震波对工程结构的作用，风载荷对楼、塔、桥梁的激励，路面对运行中车辆的激扰，火车、车辆对桥梁的

作用，人流量大的天桥上行人对天桥的激励，大气对高速飞行中飞机、火箭的激励，尾流对火箭、飞船在外空间飞行时的作用等。由结构的环境振动或脉动响应，来辨识结构的模态参数成为方便、简单、成本较低的可行方法，有其独特的优势。

（1）仅根据结构在环境激励下的响应数据来辨识结构的模态参数，无需对结构施加激励，激励是未知的，仅需直接实测结构在水流等环境激励下的响应数据就可以辨识出结构的工作模态参数。该方法辨识的模态参数符合实际工况及边界条件，能真实地反映结构在工作状态下的动力学特性，称为工作模态分析（operational modal analysis, output-only modal analysis, OMA），如坝体在泄流工况下和非泄流工况下结构的模态参数是有一定差别的。

（2）便捷迅速，经济性强。该辨识方法不施加人工激励，而完全依靠环境激励，节省了人工和设备费用，也避免了对结构可能造成的损伤问题。

（3）利用环境激励的实时响应数据辨识结构参数，能够辨识由于环境激励引起的模态参数变化。这一点对于由于无法施加人工有效激励，从而无法辨识这些结构的模态参数的传统方法而言，是一个长足的进步，破解了一些亟待解决的工程问题。

基于上述优点，环境激励下的参数辨识方法在土木建筑、航空航天、造船、汽车、机床制造等行业得到了广泛有效的运用，但是，环境激励毕竟是一种不可控、不可精确测量，难以运用合适的数学公式来表达的一种激励源，是一种“黑箱”元素，即“输入—系统—输出”中的前两项都是未知量，这给理论上和实际应用中的选用标准问题开辟了一个新的研究领域，国内外学者在这个领域中作出了许多建设性的贡献。工作模态参数辨识方法对比见表 1-2。

表 1-2　工作模态参数辨识方法对比列表

方法	类型	优点	缺点
峰值拾取法（PP）	频域	操作简单、辨识快速	无法辨识密频结构和阻尼
频域分解法（FDD）	频域	辨识精度高、有一定的抗噪能力	模型定阶困难、易产生虚假模态
Ibrahim 时域法（ITD）	时域	精度较高	计算量大、易产生虚假模态
最小二乘复指数法（LSCE）	时域	有一定的辨识精度	抗噪能力差，模型定阶困难
ARMA 时间序列法	时域	无能量泄露、分辨率较高	模型定阶困难、易产生虚假模态
特征系统实现算法（ERA）	时域	辨识精度高、可用于密频结构模态辨识	模型定阶困难
随机子空间法（SSI）	时域	具有一定的抗噪能力、可用于密频结构模态辨识	易产生虚假模态、计算量大
希尔伯特 - 黄变换（HHT）	时频域	具有很好的处理非线性非平稳信号的能力	分解复杂信号时计算精度不高、计算时间长

其中，峰值拾取法（peak picking method，PP）是利用功率谱密度函数，在系统固有频率处出现的峰值实现对系统模态的辨识。该方法简单易行，但辨识精度不高，并且难以用于密集模态的辨识，为求取模态振型，可对功率谱密度函数进行曲线拟合（curve-fitting）。类似的方法还有导纳圆法等。

频域分解法（frequency domain decomposition method，FDD）是峰值拾取法的改进算法，其基本概念由 Prevosto 于 1982 年提出，主要解决了峰值拾取法难以处理密集模态的问题。通过对功率谱密度进行奇异值分解（singular value decomposition，SVD），将多自由度系统的功率谱密度函数解耦为一系列单自由度的功率谱密度函数，其后利用峰值法求取频率。Brincker 等于 2001 年提出增强频域分解法（enhanced frequency domain decomposition method，EFDD），并直接应用于环境激励下的模态辨识。与频域分解法不同的是，增强频域分解法可以将分解后的单自由度功率谱密度函数进行逆傅氏变换，转入时域求得相关函数后，利用对数衰减法计算频率和阻尼比。与频域分解法相比：频域分解法对频率的求解依赖于 FFT 的分辨率，并且阻尼比的辨识需要经过逆傅氏变换后在时域内完成，较为麻烦；增强频域分解法可在时域内直接完成频率与阻尼比的计算，理论思路清晰，抗噪性更好。Ying 等在 EFDD 的基础上，利用自功率谱密度函数进行密集模态的辨识，取得了良好的效果。

Ibrahim 时域法（Ibrahim time domain method，ITD）是利用自由振动衰减信号构造自由衰减响应数据矩阵，建立特征矩阵的数学模型，对特征矩阵求解特征值后，利用特征值与模态频率和模态阻尼的关系求解系统模态，属于一种单输入多输出的识别算法。与该方法类似的有节约时域法 (STD) 等。

最小二乘复指数法（least-squares complex exponential method，LSCE）是 20 世纪 70 年代发展的一种单输入多输出 (单参考点) 的模态辨识方法，该方法主要利用系统脉冲响应函数建立自回归模型并构造 Prony 多项式，通过求解系统极点与留数来辨识系统参数。多参考点最小二乘复指数法（poly-reference least-squares complex exponential method，Prony）克服了最小二乘复指数法仅能应用于单输出状态的不足，由美国结构动力研究公司提出，在 20 世纪末该法是应用比较广泛的一种主要的时域模态辨识方法。比利时鲁汶大学 Van der Auweraer 于 2001 年提出最小二乘复频域法（least-squares complex frequency domain method，LSCF），Guillaume 等将其应用于白噪声环境激励下的模态辨识：利用输出响应的功率谱密度近似代替频响函数，使用极大似然估计使误差最小化，实现全局模态的辨识，该方法的优势在于对系统极点识别具有较好的稳定性。多参考点最小二乘复频域法（poly-reference least-squares complex frequency domain method，PolyMAX/PolyLSCF）是在最小二乘复频域法的基础上延伸发展的多输入多输出版本，提出多参考点形式的动机，主要是为了解决最小二乘复频域法在对同分母模型进行 SVD 分解时，频响函数拟合效果的下降以及初始稳定图中信息量的不足。多参考点最小二乘复频域法是当前商业模态辨识软件中较常用的一种频域方法。最小二乘复频域法与最小二乘复指数法在算法形式上比较类似，都是利用极大似然估计进行系统参数辨识，其区别在于前者使用的拟合函数是频域的频响函数或代替频响函数的功率谱密度函数，后者使用的是时域的脉冲响应函数。

ARMA 指自回归滑动平均模型，其特例包括自回归（auto regressive，AR）模型与滑动平均（moving average, MA）模型，ARMA 时序模型是一种利用参数模型直接对有序随机振动响应数据进行识别得到结构参数的方法。

特征系统实现算法（eigensystem realization algorithm，ERA）的主要思想，是利用系统的脉冲响应信号或自由响应信号构造 Hankel 矩阵，通过对矩阵进行 SVD 分解得到原系统的状态矩阵、控制矩阵以及观测矩阵的一组观测量，其后通过系统定阶，确定系统参数的一组最小实现。特征系统实现算法属于当前研究比较成熟的模态参数辨识算法，在土木、桥梁结构的模态辨识中有广泛的应用。特征系统实现算法在应用时需要确定 Hankel 矩阵的阶数 (或 Hankel 矩阵子块 / 脉冲响应矩阵的个数) 以及系统阶数，系统阶数一般利用对 Hankel 矩阵进行 SVD 分解来确定。

随机子空间算法（stochastic subspace identification，SSI）有两种类型：基于协方差（covariance-driven）的与基于数据（data-driven）的。二者的主要区别在于前者需要利用系统响应的协方差组成 Toeplitz 矩阵，后者直接用响应数据组成 Hankel 矩阵，利用 QR 分解投影计算。由于白噪声下协方差与相关函数形式类似，故基于协方差的随机子空间法可利用响应的互相关函数来构造 Hankel 矩阵。基于数据的随机子空间法属于直接处理时间序列的时域方法，在近似白噪声的环境激励条件下，将响应数据组成 Hankel 矩阵，其后利用 QR 分解与 SVD 分解获得扩展的可观测矩阵及卡尔曼滤波状态，在状态确定的情况下将识别问题转变为系统矩阵的线性最小二乘问题。与基于协方差的随机子空间法相比，基于数据驱动的随机子空间算法避免了协方差矩阵的计算，即不必将时域响应数据转化为相关函数。

希尔伯特 - 黄变换（Hilbert-Huang transform, HHT）是一种新的分析非线性系统非平稳信号的自适应时频处理方法，该变换由经验模态分解 (empirical mode decomposition, EMD）和希尔伯特变换（Hilbert transform）组成。经验模态分解是处理时域曲线的方法，可将初始信号分解为一系列本征模态函数（intrinsic mode function, IMF）和残量的叠加，可实现对原信号的强制平稳化处理，以及由低频到高频的无混叠分解。其后利用希尔伯特变换，可完成频率与阻尼比的辨识。对于傅氏变换、小波变换，希尔伯特 - 黄变换的优点在于适应非线性问题，不过由于其理论基础不完善，在实用中存在一定局限。EMD 作为一种模态分解的方法，也可与其他模态辨识方法联合使用。

模态参数辨识根据计算过程的不同，可大致分为一步法 (one-stage methods) 和两步法（two-stage methods）。一步法可直接利用响应信号求取系统模态参数；两步法需要首先对测试信号进行处理，得到中间时域序列如近似的相关函数、自由响应、脉冲响应等，之后利用模态辨识算法进行计算[40]。环境激励下结构模态参数辨识算法框架如图 1-2 所示，具体模态辨识实现过程将在后续章节介绍。

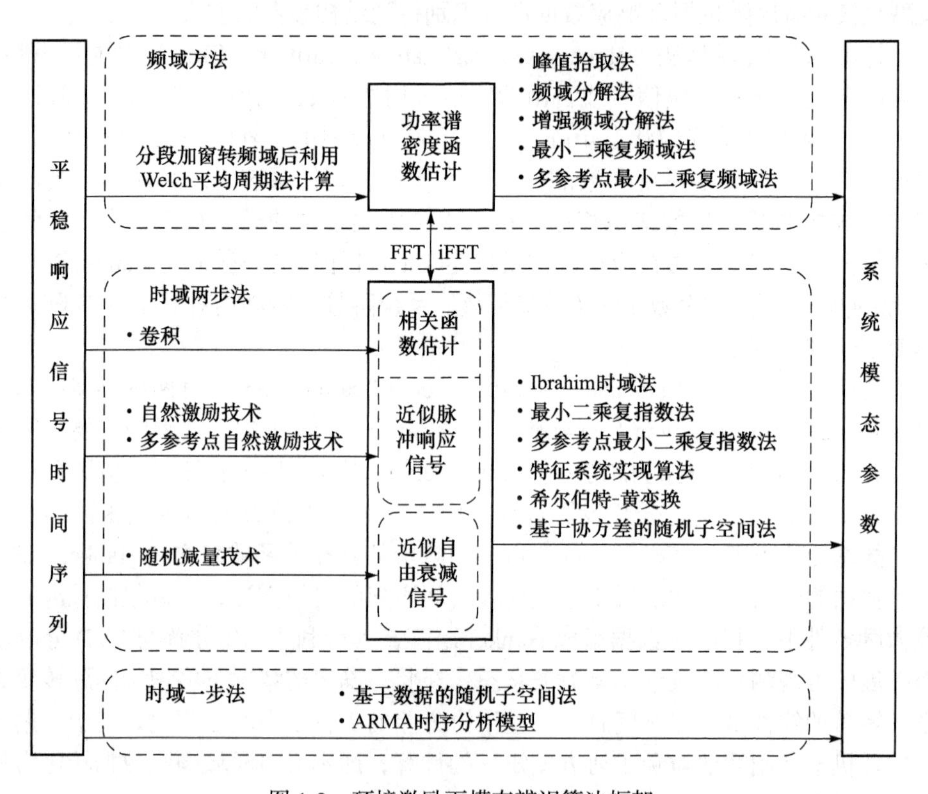

图 1-2　环境激励下模态辨识算法框架

1.2.3　基于环境激励的模态参数辨识研究进展

环境激励下的工程结构参数辨识，国外的研究可以追溯到 20 世纪 60 年代，Clarkson B. L. 等运用相关函数对随机激励下小阻尼结构的响应进行了分析，Crawford R. 等应用环境激励进行了楼房的固有频率的确定，在以后的几十年内，环境激励法取得了长足的进展，许多学者提出了一系列的辨识方法并在工程中应用。1973年，Ibrahim提出了Ibrahim方法，在时域内利用结构的响应信息来辨识结构的模态参数，后来Ibrahim本人及其他人对该方法进行了多次修改，形成了著名的ITD方法，而后，Cole在进行航天飞机结构试验中提出了随机减量法，Ibrahim等扩展了该方法并从数学上论述了随机减量法[41]；1976年，Box与Jenkins发表专著详细论述了用于模态参数辨识的时序分析方法（ARMA）[42]；根据频响函数在固有频率附近出现峰值的原理形成了峰值拾取法，但该方法难以辨识密集模态[43]，频域分解法对响应功率谱进行奇异值分解，把功率谱对应于多阶模态的单自由度系统功率谱组，是对峰值拾取法的一种改进[44]；1983年Mergeary研究了单参考点复指数方法，其核心是最小二乘估计和脉冲响应函数关于各阶模态的复指数展开理论的结合，但该方法是一种局部检测方法[45]；1984年Juang和Pappa首先提出了特征实现算法（ERA）[46]，该方法以多点激励得到的脉冲响应函数矩阵为基础，构造Hankel矩阵，利用奇异值分解技术，确定用于描述状态方程的系统矩阵的输入输出矩阵的最小实现，通过求解系统矩阵的特征参数得到模态参数；1986年Braun提出把Prony方法应用于结构模态参数辨识，该方法使用自由振动数据或脉冲响应数据对模态参数进行辨识[47]；James等在1993年提出了利用相关函数代替脉冲响应函数的NExT方法，并在1995年给出了用相关函数代替脉冲响应进行环境激励下模态参数辨识的理论根据[48]；1991年，Overschee等提出了基于离散状态空间方程的随机子空间法SSI[49, 50]；1996年以来，对环境激励信号的认识从白噪声信号扩展到一般随机信号，同时在频域内和时域内对结构进行模态参数辨识，如1995年Verhaegen等讨论了应用时频分析方法对非平稳随机信号进行分析[51]。

国内在该领域的研究，始于20世纪80年代[52]，进入21世纪以来，环境激励下的结构模态参数辨识在工程界应用得到了快速发展，涌现了大量的研究成果。2000年于开平等研究了ARMA模型与NARMA模型线性时变和非线性时不变结构系统[53]。2001年杨文献等提出基于奇异熵的信号降噪技术研究[54]，为提取信号有效特征信息提供新的思路。2002年李中付等研究了非平稳环境激励下线性结构在线模态参数辨识问题[55]，该研究把任意随机激励信号分为白噪声信号和非白噪声信号的叠加，通过引入非白噪声系数，得出工程结构响应之间的相关函数由两部分组成：一部分与脉冲响应具有相同的数学形式，另一部分为其他形式，并利用模态分解法，把相关函数分解为各阶模态函数与余项之和，其研究结果表明，该方法能够解决非平稳激励环境激励下线性结构模态参数的辨识问题；2003年陈隽等研究了HHT方法在模态参数辨识中的应用，并应用该方法辨识出了青马桥在台风作用下的固有频率和阻尼比[56]；史东锋等在2004年研究了结构在环境激励下的模态参数辨识问题[57]；2005年庞世伟等研究了改进随机子空间法辨识线性时变结构系统模态参数[58]；2006年，夏江宁等在被测系统作动力学环境试验的同时，将振动台面和被测系统组成的新系统作为分析对象，以振动台给定的力谱或加速度谱作为激励，对被测系统进行了模态参数辨识[59]，取得了较好的试验结果；陈果提出小波自适应降噪新方法，给出一种新的阈值估计方法，克服了信号采样频率对实际降噪过程的影响[60]。王超等采用动态规划方法计算得到信号的小波脊，根据小波尺度与频率的关系由提取的小波脊辨识出信号的瞬时频率，并将提出的方法运用于含噪调频信号进行数值模拟分析和实测索冲击响应信号分析[61]。随后又提出了基于小波的非线性结构系统辨识方法[62]，采用复 Morlet 小波，对非线性结构自由响应信号进行连续小波变换，根据小波系数模极大值的方法提取小波变换的脊线和小波骨架，并由此来辨识结构的瞬时频率和振幅，得到非线性结构的骨架曲线，同时通过一个具有非线性刚度结构的数值模拟验证了该方法的有效性。

尽管国内外学者关于环境激励下结构模态参数辨识方面的研究已长达四十年之久，并取得了一定的成果，但其在水利工程方面的应用仍处于起步阶段。Darbrel 等[63]利用 1994 年和 1996 年所捕捉到的地震波及结构响应对瑞士 250m 高的 Mauvoisin 拱坝进行现场测试，得到了拱坝实际的固有频率，并通过测试给出拱坝固有频率随库水变化的规律。Mau 和 Wang[64]通过振动测试数据研究了拱坝的系统辨识问题。Proulx 等[65]用现场测试的方法系统地研究了 180m 高 Emosson 拱坝在不同库水位的动力特性。2005 年，王柏生等[66]对实际拱坝的初步测试，着重分析用振动法进行混凝土大坝结构损伤检测的可行性，得出了用振动法检测大坝的结构损伤是完全有可能的结论，遗憾的是该试验是在力锤激励下进行，试验模型并非水弹性模型，不能反映泄流激励下的结构在线模态。与此类似，Patjawit 等[67]以一自由落体的钢球来激励一混凝土拱坝模型，在时域内分析结构振动数据，进而以结构频率作为结构不同损伤工况下的安全监控指标，为基于振动测试的拱坝安全监测提供了试验基础。2007 年，练继建等[68]以拉西瓦拱坝水弹性模型为工程背景，综合自然激励技术和特征系统实现算法对泄洪激励下的拱坝模态参数进行辨识，研究中针对时域法所面临的噪声干扰以及由它引起的虚假模态辨识与剔除和模型定阶问题，用小波技术对时域信号进行消噪处理，利用模态置信因子对虚假模态进行剔除，使得参数辨识的结果更为准确可靠，并引入奇异熵的概念，建立了奇异熵增量来实现系统定阶的方法和过程，仿真实例和拱坝水弹性模型试验模态参数辨识结果验证了基于奇异熵增量对系统定阶方法的可行性。2008 年，练继建等[69]基于某大型水电站导墙泄流振动位移实测数据，采用随机减量技术和 Prony 方法对导墙的模态参数进行辨识，并确定结构的损伤位置及程度，同时提出了该导墙结构的频率安全监控指标。2009 年，Lian 等[70]针对原型动力试验激励难的问题，提出一种利用特征矩阵奇异熵对信号进行降噪、重构、定阶以及模态参数辨识的方法，为系统特征矩阵定阶问题研究提供了新思路。文献［71］提出一种基于遗传算法的结构模态参数辨识方法，由于该方法采用结构信号的噪声响应为研究对象，在一定程度上抑制了虚假模态，提高了阻尼比的辨识精度。文献［72］探讨基于频域法的水工结构模态参数辨识方法，论证了以水流脉动荷载作为未知输入仅利用流激振动响应进行结构工作模态参数辨识的可行性。2010年，张建伟等以二滩高拱坝原型测试为背景，结合随机子空间算法与改进的稳定图对泄流激励下的拱坝模态参数进行辨识[73]，解决了时域法所面临的模型定阶困难、噪声干扰以及由它们所引起的虚假模态辨识与剔除问题，提高了计算精度，具有良好的工程应用前景。2011年，祁泉泉等通过引入观测马科夫参数，推导并提出了扩展特征系统实现算法[74]，使其可以应用于随机荷载下的强迫振动响应。2012年，章国稳等[75]提出的基于特征值分解的随机子空间算法，解决了数据驱动随机子空间法计算效率低下的问题。2013年，付春等针对频带滤波改进经典经验模态分解（EMD）的模态分解能力不足时产生过多虚假模态的问题以及真正本征模函数（IMF）的判定问题，提出了将改进EMD与独立分量相结合的信号分析方法[76]。2014年，Sarparast等[77]运用Morlet小波及一个调整参数对结构自由衰减响应进行模态辨识，该方法具有良好的抗环境噪声干扰能力。2015年，张建伟等[78]基于高坝的工作特点，提出一种适用于泄流结构的工作模态参数时域辨识方法，对于低信噪比泄流结构振动信号，首先利用小波阈值—经验模态分解联合滤波方法滤除低频水流脉动噪声和高频白噪声，得到结构振动有效信息；然后通过希尔伯特-黄变换（HHT）原理辨识结构系统的固有频率及阻尼比；最后结合奇异熵增量理论对系统模态进行定阶和模态验证，为研究高坝泄流结构安全运行与在线无损动态检测提供基础。

综上模态参数辨识的发展历程，不难发现早期经典的辨识算法必须满足对辨识结构非常了解、噪声影响小、辨识参数少等条件，而且求解过程容易遇到方程病态问题。而近年来，随着神经网络、遗传算法、小波分析等现代方法的快速发展和计算机运算速度的日益更新，振动模态参数辨识领域的研究得到了长足的发展，研究对象从单一较小线性不变结构向大型多相耦合非线性动力时变体系过渡，研究方法从经典的频域方法发展到现代时—频联合分析方法和人工智能方法，激励方式由简单的脉冲方式发展到复杂的环境随机激励，研究结构所处的背景环境由无干扰噪声到强干扰、强耦合、多特征条件下的随机噪声。

1.3　本书章节框架

本书共 9 章。第 1 章总体介绍水工结构模态参数辨识方面的国内外研究成果；第 2 章介绍水工结构泄流振动响应的信号处理方法，以提取结构振动的有效特征信息；第 3 章介绍振动测试传感器的优化布置方法，使得结构振动有效信息最大化；第 4～8 章分别介绍了作者近年来关于泄流结构模态参数辨识方面的最新研究成果；第 9 章对研究成果进行总结与展望。其中，第 2 章和第 3 章是后面几个章节的研究基础，性能优越的降噪技术和合理的传感器布置措施为正确分析结构振动特征提供保障，其目的是为结构安全评价及防灾减灾对策提供理论依据和技术支持。具体章节框架见图 1-3。

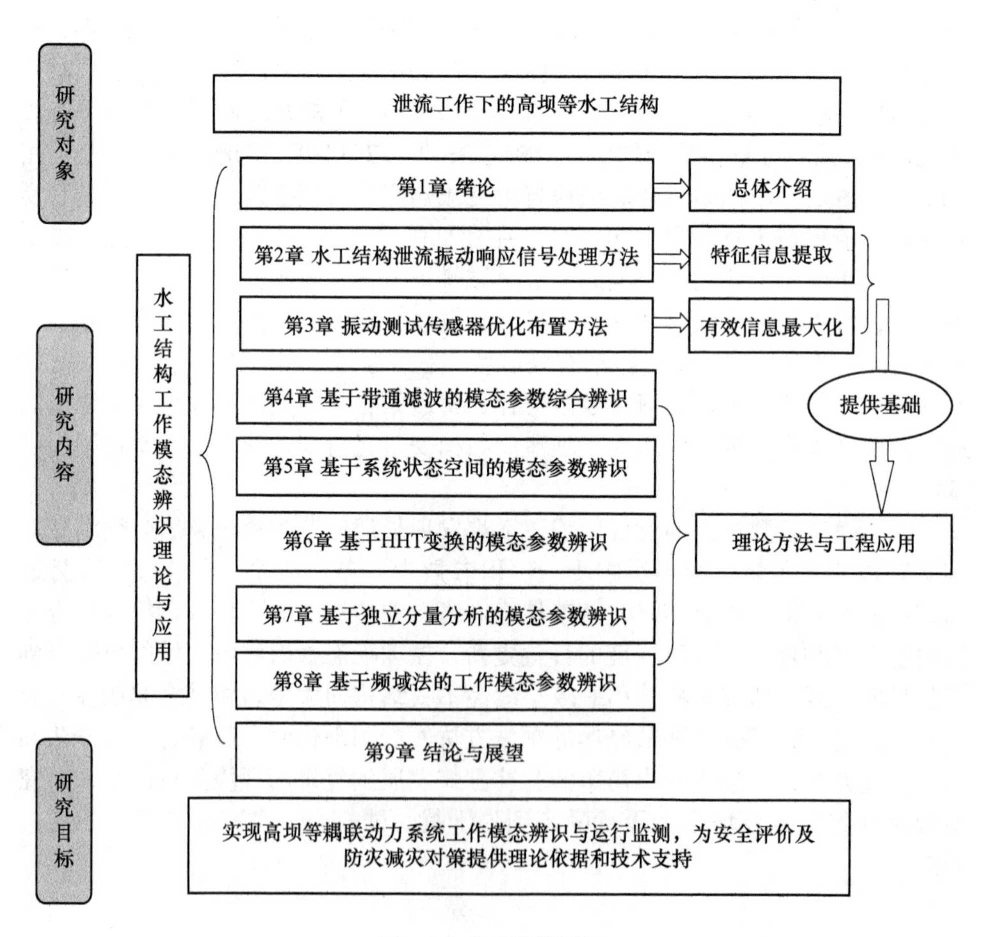

图 1-3　本书章节框架

参考文献

[1] 练继建，杨敏，等. 高坝泄流工程［M］. 北京：中国水利水电出版社，2008.

[2] 潘家筝，何憬. 中国大坝50年［M］. 北京：中国水利水电出版社，2000.

[3] 吴中如. 水工建筑物安全监控理论及其应用［M］. 北京：高等教育出版社，2003.

[4] 吴中如. 老坝病变和机理探讨［J］. 中国水利，2000（9）：55-57.

[5] 陈宗梁. 世界超级高坝［M］. 北京：中国电力出版社，1998.

[6] Serafim J L. 大坝失事的回顾［J］. 大坝与安全，1991（4）：74-76.

[7] 张光斗. 法国马尔帕塞拱坝失事的启示［J］. 水力发电学报，1998（4）：96-98.

[8] 邢林生. 我国水电站大坝事故分析与安全对策（一）［J］. 大坝与安全，2000（1）：1-5.

[9] 王仁钟，李君纯，刘嘉炘，等. 中国水利大坝的安全与管理［C］//'99大坝安全及监测国际研讨会，1999：10-14.

[10] 弓正华，储海宁，沈家俊，等. 迈向21世纪的中国水电站大坝安全监察［C］//'99大坝安全及监测国际研讨会，1999：1-9.

[11] Whitelaw E, MacMullan E. A framework for estimating the costs and benefits of dam removal［J］. BioScience, 2002, 52(8):724-728.

[12] Charlwood R G. The main questions about dam-removal in US［C］// US Society for Dams & Acres International. Seattle , 2004.

[13] 顾冲时，苏怀智. 综论水工程病变机理与安全保障分析理论和技术［J］. 水利学报，2007（增刊10）：71-77.

[14] 吴水生. 谈反问题与中医学［J］. 中国中医基础医学杂志，1999，5（2）：12-14.

[15] 闻骥骏. 工程结构损伤识别的反问题研究［D］. 武汉：武汉理工大学，2006.

[16] 周晶，魏大春. 重大水工混凝土结构的健康监测与损伤识别［C］// 第十三届全国结构工程学术会议，井冈山，2004：550-559.

[17] 郭乙木，万力，魏德荣，等. 坝体力学参数的混合模型优化反演法及其应用［J］. 水电能源科学，2001，19（2）：36-38.

[18] 陈维江. 大坝安全监测及厂房动力反演分析模型研究［D］. 大连：大连理工大学，2002.

[19] 王仁. 力学的反演、反演的力学［J］. 力学与实践，2000，22（1）：71-74.

[20] 崔广涛，彭新民，苑希民，等. 高拱坝泄洪振动水弹性模型［J］. 水利学报，1996（4）：1-9.

[21] 崔广涛，林继镛，彭新民，等. 二滩拱坝泄洪振动水弹性模型研究［J］. 天津大学学报，1991（1）：1-10.

[22] 路观平. 随机脉动水压力作用下的结构响应［J］. 水利学报，1993（12）：70-75.

[23] 曾昭扬，徐培忠，李未显. 水流脉动压力下结构的随机振动分析［J］. 水利学报，

1983（1）：15-20.

[24] 崔广涛，练继建，彭新民，等. 水流动力荷载与流固相互作用［M］. 北京：中国水利水电出版社，1999.

[25] 崔广涛. 高水头大流量泄洪结构脉动荷载及其振动和地基反应，“七・五”国家重点科技攻关，国家自然科学基金资助项目研究成果之一——二滩水电站拱坝泄洪振动实验研究［R］. 天津：天津大学水资源与港湾工程系，1991.

[26] 崔广涛. 高水头大流量泄洪振动及新型水垫塘研究，“八・五”国家重点科技攻关，国家自然科学基金资助项目研究成果之一——高拱坝大流量泄洪诱发振动研究［R］. 天津：天津大学水资源与港湾工程系，1996.

[27] 崔广涛. 高水头大流量泄洪振动及新型水垫塘研究，“八・五”国家重点科技攻关，国家自然科学基金资助项目研究成果之二——高拱坝大流量泄洪动态仿真及振动影响评估［R］. 天津：天津大学水资源与港湾工程系，1996.

[28] 练继建. 金沙江溪洛渡水电站拱坝泄洪水弹性模型研究［R］. 天津：天津大学水利水电工程系，2001.

[29] 练继建. 黄河拉西瓦水电站坝身泄洪流激振动水弹性模型试验研究报告［R］. 天津：天津大学水利水电工程系，2006.

[30] 崔广涛. 澜沧江小湾拱坝水弹性振动研究［R］. 天津：天津大学水资源与港湾工程系，1995.

[31] 崔广涛. 构皮滩拱坝动力特征与泄流振动研究［R］. 天津：天津大学水资源与港湾工程系，1996.

[32] 练继建，崔广涛，董淑芳. 水工结构流激振动响应的反分析［J］. 水利水电技术，1998，29（8）：51-54.

[33] 马斌. 高拱坝及反拱水垫塘结构泄洪安全分析与模拟［D］. 天津：天津大学，2006.

[34] 郄志红，郑旌辉，刘春来. 反分析及其在水利工程中的应用［J］. 河海水利，1999（3）：5-8.

[35] 练继建，马斌，李福田. 高坝流激振动响应的反分析方法［J］. 水利学报，2007，38（5）：575-581.

[36] 姚志远. 大型工程结构模态识别的理论和方法研究［D］. 江苏：东南大学，2004.

[37] 苏克忠，郭永刚，常延改，等. 大坝原型动力试验［M］. 北京：地震出版社，2006.

[38] 杨和振. 环境激励下海洋平台结构模态参数识别与损伤诊断研究［D］. 青岛：中国海洋大学，2004.

[39] 续秀忠，华宏星，陈兆能. 基于环境激励的模态参数辨识方法综述［J］. 振动与冲击，2002，21（3）：1-6.

[40] 刘宇飞，辛克贵，樊健生，等. 环境激励下结构模态参数识别方法综述［J］. 工程力学［J］，2014，31（4）：46-53.

[41] Ibrahim S R. Random decrement technique for modal identification of structure [J], AIAA Journal of Spacecraft and Rockets, 1977,14(11): 696-700.

[42] Box G E P, Jenkins G M.Time Series Analysis, Forecasting and Control [M]. 2nd ed. New Jersey: Prentice Hall, 1976.

[43] 任伟新. 环境振动系统识别方法的比较分析 [J]. 福州大学学报(自然科学版), 2001, 29(6): 80-86.

[44] Brincker R, Zhang L M, Andersen P. Modal identification of output-only systems using frequency domain decomposition [J]. Smart Material and Structures, 2001, 10(3):441-445.

[45] Mergeary M. Least squares complex exponential method and global system parameter estimations used by modal analysis [C] //Proceedings of the 5nd IMAC, 1983.

[46] Juang J N, Pappa R S.An eigensystem realization algorithm(ERA) for modal parameter identification & modal reduction [C] //NASA/JPL Workshop on Identification & Control of Flexible Space Structures,1984.

[47] Braun S G. Mechanical Signature Analysis Theory and Applications [M]. Pittsburgh: Macademic Press,1986.

[48] James G H, Carne T G, Lauffer J P. The Natural Excitation Technique for Modal Parameter Extraction from Operating Wind Turbines [R]. No. SAND 92-166, UC-261. Sandia: Sandia National Laboratories,1993.

[49] Overschee P V, Moor B D. Subspace algorithms for the stochastic identification problem [C] //Proceedings of the 30th Conference on Decision and Control. Brighton, 1991: 1321-1326.

[50] Overschee P V, Moor B D. Subspace Identification for Linear Systems: Theory,Implementation, Applications [M]. Dordrecht, the Netherlands: Kluwer Academic Publishers, 1996.

[51] Verhaegen M, Yu X D. A class of subspace model identification algorithms to identify periodically and arbitrarily time-varying systems [J]. Automatica, 1995, 31(2): 201-216.

[52] 杨叔子, 熊有伦, 师汉民, 等. 时序建模与系统辨识 [J]. 华中工学院学报, 1984, 12(6): 85-92.

[53] 邹经湘, 于开平, 杨炳渊. 时变结构的参数识别方法 [J]. 力学进展, 2000, 30(3): 370-377.

[54] 杨文献, 任兴民, 姜节胜. 基于奇异熵的信号降噪技术研究 [J]. 西北工业大学学报, 2001, 19(3): 368-371.

[55] 李中付, 华宏星, 宋汉文, 等. 非稳态环境激励下线性结构的模态参数辨识 [J]. 振动工程学报, 2002, 15(2): 139-143.

[56] 陈隽, 徐幼麟. HHT 模态参数辨识方法在结构模态参数识别中的应用 [J]. 振动工程学报, 2003, 16(3): 383-388.

[57] 史东锋, 许锋, 申凡, 等. 结构在环境激励下的模态参数辨识 [J]. 航空学报, 2004,

25（2）：125-130.

[58] 庞世伟，于开平，邹经湘．识别时变结构模态参数的改进子空间方法［J］．应用力学学报，2005，22（2）：184-188.

[59] 夏江宁，陈志峰，宋汉文．基于动力学环境试验数据的模态参数识别［J］．振动与冲击，2006，25（1）：99-104.

[60] 陈果．一种转子故障信号的小波降噪新方法［J］．振动工程学报，2007，20（3）：285-290.

[61] 王超，任伟新．基于动态规划提取信号小波脊和瞬时频率［J］．中南大学学报（自然科学版），2008，39（6）：1331-1336.

[62] 王超，任伟新，黄天立．基于小波的非线性结构系统识别［J］．振动与冲击，2009，28（3）：10-13.

[63] Darbrel G R, de Smet C A M, Kraemer C. Natural frequencies measured from ambient vibration response of the arch dam of Mauvoisin［J］. Earthquake Engineering and Structural Dynamics, 2000, 29: 577-586.

[64] Mau S T, Wang S. Arch dam system identification using vibration test data［J］. Earthquake Engineering and Structural Dynamics, 1989,18:491-505.

[65] Proulx J, Patrick P, Julien R. An experimental investigation of water level effects on the dynamic behaviour of a large arch dam［J］. Earthquake Engineering and Structural Dynamics, 2001, 30: 1147-1166.

[66] 王柏生，何宗成，赵琛．混凝土大坝结构损伤检测振动法的可行性［J］．建筑科学与工程学报，2005，22（2）：51-56.

[67] Patjawit A, Chinnarasri C, Kanok-Nukulchai W. Dam health monitoring based on dynamic properties［C］//Reddy K R, Khire M V, Alshawabken A N. GeoCongress 2008: Geosustainability and Geohazard Mitigation. New Orleans: American Society of Civil Engineers, 2008: 223-230.

[68] 练继建，张建伟，李大坤，等．泄洪激励下高拱坝模态参数识别研究［J］．振动与冲击，2007，26（12）：101-105.

[69] 练继建，张建伟，王海军．基于泄流响应的导墙损伤诊断研究［J］．水力发电学报，2008，27（1）：96-101.

[70] Lian J J, Li H K, Zhang J W. ERA modal identification method for hydraulic structures based on order determination and noise reduction of singular entropy［J］. Science in China Series E-Technological Sciences, 2009, 52 (2):400-412.

[71] 李松辉，练继建．水电站厂房结构模态参数的遗传识别方法［J］．天津大学学报．2009，42（1）：11-16.

[72] 李火坤，练继建．高拱坝泄流激励下基于频域法的工作模态参数识别［J］．振动与冲

击，2008，27（7）：149-153.
［73］ 张建伟，康迎宾，张翌娜，等. 基于泄流响应的高拱坝模态参数辨识与动态监测［J］. 振动与冲击，2010，29（9）：146-150.
［74］ 祁泉泉，辛克贵，崔定宇. 扩展特征系统实现算法在结构模态参数识别中的应用［J］. 工程力学，2011，28（3）：29-34.
［75］ 章国稳，汤宝平，孟利波. 基于特征值分解的随机子空间算法研究［J］. 振动与冲击，2012，31（7）：74-78.
［76］ 付春，姜绍飞. 基于改进 EMD-ICA 的结构模态参数识别研究［J］. 工程力学，2013，30（10）：199-204.
［77］ Sarparast H, Ashory M R, Hajiazizi M. Estimation of modal parameters for structurally damped systems using wavelet transform［J］. European Journal of Mechanics A/Solids, 2014, 47: 82-91.
［78］ 张建伟，朱良欢，江琦，等. 基于 HHT 方法的高坝泄流结构工作模态参数辨识研究［J］. 振动、测试与诊断，2015，35（4）：777-783.

第2章　水工结构泄流振动响应信号处理方法

对泄流结构进行反问题研究过程中，其首要任务就是要获取泄流结构在泄流激励下的真实动力响应信号（如位移响应、动应变等）。由于泄流结构刚度大，振动量级较小，大量的模型试验与原型观测表明，泄流诱发泄流结构振动属微幅振动，振动量级属于微米级范围（以拉西瓦拱坝为例，水弹性模型试验测得的动位移均方根不到1微米（μm），拱坝原型振动位移均方根值也在几十微米左右）；加上泄流结构复杂的工作环境，一般实测泄流结构的动力响应信号受噪声影响较大，所以，振动测试中得到的数据在大多数情况下不是真实的振动信号，而是包含外界噪声干扰的混叠信号，或者说与真实的振动信号之间存在一定的差别，所以未经分析处理、修正，直接采用测试得到的振动信号作为结果往往产生误差，有时甚至得出错误的结论。

因此，为了准确得到泄流激励下结构的随机振动信号，有必要对所采集到的振动信号进行处理，去除其中的干扰因素与噪声成分，从而还原出真实的结构振动响应，为后期的基于泄流响应的结构模态辨识研究提供必要的基础。

2.1　振动信号处理的基本概念

2.1.1　振动过程描述及分类

振动是指物体或结构随时间变化相对其平衡位置所作的往复运动，通常用位移、速度、加速度来描述，也可以是一些物理量如力和应变等按上述运动方式所作的变化。描述振动的信息称为振动信号，振动现象可以分为两大类。

一类为确定性振动。确定性振动的特点是振动有规律性，可以用确定的时间函数来描述物体的所有振动物理量。确定性振动又可以分为周期振动和非周期振动。周期振动是指按一定时间间隔重复运动规律的振动，周期振动能由有限个按线性分布的简谐振动合成。非周期振动是指运动周期没有周期性的振动。

另一类为随机振动，也称非确定性振动。随机振动的特点是振动无规律性，物体的任何振动物理量都不能用确定的时间函数来描述，随机振动只能用概率论和统计学的方法来描述，随机振动可以分为平稳随机振动和非平稳随机振动。平稳随机振动是指振动的统计特性不随时间变化的随机振动，而非平稳随机振动是指运动的统计特性随时间变化的随机振动。

确定性振动与随机振动的本质区别在于是否可以用确定的时间函数来描述运动过程。图 2-1 描述了振动过程的分类。

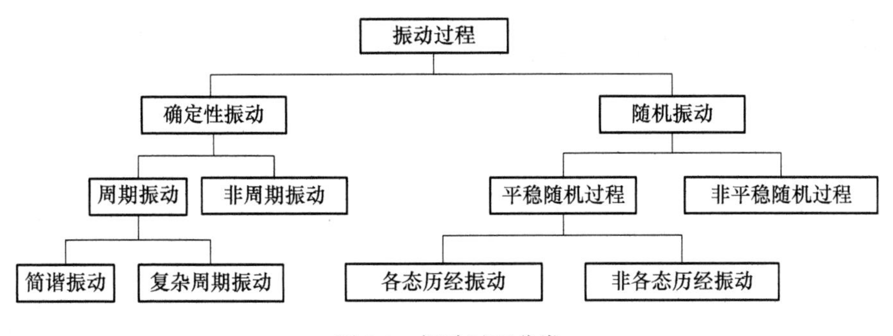

图 2-1　振动过程分类

2.1.2　随机振动的特点

随机振动在生活中是普遍存在的一类振动，例如，大气湍流对飞行器作用的颠簸，高速水流对水工建筑物的冲击，海浪、地震以及机械传动中的随机因素所导致的振动。随机振动特点是振动无规律，任何振动物理量都不能用确定的时间函数来表示，因此，其特性只能用概率统计的方法来描述。在时域中，描述随机振动基本特征的主要统计参数有概率密度函数、均值、均方值、方差以及相关函数等。

在随机振动的处理分析中，将某随机振动的一条信号记录称为一个样本函数，无限个样本函数构成随机振动信号的集合。如果对一随机振动所有样本函数取某一时刻的集合平均与其他任一时刻的集合平均都是相同的，该随机振动为平稳随机振动，也就是说平稳随机振动的统计特性是不随时间推移而变化的，不是时间的函数。如果一平稳随机振动的集合平均与任一样本函数的时间平均相等，则该随机振动为各态历经的随机振动[1]。

实际工程中的随机振动信号有很多是假设为各态历经来处理的。根据大量的统计资料，大多数的随机振动近似满足各态历经的假设。但是，即使是各态历经的平稳随机振动由于单个样本函数的点数仍需无限长，所以实际工程中做起来是不可能的。通常仅取有限长的点数来计算，所得到的统计特性不是随机振动的真实值，仅是接近真实值的一种估计值。

2.2　随机振动信号处理方法

2.2.1　消除多项式趋势项

在振动测试中采集到的振动信号数据，由于放大器随温度变化产生的零点漂移、传感器频率范围外低频性能的不稳定以及传感器周围的环境干扰，往往会偏离基线，甚至偏离基线的大小还会随时间变化。偏离基线随时间变化的整个过程被称为信号的趋势项，趋势项直接影响信号的正确性，应该将其去除。常用的消除趋势项方法是多项式最小二乘法，其原理如下[2]。

实测振动信号的采样数据为 $\{x_k\}(k=1,2,\cdots,n)$，由于是等时间间隔采样，令采样时间间隔 $\Delta t=1$，设多项式函数：

$$\hat{x}_k = a_0 + a_1 k + a_2 k^2 + \cdots + a_m k^m,\ k=1,2,\cdots,n \tag{2-1}$$

确定函数 $\hat{x}_k$ 的各个待定系数 $a_j\,(j=0,1,\cdots,m)$，使得函数 $\hat{x}_k$ 与离散数据 x_k 的误差平方和为最小，即

$$E=\sum_{k=1}^{n}(\hat{x}_k - x_k)^2=\sum_{k=1}^{n}\Big(\sum_{j=0}^{m}a_j k^j - x_k\Big)^2 \tag{2-2}$$

满足 E 有极值的条件为

$$\frac{\partial E}{\partial a_i}=2\sum_{k=1}^{n}k^i\Big(\sum_{j=0}^{m}a_j k^j - x_k\Big)=0,\ i=0,1,\cdots,m \tag{2-3}$$

依次取 E 对 a_i 求偏导，可以产生一个 $m+1$ 元线性方程组：

$$\sum_{k=1}^{n}\sum_{j=0}^{m}a_j k^{j+i} - \sum_{k=1}^{n}x_k k^i = 0,\ i=0,1,\cdots,m \tag{2-4}$$

求解方程组，得到 $m+1$ 个待定系数 $a_j\,(j=0,1,\cdots,m)$，其中 $0\leqslant j\leqslant m$。

当 $m=0$ 时

$$\sum_{k=1}^{n}a_0 k^0 - \sum_{k=1}^{n}x_k k^0 = 0 \tag{2-5}$$

解方程可得

$$a_0=\frac{1}{n}\sum_{k=1}^{n}x_k \tag{2-6}$$

可以看出，当 $m=0$ 时的趋势项为信号采样数据的算术平均值。消除常数趋势项的公式为

$$y_k = x_k - \hat{x}_k = x_k - a_0,\ k=1,2,\cdots,n \tag{2-7}$$

当 $m=1$ 为线性趋势项，有

$$\begin{cases}\displaystyle\sum_{k=1}^{n}a_0 k^0 + \sum_{k=1}^{n}a_1 k - \sum_{k=1}^{n}x_k k^0 = 0\\ \displaystyle\sum_{k=1}^{n}a_0 k + \sum_{k=1}^{n}a_1 k^2 - \sum_{k=1}^{n}x_k k = 0\end{cases} \tag{2-8}$$

解方程组可得

$$\begin{cases} a_0 = \dfrac{2(2n+1)\sum\limits_{k=1}^{n} x_k - 6\sum\limits_{k=1}^{n} x_k k}{n(n-1)} \\ a_1 = \dfrac{12\sum\limits_{k=1}^{n} x_k k - 6(n-1)\sum\limits_{k=1}^{n} x_k}{n(n-1)(n+1)} \end{cases} \tag{2-9}$$

消除线性趋势项的公式为

$$y_k = x_k - \hat{x}_k = x_k - (a_0 - a_1 k),\ k = 1, 2, \cdots, n \tag{2-10}$$

当 $m \geqslant 2$ 时为曲线趋势项，在实际振动信号的数据处理中，通常取 $m = 1 \sim 3$ 来对采样数据进行多项式趋势项的消除处理。

2.2.2　采样数据的平滑处理

通过数据采集器采样得到的振动信号数据往往叠加有噪声成分，噪声信号除了有 50Hz 的工频及其倍频等周期性干扰信号外，还有不规则的随机干扰信号。由于随机干扰信号的频带较宽，有时高频成分所占的比例还很大，使得采集到的离散数据绘成的振动曲线上呈现许多毛刺，很不平滑。因此，为了削弱干扰信号的影响，提高振动曲线的光滑度，需要对振动信号进行平滑处理。

另外，数据平滑处理还可以消除信号的不规则趋势项。在振动测试过程中，测试仪器有时会受到某些意外干扰。造成个别测点的采样信号产生较大偏离基线、形状不规则的趋势项，此时，可以用滑动平均方法对信号进行多次数据平均处理，得到一条光滑的趋势项曲线，用原始信号减去趋势项，就消除了信号的不规则趋势项。实际中常用的平滑处理方法有以下两种。

1. 平均法

平均法的基本计算公式为

$$y_i = \sum_{n=-N}^{N} h_n x_{i-n},\ i = 1, 2, \cdots, m \tag{2-11}$$

式中，x 为采样数据；y 为平滑处理后的结果；m 为数据点数；$2N$+1 为平均点数；h 为平均加权因子。

加权平均因子必须满足：

$$\sum_{n=-N}^{N} h_n = 1 \tag{2-12}$$

对于简单平均法

$$h_n = \frac{1}{2N+1},\ n = 0, 1, \cdots, N \tag{2-13}$$

即

$$y_i = \frac{1}{2N+1}\sum_{n=-N}^{N} x_{i-n} \tag{2-14}$$

对于加权平均法，若作五点加权平均（N=2），可取

$$\{h\} = (h_{-2}, h_{-1}, h_0, h_1, h_2) = \frac{1}{9}(1,2,3,2,1) \tag{2-15}$$

利用最小二乘原理对离散数据进行线性滑动平滑处理的方法称为直线滑动平均法，五点滑动平均的计算公式为

$$\left.\begin{aligned}
y_1 &= \frac{1}{5}(3x_1 + 2x_2 + x_3 - x_4) \\
y_2 &= \frac{1}{10}(4x_1 + 3x_2 + 2x_3 + x_4) \\
&\vdots \\
y_i &= \frac{1}{5}(x_{i-2} + x_{i-1} + x_i + x_{i+1} + x_{i+2}) \\
&\vdots \\
y_{m-1} &= \frac{1}{10}(x_{m-3} + 2x_{m-2} + 3x_{m-1} + 4x_m) \\
y_m &= \frac{1}{5}(-x_{m-3} + x_{m-2} + 2x_{m-1} + 3x_m)
\end{aligned}\right\} \quad (i = 3,4,\cdots,m-2) \tag{2-16}$$

2. 五点三次平均法

五点三次平均法是利用最小二乘法原理对离散数据进行三次最小二乘多项式平滑的方法，计算公式如下：

$$\left.\begin{aligned}
y_1 &= \frac{1}{70}[69x_1 + 4(x_2 + x_4) - 6x_3 - x_5] \\
y_2 &= \frac{1}{35}[2(x_1 + x_5) + 17x_2 + 12x_3 - 8x_4] \\
&\vdots \\
y_i &= \frac{1}{35}[-3(x_{i-2} + x_{i+2}) + 12(x_{i-1} + x_{i+1}) + 17x_i] \\
&\vdots \\
y_{m-1} &= \frac{1}{35}[2(x_{m-4} + x_m) - 8x_{m-3} + 12x_{m-2} + 27x_{m-1}] \\
y_m &= \frac{1}{70}[-x_{m-4} + 4(x_{m-3} + x_{m-1}) - 6x_{m-2} + 69x_m]
\end{aligned}\right\} \quad (i = 3,4,\cdots,m-2) \tag{2-17}$$

五点三次平均法可以用作时域和频域信号的平滑处理。该方法对于时域信号的作用主要是减少混入振动信号中的高频随机噪声；而对于频域信号的作用则是能使频谱曲线变得光滑，以便在模态参数的识别过程中得到较好的拟合结果。

2.3　随机振动信号的统计方法

2.3.1　概率分布函数和概率密度函数

1. 概率分布函数

随机振动信号的概率分布函数是指一随机振动是 N 个样本函数的集合 $X=\{x(n)\}$，在 t_1 时刻，有 N_1 个样本函数的函数值不超过指定值 x，则它的概率分布函数的估计为

$$P(X \leqslant x, t_1) = \lim_{N \to \infty} \frac{N_1}{N} \tag{2-18}$$

2. 概率密度函数

概率密度函数为概率分布函数对变量 x 的一阶导数，表示一随机振动信号的幅值落在某一范围内的概率，它是随所取范围处的幅值而变化的，所以是幅值的函数，其估计值为

$$p(x) = \frac{N_x}{N \Delta x} \tag{2-19}$$

式中，Δx 是以 x 为中心的窄区间；N_x 为 $\{x_n\}$ 数组中数值落在 $x \pm \Delta x/2$ 范围中的数据个数；N 为总的数据个数。

2.3.2　均值、均方值及方差

1. 均值

随机振动信号的均值是样本函数 $x(k)(k=1,2,\cdots,N)$ 在整个时间坐标上的积分平均，其物理意义为该随机振动信号变化的中心趋势，或称为零点漂移。随机振动信号的均值估计为

$$\mu_x = \frac{1}{N} \sum_{k=1}^{N} x(k) \tag{2-20}$$

2. 均方值

随机振动信号的均方值估计是样本函数记录 $x(k)(k=1,2,\cdots,N)$ 的平方在时间坐标上有限长度的积分平方，离散随机振动信号均方值的表达式为

$$\phi_x^2=\frac{1}{N}\sum_{k=1}^{N}x^2(k) \tag{2-21}$$

均方值的正平方根称为均方根值 x_{rms}，又称为有效值。均方根值是信号振动的平均能量（功率）的一种表达。在一些振动强度国际标准中常采用信号的均方值或均方根值。

3. 方差

方差的定义是去除了均值后的均方值。由于除去了直流分量，所以方差也是振动信号纯动态分量强度的一种表示。离散随机信号方差的表达如下：

$$\sigma_x^2=\frac{1}{N}\sum_{k=1}^{N}[x(k)-\mu_x]^2 \tag{2-22}$$

均值、均方值和方差三者之间的关系为

$$\sigma_x^2=\phi_x^2-\mu_x^2 \tag{2-23}$$

2.3.3 相关函数

相关函数是对客观事物或过程中某些特征量之间联系紧密性的反映。相关函数描述随机振动样本函数在不同时刻瞬时值之间的关联程度，可以简单描述为随机振动波形随时间坐标移动时与别的波形的相似程度。这可以对同一随机振动样本随时间坐标移动进行相似程度计算，其结果称为自相关函数；也可以对两个样本函数进行计算，其计算结果称为互相关函数。相关函数能够较为深入地揭示随机振动信号的波形结构。

1. 自相关函数

自相关函数描述随机振动同一样本函数在不同瞬时幅值之间的依赖关系，也就是反映同一条随机振动信号波形随时间坐标移动时相互关联紧密性的一种函数。离散随机振动信号自相关函数的表达为

$$R_{xx}(k)=\frac{1}{N}\sum_{i=1}^{N-k}x(i)x(i+k),\ k=0,1,\cdots,m \tag{2-24}$$

式中，$x(i)$ 等价于 $x(i\Delta t)=x(t)$，是随机振动样本函数；$R_{xx}(k)$ 等价于 $R_{xx}(k\Delta t)$

$=R_{xx}(\tau)$，τ 为时间坐标移动值，Δt 为采样时间间隔。

自相关函数为偶函数，即 $R_{xx}(\tau)=R_{xx}(-\tau)$，当 $\tau=0$ 时，自相关函数有最大值，即 $R_{xx}(0)\geqslant|R_{xx}(\tau)|$。当时间坐标移动值 τ 趋向于无穷大时，均值为零且不含任何确定成分的纯随机振动信号的自相关函数值为零，即 $\lim\limits_{\tau\to\infty}R_{xx}(\tau)=0$。

自相关函数是随机振动信号分析中的一个重要参量。自相关函数曲线的收敛快慢在一定程度上反映了信号中所含频率分量的多少，反映了波形的平缓和陡峭程度。工程实际中常用自相关函数来检测随机振动信号中是否包含有周期振动成分，这是因为随机振动分量的自相关函数总是随时间坐标移动值趋近于无穷大而趋近于零或某一常数，而周期分量的自相关函数则保持原来的周期性而不衰减，并可以定性地了解振动信号所含频率成分的多少。

2. 互相关函数

互相关函数描述随机振动两个样本函数在不同瞬时值之间的依赖关系，是反映两条随机振动信号波形随时间坐标移动时相互关联紧密性的一种函数。离散随机振动信号互相关函数的表达为

$$R_{xy}(k)=\frac{1}{N-k}\sum_{i=1}^{N-k}x(i)x(i+k),\ k=0,1,\cdots,m \tag{2-25}$$

式中，$x(i)$ 等价于 $x(i\Delta t)=x(t)$，$y(i)$ 等价于 $y(i\Delta t)=y(t)$，均为是随机振动样本函数；$R_{xy}(k)$ 等价于 $R_{xy}(k\Delta t)=R_{xy}(\tau)$，$\tau$ 为时间坐标移动值，$\Delta\tau$ 为采样时间间隔。

互相关函数不是偶函数。当 $\tau=0$ 时，互相关函数的值一般不是最大。均值为零的两个统计独立随机振动信号，对于所有 τ 值都为零，即 $R_{xy}(\tau)=0$。互相关函数的大小直接反映两个信号之间的相关性，是波形相似的度量。互相关函数常用于识别振动信号的传播途径、传播距离和传播速度以及进行一些检测分析工作。如测量管道内的液体、气体的流速，机车车辆运行速度，检测并分析设备运行振动和工业噪声传递主要通道以及各种运载工具中的振动噪声影响等。

2.4　经典振动信号滤波方法

在泄流激励下采集到的振动信号，其噪声的来源一般主要有以下两个方面：第一，实际采集信号的过程中，由于数据采集环境和完成数据采集任务的仪器仪表自身的原因不可避免地存在其他信号的干扰和噪声，这些噪声信号可能掩盖所需要的有用信号；第二，受周围工作环境的影响，环境背景噪声信号将以某种方式进入实测动力响应信号中而影响测试结果的精度。因此，在对水

工结构进行反分析与损伤诊断之前，很重要的一项工作就是对实际采集的信号进行滤波降噪处理，以便消除噪声干扰信号，有效地凸显结构实际振动信号中的特征信息。

经典的滤波方法有数字滤波、卡尔曼滤波、小波滤波和奇异值分解滤波，本节就这四种经典滤波方法进行详细介绍。

2.4.1 数字滤波

1. 数字滤波器的定义和分类

数字滤波器是指完成信号滤波处理功能，用有限精度算法实现的离散时间非时变系统，其输入是一组数字量，输出是经过变换的另一组数字量。数字滤波器可以是用数学硬件装配成的一台给定运算的专用计算机，也可是用计算机语言编程实现数字滤波的软件。用软件实现数字滤波的优点是系统函数具有可变性，仅依赖于算法结构，并易于获得较理想的滤波效果，便于根据不同的信号进行灵活设计与改进。

滤波器按数学运算方式可分为时域滤波方法和频域滤波方法。滤波器按功能即频率范围分类有低通滤波器（LPF）、高通滤波器（HPF）、带通滤波器（BPF）、带阻滤波器（BSF）和梳状滤波器（CF）。

2. 数字滤波的频域方法

数字滤波器的频域方法是利用 FFT 快速算法对输入信号进行离散傅里叶变换，分析其频谱，根据滤波要求，将要滤除的频率部分直接设置成零或渐变过渡频带后再设置成零。数字滤波的频域方法表达式为

$$y(r)=\sum_{k=0}^{N-1}H(k)X(k)\,\mathrm{e}^{\mathrm{j}2\pi kr/N} \tag{2-26}$$

式中，X 为输入信号 x 的离散傅里叶变换；H 为滤波器的频率响应函数，由它来确定滤波的方式和特点。

设 f_{u} 为上限截止频率，f_{d} 为下限截止频率，Δf 为频率分辨率，在理想的情况下，低通滤波器的频响函数为

$$H(k)=\begin{cases}1, & k\Delta f\leqslant f_{\mathrm{u}}\\ 0, & \text{其他}\end{cases} \tag{2-27}$$

高通滤波器的频响函数为

$$H(k)=\begin{cases}1, & k\Delta f\geqslant f_{\mathrm{d}}\\ 0, & \text{其他}\end{cases} \tag{2-28}$$

带通滤波器的频响函数为

$$H(k)=\begin{cases}1, & f_{\mathrm{d}} \leqslant k\Delta f \leqslant f_{\mathrm{u}} \\ 0, & \text{其他}\end{cases} \tag{2-29}$$

带阻滤波器的频响函数为

$$H(k)=\begin{cases}1, & k\Delta f \leqslant f_{\mathrm{d}},\ k\Delta f \geqslant f_{\mathrm{u}} \\ 0, & \text{其他}\end{cases} \tag{2-30}$$

数字滤波的频域方法的特点是方法简单，计算速度快，滤波频带控制精度高，可以用来设计包括多带梳状滤波器的任意响应滤波器。但是由于对频域数据的突然截断造成滤波后的时域信号出现失真变形，在不考虑加平滑过渡带的情况下，数字滤波的频域方法比较适合于数据长度较大的信号或者振动幅值最终是逐渐变小的信号。

3. 数字滤波的时域方法

数字滤波的时域方法是对信号离散数据进行差分方程来达到滤波的目的。经典数学滤波器实现方法有以下两种，一种是 IIR 数字滤波器，称为无限长冲击响应滤波器；另一类是 FIR 滤波器，称为有限长冲击响应滤波器。

数字滤波器一般要经过以下三个步骤完成：第一，在设计一个滤波器之前，必须首先确定一些技术指标，这些指标可以根据实际工程需要来制定；第二，技术指标确定后，利用数学和数字信号处理的基本原理提出一个滤波器模型来逼近给定的指标；第三，根据上述两个步骤得到的结果是以差分方程描述的滤波器，根据这个描述编制相应滤波程序即可实现滤波。

1）IIR 数字滤波器

IIR 数字滤波器具有无限持续时间的冲激响应，由于这种滤波器一般需要用递归模型来实现，因而又称为递归滤波器。IIR 滤波器的滤波表达式可以表示为一个差分方程：

$$y(n)=\sum_{k=0}^{M} a_k x(n-k)-\sum_{k=1}^{N} b_k y(n-k) \tag{2-31}$$

式中，$x(n)$、$y(n)$ 分别为输入和输出时域信号序列；a_k、b_k 均为滤波系数。它的系统函数为

$$H(z)=\frac{\sum_{k=0}^{M} a_k z^{-k}}{1+\sum_{k=1}^{N} b_k z^{-k}} \tag{2-32}$$

式中，N 为 IIR 滤波器的阶数；M 为滤波器系统传递函数的零点数；a_k、b_k 均为

权函数系数。

IIR 滤波器的设计常借助于模拟滤波器原型，再将模拟滤波器转换成数字滤波器，模拟滤波器的设计比较成熟，常用的模拟低通滤波器的原型产生函数有巴特沃滤波器原型、切比雪夫Ⅰ型和Ⅱ型滤波器原型、椭圆滤波器原型、Bessel 滤波器原型等，关于这些滤波器的特性函数，可参考文献［2］和文献［3］。

2）FIR 数字滤波器

FIR 滤波器的特征是冲激响应只能延续一定时间，在工程实际应用中主要采用非递归的算法来实现。FIR 滤波器的表达式用差分方程形式可表示为

$$y(n)=\sum_{k=0}^{N-1} b_k x(n-k) \tag{2-33}$$

式中，$x(n)$、$y(n)$ 分别为输入和输出时域信号序列；b_k 为滤波系数。

FIR 滤波器的冲激响应函数 $h(n)$ 的 z 变换为系统传递函数，可表示为

$$H(z)=b_0+b_1 z^{-1}+\cdots+b_{N-1} z^{1-N}=\sum_{n=0}^{N-1} b_n z^{-n} \tag{2-34}$$

其冲激响应为

$$h(n)=\begin{cases} b_n, & 0 \leqslant n \leqslant N \\ 0, & 其他 \end{cases} \tag{2-35}$$

FIR 数字滤波器的设计方法主要有窗函数法和频率采样法，其中窗函数法以其运算简便、物理意义直观等优点得到广泛应用。一个理想数字滤波器的频率响应函数可表示为

$$H_{\mathrm{d}}(\mathrm{e}^{\mathrm{j}\omega})=\sum_{n=-\infty}^{\infty} h_{\mathrm{d}}(n)\,\mathrm{e}^{-\mathrm{j}\omega n} \tag{2-36}$$

式中，$h_{\mathrm{d}}(n)$ 为冲激响应序列。

由傅里叶逆变换可得

$$h_{\mathrm{d}}(n)=\frac{1}{2\pi}\int_{-\pi}^{\pi} H(\mathrm{e}^{\mathrm{j}\omega})\,\mathrm{e}^{\mathrm{j}\omega n}\mathrm{d}\omega \tag{2-37}$$

由于 $h_{\mathrm{d}}(n)$ 是非因果性的，且 $h_{\mathrm{d}}(n)$ 的持续时间无限长，物理上无法实现，因此最直接的方法是截断该理想冲激响应序列，用有限长的序列去逼近，则一个新的有限长的冲激响应序列可表示为

$$h(n)=\begin{cases} h_{\mathrm{d}}(n), & 0 \leqslant n \leqslant M \\ 0, & 其他 \end{cases} \tag{2-38}$$

$h(n)$ 可被看作理想冲激响应与一个有限长的窗函数的乘积，即

$$h(n)=h_{\mathrm{d}}(n) w(n) \tag{2-39}$$

式中，$w(n)$ 为简单截取所构成的矩形窗函数。$w(n)$ 的定义为

$$w(n)=\begin{cases}1, & 0\leqslant n\leqslant M\\ 0, & \text{其他}\end{cases} \tag{2-40}$$

利用复卷积定理可得

$$H(\mathrm{e}^{\mathrm{j}\omega})=\frac{1}{2\pi}\int_{-\pi}^{\pi}H_{\mathrm{d}}(\mathrm{e}^{\mathrm{j}\theta})\,\mathrm{e}^{\mathrm{j}(\omega-\theta)}\mathrm{d}\theta \tag{2-41}$$

由有限长度离散傅里叶变换的特性可知，矩形窗使序列被突然截断会造成谱泄漏，产生吉布斯现象。为减小吉布斯现象的影响，可以选择一个适当的窗函数，使截断不是突然发生而是逐渐衰减过渡到零。窗函数的频率特性的主瓣宽度应尽可能窄且尽可能地将能量集中在主瓣内，旁瓣的能量在当 $\omega\to\pi$ 的过程尽快趋于零。工程实际中常用的窗函数有矩形窗、巴特利窗、汉宁窗、海明窗、布莱克曼窗、凯泽窗等，这些窗函数的具体表达式可参考文献［2］。在工程上，窗函数的选择原则一般为：①具有较低的旁瓣幅度，尤其是第一旁瓣的幅度；②旁瓣的幅度下降的速度要快，以利于增加阻带的衰减；③主瓣的宽度要窄，这样可以得到比较窄的过渡带。

3）IIR 与 FIR 数字滤波器的比较

IIR 滤波器系统函数的极点可以位于单位圆内的任何地方，因此可以用较低的阶数获得高选择性，所用存储单元少，经济且效率高，但这些是以相位的非线性为代价的。选择性好，则相位非线性越严重。相反，FIR 滤波器却可以得到严格的线性相位，然而由于 FIR 滤波器系统函数的极点固定在原点，所以只能用较高的阶数达到高选择性，对于同样的滤波器设计指标，FIR 滤波器所要求的阶数可以比 IIR 滤波器高 5 ~ 10 倍，成本较高，信号延时也比较大。

FIR 滤波器可以用非递归方法实现，有限精度的计算不会产生振荡。同时由于量化舍入及系数的不准确所引起的误差的影响比 IIR 滤波器要小。此外，对 IIR 滤波器应注意稳定性问题，注意极点是否会位于单位圆之外，有时有限字长效应会引起寄生振荡。且 FIR 滤波器可采用 FFT 算法，在相同阶数下，运算速度快。

IIR 滤波器可以借助模拟滤波器的成果，一般都有有效的封闭设计公式可供准确计算，计算工作量比较小，对计算工具要求不高。FIR 滤波器没有现成设计公式，窗函数法仅仅给出窗函数的计算公式，但计算通、阻带衰减仍无显示表达式，其他大多数设计 FIR 滤波器的方法都需要借助计算机辅助设计。

总之，IIR 滤波器设计法，主要是设计规格化的、频率特性为分段常数的滤波器，而 FIR 滤波器则易于适应某些特殊应用，如构成微分器或积分器，或用于巴特沃斯、切比雪夫等逼近不可能达到预订指标的情况。

2.4.2　卡尔曼滤波

卡尔曼滤波方法是20世纪60年代初在工程控制领域里发展起来的一个现代估计方法[4]。它有两个基本假设。

（1）信息过程的足够精确的模型，是由白噪声所激发的线性（也可以是时变的）动态系统。

（2）每次的测量信号都包含附加的白噪声分量。

根据这些假设，对于被噪声污染了的时间信号寻找信息的最优线性估值。其算法原理如下。

n 自由度动态系统的离散状态方程与观测方程为

$$\begin{cases} \boldsymbol{X}_{k+1} = \boldsymbol{\Phi}_k \boldsymbol{X}_k + \boldsymbol{\Gamma}_k \boldsymbol{F}_k \\ \boldsymbol{Y}_{k+1} = \boldsymbol{H}_{k+1} \boldsymbol{X}_{k+1} + \boldsymbol{v}_{k+1} \end{cases} \tag{2-42}$$

式中，$\boldsymbol{X}_k$、$\boldsymbol{F}_k$ 分别为状态变量与输入在 k 时刻的点采样值；$\boldsymbol{Y}_k$ 为 m 维观测向量 $(m \leqslant n)$；$\boldsymbol{H}$ 为观测矩阵，可根据具体问题确定；$\boldsymbol{v}$ 为零均值观测噪声向量。

卡尔曼滤波的任务是根据状态方程与观测方程，在已知第 k 时刻的状态 $\boldsymbol{X}_k$ 的估计值 $\hat{\boldsymbol{X}}_k$ 和输入 $\boldsymbol{F}_k$ 条件下，对 k+1 时刻的状态作出最优估计。显然，求解这一问题的直观思想是利用状态方程给出 k+1 的值，但由于 $\hat{\boldsymbol{X}}_k$ 仅为一个估计值，故所得的 $\boldsymbol{X}_{k+1}$ 亦为估计值，即

$$\tilde{\boldsymbol{X}}_{k+1} = \boldsymbol{\Phi}_k \hat{\boldsymbol{X}}_k + \boldsymbol{\Gamma}_k \boldsymbol{F}_k \tag{2-43}$$

式（2-43）称为状态预测方程。考虑到 k+1 时刻的观测信息，可设 $\boldsymbol{X}_{k+1}$ 的最小方差估计 $\hat{\boldsymbol{X}}_{k+1}$ 是 $\hat{\boldsymbol{X}}_{k+1}$ 与 $\boldsymbol{Y}_{k+1}$ 的线性组合：

$$\hat{\boldsymbol{X}}_{k+1} = \boldsymbol{K}_{1k+1} \tilde{\boldsymbol{X}}_{k+1} + \boldsymbol{K}_{k+1} \boldsymbol{Y}_{k+1} \tag{2-44}$$

估计误差为

$$\boldsymbol{\varepsilon}_{k+1} = \boldsymbol{X}_{k+1} - \hat{\boldsymbol{X}}_{k+1} \tag{2-45}$$

$$\tilde{\boldsymbol{\varepsilon}}_{k+1} = \boldsymbol{X}_{k+1} - \tilde{\boldsymbol{X}}_{k+1} \tag{2-46}$$

将观测方程代入可得

$$\boldsymbol{X}_{k+1} - \boldsymbol{\varepsilon}_{k+1} = \boldsymbol{K}_{1k+1}(\boldsymbol{X}_{k+1} - \tilde{\boldsymbol{\varepsilon}}_{k+1}) + \boldsymbol{K}_{k+1}(\boldsymbol{H}_{k+1}\boldsymbol{X}_{k+1} + \boldsymbol{v}_{k+1}) \tag{2-47}$$

即

$$\boldsymbol{\varepsilon}_{k+1} = -(\boldsymbol{K}_{1k+1} + \boldsymbol{K}_{k+1}\boldsymbol{H}_{k+1} - \boldsymbol{I})\boldsymbol{X}_{k+1} + \boldsymbol{K}_{1k+1}\tilde{\boldsymbol{\varepsilon}}_{k+1} - \boldsymbol{K}_{k+1}\boldsymbol{v}_{k+1} \tag{2-48}$$

对式（2-48）两边取数学期望，考虑到 $\boldsymbol{E}(\boldsymbol{v}_{k+1}) = 0$，且无偏估计要求误差 $\boldsymbol{\varepsilon}_{k+1}$、$\tilde{\boldsymbol{\varepsilon}}_k$ 的期望值为零，则有

$$\boldsymbol{K}_{1k+1}+\boldsymbol{K}_{k+1}\boldsymbol{H}_{k+1}-\boldsymbol{I}=0 \tag{2-49}$$

即

$$\boldsymbol{K}_{1k+1}=\boldsymbol{I}-\boldsymbol{K}_{k+1}\boldsymbol{H}_{k+1} \tag{2-50}$$

将式（2-50）代入式（2-44）可得

$$\hat{\boldsymbol{X}}_{k+1}=\tilde{\boldsymbol{X}}_{k+1}+\boldsymbol{K}_{k+1}(\boldsymbol{Y}_{k+1}-\boldsymbol{H}_{k+1}\tilde{\boldsymbol{X}}_{k+1}) \tag{2-51}$$

式（2-51）称为状态滤波（校正）方程。$\boldsymbol{K}_{k+1}$ 为增益矩阵，选择增益矩阵的原则是使得估计误差 $\boldsymbol{\varepsilon}_{k+1}$ 的协方差矩阵：

$$\boldsymbol{P}_{k+1}=\boldsymbol{E}\{(\boldsymbol{X}_{k+1}-\hat{\boldsymbol{X}}_{k+1})(\boldsymbol{X}_{k+1}-\hat{\boldsymbol{X}}_{k+1})^{\mathrm{T}}\} \tag{2-52}$$

取极小值。为此，从状态方程中减去式（2-43）得

$$\tilde{\boldsymbol{\varepsilon}}_{k+1}=\boldsymbol{\Phi}_K\boldsymbol{\varepsilon}_k \tag{2-53}$$

将式（2-53）两端右乘自身转置，并取数学期望，利用式（2-52）可得

$$\tilde{\boldsymbol{P}}_{k+1}=\boldsymbol{\Phi}_k\boldsymbol{P}_k\boldsymbol{\Phi}_k^{\mathrm{T}} \tag{2-54}$$

式（2-54）为误差协方差预测方程。

将观测方程代入式（2-51），将计算结果代入式（2-45）有

$$\boldsymbol{\varepsilon}_{k+1}=(\boldsymbol{I}-\boldsymbol{K}_{k+1}\boldsymbol{H}_{k+1})(\boldsymbol{X}_{k+1}-\tilde{\boldsymbol{X}}_{k+1})-\boldsymbol{K}_{k+1}\boldsymbol{v}_{k+1} \tag{2-55}$$

注意到 $\tilde{\boldsymbol{\varepsilon}}_{k+1}=\boldsymbol{X}_{k+1}-\tilde{\boldsymbol{X}}_{k+1}$ 与 $\boldsymbol{v}_{k+1}$ 独立无关，故将式（2-55）两端分别右乘自身转置后取数学期望，并利用式（2-52）可得

$$\boldsymbol{P}_{k+1}=(\boldsymbol{I}-\boldsymbol{K}_{k+1}\boldsymbol{H}_{k+1})\tilde{\boldsymbol{P}}_{k+1}(\boldsymbol{I}-\boldsymbol{K}_{k+1}\boldsymbol{H}_{k+1})^{\mathrm{T}}+\boldsymbol{K}_{k+1}\boldsymbol{R}_{k+1}\boldsymbol{K}_{k+1}^{\mathrm{T}} \tag{2-56}$$

式中

$$\boldsymbol{R}_{k+1}=\boldsymbol{E}(\boldsymbol{v}\boldsymbol{v}^{\mathrm{T}}) \tag{2-57}$$

为观测噪声协方差矩阵。

根据 $\boldsymbol{P}_{k+1}$ 取极小值的原则，可得

$$\boldsymbol{K}_{k+1}=\tilde{\boldsymbol{P}}_{k+1}\boldsymbol{H}_{k+1}^{\mathrm{T}}(\boldsymbol{H}_{k+1}\tilde{\boldsymbol{P}}_{k+1}\boldsymbol{H}_{k+1}^{\mathrm{T}}+\boldsymbol{R}_{k+1})^{-1} \tag{2-58}$$

将式（2-58）代入式（2-56），整理可得误差协方差滤波（校正）方程：

$$\boldsymbol{P}_{k+1}=(\boldsymbol{I}-\boldsymbol{K}_{k+1}\boldsymbol{H}_{k+1})\tilde{\boldsymbol{P}}_{k+1} \tag{2-59}$$

式（2-43）、式（2-51）、式（2-54）、式（2-58）、式（2-59）共同构成了离散系统的卡尔曼滤波估计基本公式。从给定的初始估计 $\hat{\boldsymbol{X}}_0$ 和初始误差协方差 $\boldsymbol{P}_0$ 出发，利用已知的 $\boldsymbol{R}_k$，$\boldsymbol{\Phi}_k$，$\boldsymbol{H}_k$，$\boldsymbol{\Gamma}_k$，$\boldsymbol{F}_k$ 即可从上述递推公式进行系统状态量的

卡尔曼滤波估计计算。

2.4.3 小波滤波

小波分析作为一门学科，诞生于 20 世纪 80 年代，涉及科学研究、技术应用等方面，如信号分析与图像处理、模式辨识、语音合成、医学成像与诊断、地震与勘探、自动控制等诸多领域，都有成功的应用。发展至今，小波分析已取得了许多理论和应用成果，关于小波理论更详细的介绍可参考文献［5］～文献［7］。小波分析是建立在傅里叶变换上的发展和延拓，它既继承和发展了短时傅里叶变换的局部化思想，同时又克服了窗口大小不随频率变化的缺点。小波变换是一个时间和频率的局部变换，即在高频部分具有较高的时间分辨率和较低的频率分辨率，在低频部分具有较低的时间分辨率和较高的频率分辨率，这就使得小波变换具有对信号的自适应性。它能够有效地从信号中提取信息，通过伸缩和平移等运算功能对函数或信号进行多尺度细化分析。这就使得小波变换在信号处理方面有许多独到的优点。本节主要介绍小波变换在信号滤波降噪领域的一些理论方法与应用。

1. 小波奇异性降噪

函数（信号）在某点处间断或某阶导数不连续，称函数（信号）在该点处有奇异性，该点称为奇异点。信号中奇异点及不规则的突变部分经常携带有比较重要的信息，它是信号的重要特征之一。利用小波时域局部性质分析信号奇异值的大小和位置。

1）奇异性的 Lipschitz 指数度量

Lipschitz 指数 α 可对常见的奇异点进行度量，关于 Lipschitz 指数（简称 L 指数）α 的概念可参考文献［8］。

首先，引入函数 $f(t)$ 与它的原函数 $F(t)$ 在 t_0 点处的 L 指数的关系：若 $f(t)$ 的原函数 $F(t)$ 在 t_0 点处的 L 指数为 $\alpha+1(\alpha<0)$，则 $f(t)$ 在 t_0 处的 L 指数为 α。

对于斜坡形式或折线函数，设 t_0 是奇异点，显然有

$$\left|f(t_0+h)-f(t_0)\right|\leqslant c\left|h\right|^{\alpha},\quad c>0 \tag{2-60}$$

此时，函数在 t_0 处的 L 指数为 $\alpha=1$。

对于阶跃函数，设 t_0 是阶跃点，则有

$$\left|f(t_0+h)-f(t_0)\right|\leqslant c\left|h\right|^{\alpha},\quad c>0 \tag{2-61}$$

显然，函数在 t_0 处的 L 指数为 $\alpha=0$。

对于 $\delta(t)$ 函数的奇异性度量，由于 $\delta(t)$ 函数的原函数是单位阶跃函数：

$$u(t)=\begin{cases}1, & t>0\\ 0, & t\leqslant 0\end{cases} \tag{2-62}$$

即

$$\delta(t)=\lim_{h\to 0}\frac{u(t+h)-u(t)}{h}=\frac{\mathrm{d}u(t)}{\mathrm{d}t} \tag{2-63}$$

因此，可推知 δ 函数在奇异点处的 L 指 $\alpha=-1$。

可见，函数的 Lipschitz 指数 α 可以刻画函数在奇异点处的突变程度。α 越大，函数在该点光滑程度越高，奇异性越小；而 α 越小，函数在该点处突变程度越大。

2）函数奇异性与小波变换

Mallat 将函数（信号）的局部奇异性与小波变换后的模局部极大值联系起来，通过小波变换后的模极大值在不同尺度上的衰减速度来衡量信号的局部奇异性。设小波 $\phi(t)$ 是实函数且连续，具有衰减性：$|\phi(t)|\leqslant K(1+|t|)^{-2-\varepsilon}$，$(\varepsilon>0)$，$f(t)\in L^2(\mathbf{R})$ 在区间 I 上是一致 L 指数 $\alpha(-\varepsilon<\alpha\leqslant 1)$，则存在常数 $c>0$，使得对于任意的 $a,b\in I$，其小波变换满足：

$$|Wf(a,b)|\leqslant ca^{\alpha+\frac{1}{2}} \tag{2-64}$$

反之，若对于某个 $\alpha(-\varepsilon<\alpha\leqslant 1)$，$f(t)\in L^2(\mathbf{R})$ 的小波变换满足式（2-64），则 $f(t)$ 在 I 上具有一致的 L 指数 α。若 t_0 是 $f(t)$ 的奇异点，则 $|Wf(a,b)|$ 在 $b=t_0$ 处取极大值，即式（2-64）的等式成立。

在二进制小波变换情形下，式（2-64）变成

$$|Wf(2^j,b)|\leqslant c\times 2^{j\left(\alpha+\frac{1}{2}\right)} \tag{2-65}$$

在信号处理中，常常使用卷积型小波变换，设 $f(t),\phi(t)\in L^2(\mathbf{R})$，记

$$\phi_s(t)=\frac{1}{s}\phi\left(\frac{t}{s}\right),\quad s>0 \tag{2-66}$$

则有

$$(Wf)(s,b)=f\times\phi_s(b)=\frac{1}{s}\int_{-\infty}^{+\infty}f(t)\phi\left(\frac{b-t}{s}\right)\mathrm{d}t \tag{2-67}$$

式（2-67）称为 $f(t)$ 的卷积变换小波变换。如果将 $f(t)$ 的小波变换理解成卷积型小波变换，则式（2-64）、式（2-65）可写为

$$|Wf(s,b)|\leqslant cs^{\alpha} \tag{2-68}$$

$$|Wf(2^j,b)| \leqslant c2^{j\alpha} \tag{2-69}$$

式（2-64）、式（2-65）表明，若 $\alpha > -1/2$，则小波变换模极大值随着尺度 j 的增大而增大；若 $\alpha < -1/2$，则小波变换模极大值随着尺度的增大反而减小。这种情况说明，该信号比不连续信号（如阶跃信号，$\alpha=0$）更加奇异，这正是噪声对应的情况。如高斯白噪声，它是几乎处处奇异的且是广义随机分布的，具有负的 L 指数 $\alpha=-1/2-\varepsilon(\varepsilon > 0)$。

上述理论表明可利用小波变换模的极大值随尺度变化的情况来推导信号的奇异点类型，当尺度 j 增大而小波变换模反而减小，则可推断信号在奇异点处的 L 指数 $\alpha < 0$；相反的情况下，$\alpha > 0$。当 j 变化时而小波变换模值不变，则有 $\alpha=0$。

3）小波模极大值降噪

小波模极大值降噪根据信号和白噪声在小波变换下模极大值随尺度变换呈不同的规律：信号（L 指数 $\alpha \geqslant 0$）的小波变换模极大值随尺度增加而增加或不变，而白噪声（L 指数 $\alpha < 0$）的模极大值随尺度增加反而减小。根据信号和白噪声在不同尺度的小波变换下表现的不同特性，可以把它们进行区分。模极大值降噪方法的主要步骤如下。

（1）对含噪声信号进行尺度为 $s=2^j, j=1,2,\cdots,J$ 的小波变换，并求出每一尺度上变换系数的模极大值。

（2）从最大尺度开始，确定一个阈值 T，把该尺度上模极大值小于 T 的极值点去掉，保留其余极值点，得到最大尺度上的一组新的模极大值点。

（3）作出尺度 $j=J$ 上保留的每个极大值点的一个邻域，如 $N(t_i,\varepsilon_J)$，在 $j-1$ 尺度上给出与邻域 $N(t_i,\varepsilon_J)$ 内极值点相对应的传播点（极值点），保留这些极值点，去掉其他极值点，从而得到 $j-1$ 尺度上一组新的极值点。

（4）置 $j=j-1$，重复步骤（3）直至 $j=2$。

（5）在 $j=2$ 时保存的极值点位置上，找出 $j=1$ 时对应的极值点，而将其他极值点去掉（或置相应小波系数为零）。

（6）利用各尺度上保留下来的极值点的小波系数，重构原信号。

利用上述方法可以达到信号的降噪目的，但在具体操作上还有一些技术问题需要解决，如 J 取多大值合适；重构时由于只利用有限个极大值点的小波系数，这样重构的信号与原信号必有误差，如何构造原始信号近似的小波系数等。这些技术指标的选取需要根据降噪信号特性以及工程精度要求确定。

2. 小波阈值降噪

阈值降噪的基本思想是含噪声信号进行小波分解后，有用信号能量主要集中在少量小波系数中，但其幅值大，噪声仍是噪声，分布在整个小波域内且小波系数值比较小，根据这一性质设计阈值λ，认为小于此阈值的小波系数为噪声引起，系数全部置零，大于此阈值的小波系数为有用信号，从而可以除去或减少噪声的影响，达到降噪的目的。

小波阈值降噪算法主要步骤如下。

（1）选择合适的小波基函数和适当的分解层数，采用 mallat 小波分解算法对观测信号进行分解。

（2）根据信号特点和滤波精度选择适合的阈值函数和阈值。

（3）对每层小波系数经过阈值处理后，利用 mallat 小波逆变换重构处理后的小波系数得到降噪信号。

上述小波阈值降噪的算法可知，阈值处理中涉及 3 个关键问题：①分解层数的选择；②阈值函数的选择；③阈值设定。

分解层数的确定一般都是人为设置为 4～6，但这种主观因素往往会导致极大误差，因此需要根据信号特性选择科学的方法确定分解层数，分解层数的确定在 2.5 节中进行详细论述。阈值函数和阈值的设定通常使用 Donoho 提出的软硬阈值函数和阈值计算公式。

Donoho 提出两种阈值处理方法[9]：

（1）硬阈值函数：

$$\widehat{w_{j,k}}=\begin{cases}w_{j,k},|w_{j,k}|\geqslant\lambda\\0,\quad|w_{j,k}|<\lambda\end{cases}\tag{2-70}$$

（2）软阈值函数：

$$\widehat{w_{j,k}}=\begin{cases}(|w_{j,k}|-\lambda)\cdot\operatorname{sgn}(w_{j,k}),|w_{j,k}|\geqslant\lambda\\0,\qquad\qquad\qquad\qquad|w_{j,k}|<\lambda\end{cases}\tag{2-71}$$

式中，$\widehat{w_{j,k}}$ 表示估计小波系数；λ 表示门限阈值。

Donoho 也给出了阈值求解公式：

$$\begin{cases}\lambda=\sigma\sqrt{2\lg N}\\\sigma=\dfrac{\operatorname{median}(|w_{j-1,k}|)}{0.6745}\end{cases}\tag{2-72}$$

式中，σ 表示噪声方差；N 表示信号数据长度。

硬阈值和软阈值函数如图 2-2（a）和图 2-2（b）所示。这两种阈值函数在实际中经常使用，也取得了较好的效果。但方法本身也存在着一些缺点，如硬阈值函数方法不连续，重构信号时会产生振荡；软阈值函数方法虽然连续性好，但估计值与真实值之间存在着恒定偏差，直接影响重构信号的性质。因此为保证滤波效果需对阈值函数进一步研究。

3. 小波降噪方法比较

小波变换模极大值的降噪方法主要适用于信号中混有白噪声，且信号中含有较多奇异点的情况。该方法在降噪的同时，能有效地保留信号的奇异点信息，降噪后的信号没有多余振荡，是原始信号的一个非常好的估计。

小波变换阈值降噪方法的优点是噪声几乎完全得到抑制，且反映原始的特征
小波变换阈值降噪方法的优点是噪声几乎完全得到抑制，且反映原始的特征尖峰点得到很好的保留。用硬阈值方法可以很好保留图像边缘等局部特征，但会出现伪吉布斯等效应，而用软阈值方法处理结果则相对平滑得多，但是软阈值方法可能会造成边缘模糊等失真现象。因此，实际应用阈值降噪时需要根据实际情况合

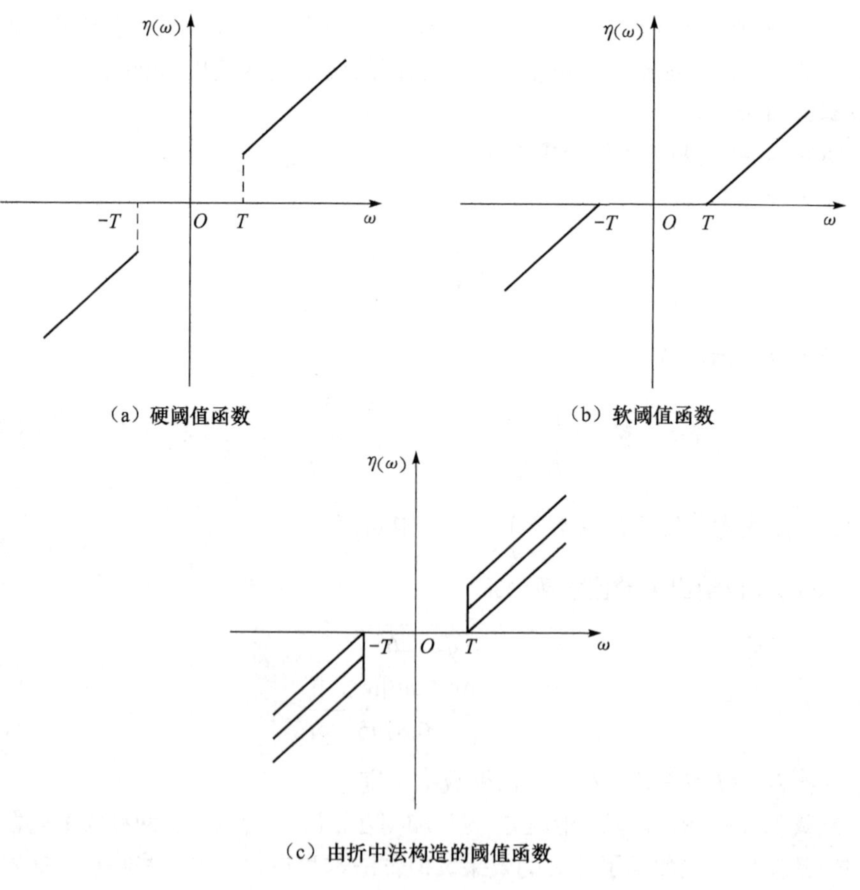

（a）硬阈值函数　　（b）软阈值函数

（c）由折中法构造的阈值函数

图 2-2　阈值函数

理选择参数。

2.4.4 奇异值分解滤波

奇异值分解（SVD）作为一种矩阵分解方法在线性代数中占有重要的位置，在其后不断的发展中，因信号经奇异值分解后得到的奇异值唯一，同时奇异值具有稳定性、比例不变形等性质，使得奇异值作为一种有效描述信号内在属性的代数特征应用于信号处理、特征处理等方面。

SVD 降噪原理为：矩阵经 SVD 处理后，当有用信号能量大于噪声能量时，较大的奇异值主要反映有用信号，较小的奇异值则主要反映噪声。因此，把反映噪声的奇异值置零，就可以有效去除信号中噪声成分。

假设结构动力响应测试信号为 $\boldsymbol{x}(t)$，利用岩石嵌陷技术，将原始信号 $\boldsymbol{x}(t)=[x(t)\quad x(t+\tau)\quad x(t+2\tau)\quad x(t+3\tau)\quad \cdots]$（$\tau$ 为延时）映射到 $m\times n$ 维相空间内，得到重构吸引子轨道矩阵 $\boldsymbol{H}$[10-12]：

$$\boldsymbol{H}=\begin{bmatrix} x(t) & x(t+\tau) & \cdots & x[t+(n-1)\tau] \\ x(t+\tau) & x(t+2\tau) & \cdots & x(t+n\tau) \\ \vdots & \vdots & & \vdots \\ x[t+(m-1)\tau] & x(t+m\tau) & \cdots & x[t+(m+n-2)\tau] \end{bmatrix} \tag{2-73}$$

对于一个 $m\times n$ 维的实矩，必然存在一个 $m\times l$ 维的矩阵 $\boldsymbol{R}$，一个 $l\times l$ 维的对角线矩阵 $\boldsymbol{\Lambda}$ 和一个 $n\times l$ 维的矩阵 $\boldsymbol{S}$。将矩阵 $\boldsymbol{H}$ 进行奇异值分解，对于 $\boldsymbol{\Lambda}$ 矩阵中高阶次下的非零对角元素完全是因噪声干扰所致。因此若只保留奇异值矩阵 $\boldsymbol{\Lambda}$ 中的前 k 个主对角线元素，而将后（$l-k+1$）个主对角线元素均取为零，再将所得新主对角矩阵 $\tilde{\boldsymbol{\Lambda}}$ 代回式（2-73），便可得到：

$$\tilde{\boldsymbol{H}}_{m\times n}=\boldsymbol{R}_{m\times l}\tilde{\boldsymbol{\Lambda}}_{l\times l}\boldsymbol{S}_{n\times l}^{\mathrm{T}} \tag{2-74}$$

则通过式 (2-74) 计算出的矩阵 $\tilde{\boldsymbol{H}}$ 便可认为是原轨道矩阵 $\boldsymbol{H}$ 的估计，对角元素矩阵 $\tilde{\boldsymbol{\Lambda}}$ 的主对角元素 $\lambda_i(i=1,2,\cdots,l)$ 是非负的，并按降序排列，即 $\lambda_1\geqslant\lambda_2\geqslant\cdots\geqslant\lambda_l\geqslant 0$，这些对角元素便是矩阵 $\boldsymbol{H}$ 的奇异值。于是根据重构吸引子轨道矩阵的重构原理，通过矩阵 $\tilde{\boldsymbol{H}}$ 便可得到原信号 $x(t)$ 经降噪处理后的信号 $\tilde{x}(t)$。可见，信号的 SVD 降噪相当于对原信号进行了低通滤波处理：

$$\tilde{\boldsymbol{H}}=\boldsymbol{H}\boldsymbol{W} \tag{2-75}$$

式（2-75）中，$\boldsymbol{W}$ 表示一低通滤波器，其数学表达式为

$$\boldsymbol{W}=(\boldsymbol{\Lambda}\boldsymbol{S}^{\mathrm{T}})^{-1}\tilde{\boldsymbol{\Lambda}}\boldsymbol{S}^{\mathrm{T}} \tag{2-76}$$

对于确定的信号重构吸引子轨道矩阵 $\boldsymbol{H}$，对其进行奇异值分解后，矩阵 $\boldsymbol{\Lambda}$ 和 $\boldsymbol{S}$ 是确定的。因此，通过公式 (2-76) 可知，低通滤波器 $\boldsymbol{W}$ 主要决定于矩阵 $\tilde{\boldsymbol{H}}$，$\tilde{\boldsymbol{H}}$ 的构造直接决定着信号最终的降噪效果。

上述论述可知 SVD 降噪的关键在于 $\boldsymbol{H}$ 矩阵的估计，而 $\tilde{\boldsymbol{H}}$ 的大小由对角矩阵置零阶次决定。阶次设置过高或过低都会影响降噪效果，因此为保证降噪精度，引入奇异熵增量理论确定阶次。

奇异熵定义式为

$$E_k = \sum_{i=1}^{k} \Delta E_i,\ k \leqslant l \tag{2-77}$$

式中，k 为奇异熵的阶次；ΔE_i 为奇异熵在阶次 i 处的增量。可通过下式计算得到：

$$\Delta E_i = -\left(\lambda_i / \sum_{k=1}^{l} \lambda_k\right) \cdot \ln\left(\lambda_i / \sum_{k=1}^{l} \lambda_k\right) \tag{2-78}$$

式中，令 $\sigma_i = \ln\left(\lambda_i / \sum_{k=1}^{l} \lambda_k\right)(i \leqslant l)$ ；则由 $\sigma_i(i=1,2,\cdots,l)$ 组成的序列便为矩阵 $\boldsymbol{H}$ 经奇异值分解后得到的奇异谱。

通过式（2-77）、式（2-78）可以看出，信号的奇异熵值越大，说明信号越复杂，信号所含的信息也就越丰富。但同时由于同一脉冲响应信号无论受到噪声干扰的程度如何，完整抽取其有效特征信息所需的奇异谱阶次是一定的，即结构系统阶次一定，所以可用奇异熵增量理论确定系统阶次，具体理论将在第 5 章 5.4 节进行详述。

2.5 基于二次滤波技术的泄流结构振动响应信号处理

流体诱发结构振动是一种极其复杂的流体与结构相互作用现象。随着水利工程高水头、大流量、超流速泄水建筑物的大量兴建，特别是高强建筑材料的开发和应用，工程结构越来越趋于轻型化，高速泄流诱发的结构强振动问题将日益突出。

泄流结构动力特性是判断其运行状态健康程度以及振动危害程度的指标之一。对泄流结构进行振动测试时由于数据采集仪器自身精度偏差和受到干扰、外界环境激励响应及人为因素，所获数据含有不同程度的噪声，影响结构健康状况及振动危害评价的精度。同时泄流荷载可近似看作具有一定带宽的白噪声，泄流结构振动输出则是包含高频白噪声和低频水流噪声的非平稳非线性信号，所关注的结构动力特征信息往往被其淹没，因此强背景噪声下的结构有效信息精确提取成为该问题研究的关键。

傅里叶变换是在振动信号分析中最常用的频域分析方法，该方法能刻画信号的频率特性但不提供任何时域信息。由于对信号的截断与加窗处理，傅里叶变换造成吉布斯现象使得振动信号在频域内产生较大误差。同时由于实际工程中不可避免地混入多种不同性质的噪声，在频谱图中会产生大量的“毛刺”妨碍对系统真实动力特性的判断。数字滤波的时域方法通过对信号离散数据进行差分方程数学运算来达到滤波，该方法需要确定一些技术指标（如通带截止频率与阻带截止频率、通带波动系数与阻带波动系数、滤波器的阶数等），然后提出一个滤波器模型来逼近给定的指标。该方法的不足之处是滤波效果与指标的确定关系密切并且有固定数量的延时。数字滤波器是在傅里叶变换基础上改进的信号处理方法，并没有完全克服傅里叶变换的缺点，在处理非平稳非线性信号时依旧有很大局限性。小波降噪法是利用变换阈值对含有噪声的信号进行小波分解，对分解后的系数进行阈值处理从而除去或减少噪声的影响，然后用处理后的系数进行小波重构得到较好的真实信号估计；该方法最大缺点是小波基、阈值计算及阈值函数三个关键问题的选择准则问题。EMD 分解是 Huang 等提出的突破了之前信号处理“先验”缺陷的自适应方法，非常适合非线性、非平稳信号处理。该方法依据自身尺度特性自适应分解成不同瞬时频率的固态模量（IMF），每一个固态模量具有一定的物理意义。但对于泄流振动信号，由于强背景噪声干扰，构造 IMF 各极值点在整个采样空间分布不均匀，且局部噪声干扰信号频率与结构特征信号频率相近，出现端点效应和混频问题，导致 EMD 分解出现偏离，不能正确分离信号。基于上述研究，本书提出一种基于小波阈值与 EMD 分解联合的滤波方法：小波阈值分离信号中的高频白噪声，为 EMD 分解作铺垫；EMD 分解进一步分离白噪声和低频水流噪声，提高滤波降噪精度。将该方法应用于泄流结构振动信号处理，为分析结构振动优势频率以及坝体结构的安全运行与在线监测提供新思路。

2.5.1　经验模态分解

EMD 分解[13]是 Huang 变换的核心，其本质是对信号进行平稳化处理。信号经高频到低频逐层分解产生一系列具有不同尺度特征的数据 IMF。IMF 应符合两个条件：①数据序列中，极值点个数与过零点的个数相等或相差 1；②信号上任一点，由其局部极值点确定的上下包络线均值为 0，即信号关于时间轴对称。

EMD 分解实现过程如下：对任意原始信号 $x(t)$，首先找到信号所有的极大值点和极小值点；分别用三次样条函数对所有极值点进行插值，从而拟合成原始信号的上包络线 $x_{\max}(t)$ 和下包络线 $x_{\min}(t)$；上下包络线包围的区域包含了所有信号数据，可以得到其均值为 $m_1(t)$；用原始信号减去均值 $m_1(t)$，得到一个新的信号 $h_1(t)$：

$$h_1(t) = x(t) - m_1(t) \tag{2-79}$$

如果 $h_1(t)$ 满足 IMF 分量的两个条件，则称 $h_1(t)$ 为第一个固态模量。如果 $h_1(t)$ 不满足 IMF 分量的特点，此时将 $h_1(t)$ 看作原信号，重复上述步骤，直到得到满足 IMF 分量特征的第 k 次的数据 $h_{1k}(t)$：

$$h_{1k}(t)=h_{1(k-1)}(t)-m_{1(k-1)}(t) \tag{2-80}$$

为避免出现循环次数过多的分解，$h_{1k}(t)$ 不仅满足 IMF 分量的两个特点，同时还需要满足筛分过程终止准则，这样才得到一个满足要求的 IMF 分量。引入终止准则 S_d，即

$$S_d=\sum_{t=0}^{T}\frac{[h_{1(k-1)}(t)-h_{1k}(t)]^2}{h_{1(k-1)}^2(t)} \tag{2-81}$$

通常来说，S_d 值越小，得到的固有模态分量的线性和稳定性越好。研究表明 S_d 取 0.2～0.3 时，既可以保证固态模量的稳定性，也能使 IMF 具有相应的物理意义。

当 $h_{1k}(t)$ 满足了上述要求，则称 $h_{1k}(t)$ 为第一阶 IMF 分量，记为 $c_1(t)$，原始信号 $x(t)$ 减去 $c_1(t)$ 为剩余信号，即残差 $r_1(t)$：

$$r_1(t)=x(t)-c_1(t) \tag{2-82}$$

将 $r_1(t)$ 作为一个新的信号重复以上分解过程，得到满足要求的 $c_2(t)$，之后可以得到残差 $r_2(t)$，按照上述分解方法循环计算每一个 IMF，直到得到的一个残差为单调函数时，分解终止。信号 $x(t)$ 可表示为

$$x(t)=\sum_{i=1}^{n}c_i(t)+r_n(t) \tag{2-83}$$

因此，EMD 分解可以将任一信号 $x(t)$ 分解成 n 个固态模量和一个残余分量，固态模量 $c_1, c_2, c_3, \cdots, c_n$ 表示从高频到低频的信号成分，残余分量 r_n 表示信号的平均趋势。

2.5.2　小波阈值与 EMD 联合滤波原理

泄流结构振动信号是含高频白噪声和低频水流的非平稳非线性信号。小波阈值降噪对白噪声具有很强的抑制能力，通过阈值处理能滤除高频白噪声。但由于泄流振动信号大部分属于低信噪比信号，真实信号常常淹没在噪声中，为了保证滤波精度，需要对小波阈值处理后的信号进一步处理。EMD 实质就是把信号依照自身的时间尺度特征自适应地分解成从高频到低频的 IMF，它突破了传统信号处理方法的瓶颈，不需要先验知识选择一些相应技术指标或者函数，大大降低了人为误差。基于 EMD 分解的特点，可对小波阈值处理后的信号进行 EMD 分解。而实际信号处理中强噪声的缘故，EMD 分解信号两端点不能确定极值，导致样条插值时产生数据拟合误差，信号的上下包络线在端点附近发生扭曲。

基于上述的分析，针对低信噪比信号特点，提出小波阈值与 EMD 联合降噪方法[14]。该方法充分结合小波和 EMD 的优点，利用小波阈值分离信号中的高频白噪声，抑制 EMD 端点效应，为 EMD 作铺垫，而 EMD 分解可进一步分离白噪声和低频水流噪声，提高滤波降噪精度。此方法的本质在于对有效信息表现出传递特性和对噪声表现出抑制特性，根据有效信息和噪声在小波分解尺度上、EMD 分解空间上的不同规律，进行有效的信噪分离。

2.5.3 小波阈值与 EMD 联合滤波流程图

为直观表述该方法处理信号过程，建立小波阈值与 EMD 联合降噪流程图，如图 2-3 所示。

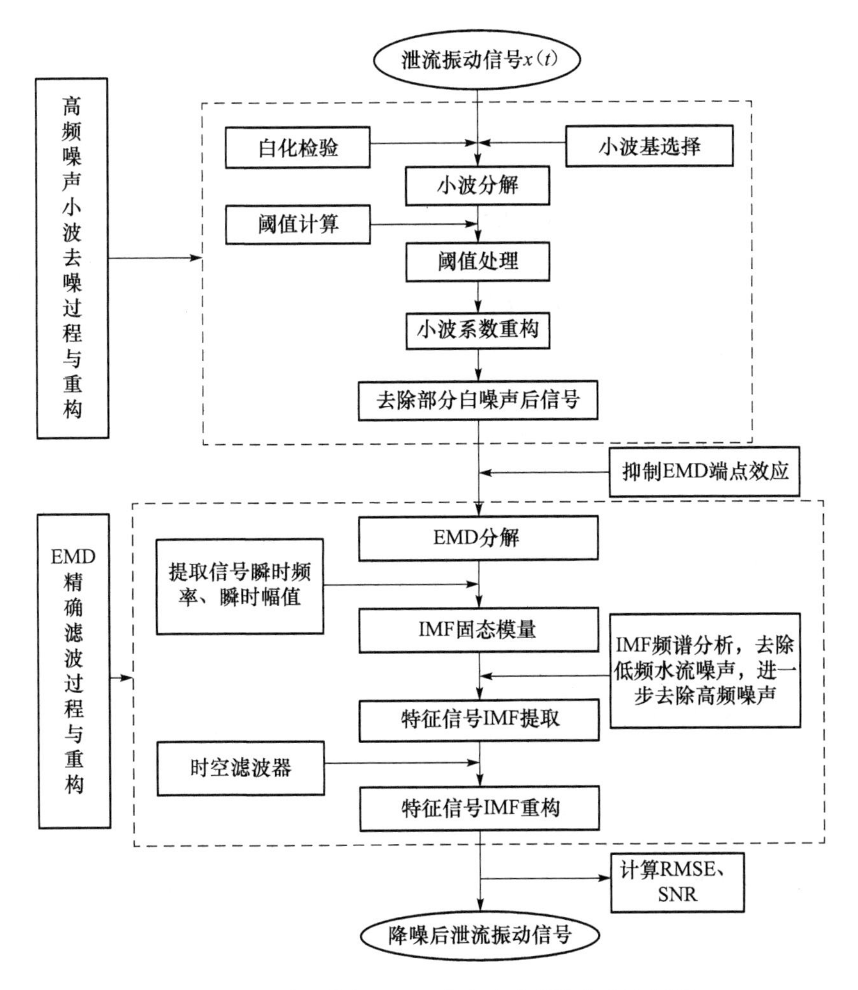

图 2-3　小波阈值与 EMD 联合滤波降噪方法流程图

该方法在处理过程中的六个核心问题如下。

（1）确定小波分解层数。信号经小波分解后白噪声能量主要分布在大多数小波空间上，在这些层次的小波空间中白噪声起控制作用，因而小波系数表现出白噪声特性；有用信号则被压缩到少数幅值较大的小波系数中，有用信号起主导作用，小波系数表现非白噪声特性；通过判断各层小波系数是否具有白噪声特性可以自适应地确定分解层数，即对各层小波系数进行白化检验[15]。

由数理统计知识可知，白噪声是随机函数，它由一组互不相关的随机变量构成。离散随机变量的自相关序列为

$$\rho(k)=\begin{cases}1, & k=0\\ 0, & k\neq 0\end{cases} \tag{2-84}$$

假设离散数据序列 $d_k(k=1,2,\cdots,N)$ 的自相关序列为 $\rho(i)(i=1,2,\cdots,M)$，若 $\rho(i)$ 满足：

$$|\rho(i)|\leqslant\frac{1.95}{\sqrt{N}} \tag{2-85}$$

则认为 d_k 为白噪声序列，M 通常取 5～10。

在实际振动测试信号中，由于白噪声中含有一种弱相关信号，无法确定是有用信号的弱相关信号还是噪声产生的随机信号，因此提出小波系数去相关的白化检验。其流程如图 2-4 所示。

（2）计算各层小波系数阈值。Donoho 提出的阈值计算公式对于高信噪比的信号比较适用，对于被噪声湮没的低信噪比泄流结构振动信号，因保留了太多较大的噪声小波系数而影响降噪效果。并且噪声小波系数随着分解层数的增加不断降低，但 Donoho 提出的阈值公式计算的是全局阈值，这显然不合理，因此对阈值公式进行如下改进。

$$\lambda=\frac{\sigma\sqrt{2\lg N}}{\ln(\mathrm{e}+j-1)} \tag{2-86}$$

式中，σ 表示噪声方差，N 表示信号数据长度；e 表示底数 e≈2.71828；j 表示分解层数。

（3）选取合适的阈值函数。阈值函数通常使用 Donoho 提出的软、硬阈值函数。但硬阈值函数不连续，出现伪吉布斯现象，软阈值函数虽连续，但处理后的小波系数存在偏差，因此需要对阈值函数作出改进。改进公式如下所示：

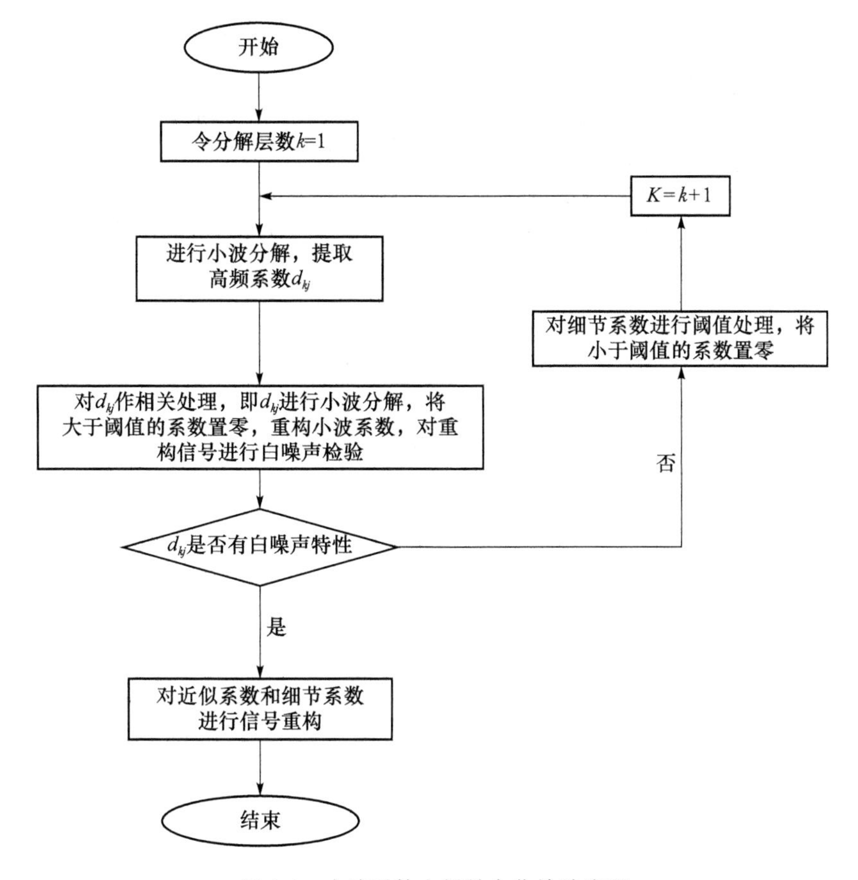

图 2-4　小波系数去相关白化检验流程

$$\widehat{w_{j,k}}=\begin{cases} w_{j,k}-0.5\dfrac{\lambda^{p}r}{{w_{j,k}}^{p-1}}+(r-1)\lambda, & w_{j,k}>\lambda \\ \operatorname{sgn}(w_{j,k})0.5\dfrac{r|w_{j,k}|^{q}}{\lambda^{q-1}}, & |w_{j,k}|<\lambda \\ w_{j,k}-0.5\dfrac{(-\lambda)^{p}r}{{w_{j,k}}^{p-1}}-(r-1)\lambda, & w_{j,k}<-\lambda \end{cases} \tag{2-87}$$

式中，p、q、r 为阈值函数的调节因子，目的是增强阈值函数在实际去噪应用中的灵活性。p、q 决定阈值函数形状，r 取值在 0～1，决定了小波阈值的逼近程度。

（4）对重构信号进行 EMD 分解。EMD 分解提取非平稳信号的瞬时频率和瞬时幅值，自适应分解得到从高频到低频的 IMF，由于小波阈值首先滤掉了大部分高频奇异点，减少了 EMD 分解层数，降低端点极值拟合误差和混频效应，使得各 IMF 分量正确反映信号真实物理意义。

（5）对各个 IMF 进行频谱分析。提取反映真实信号物理特征的有用 IMF，利用时空滤波器重构信号，得到精确降噪后的信号。

（6）对降噪效果进行评定。引入信噪比（SNR）和根均方误差（RMSE）作为降噪效果评定标准[16]。

信噪比：

$$\mathrm{SNR}=10\lg\left\{\frac{\dfrac{1}{n}\sum_{i=1}^{n}f^{2}(n)}{\dfrac{1}{n}\sum_{i=1}^{n}[f(n)-\widehat{f(n)}]^{2}}\right\} \tag{2-88}$$

根均方误差：

$$\mathrm{RMSE}=\sqrt{\frac{1}{n}\sum_{i=1}^{n}[f(n)-\widehat{f(n)}]^{2}} \tag{2-89}$$

式中，$f(n)$ 和 $\widehat{f(n)}$ 分别为原始信号和降噪后信号，信噪比越大，根均方误差越小，说明消噪效果越理想。

2.5.4　仿真分析

1. 构造模拟信号

为检验小波阈值与 EMD 联合方法降噪性能，构造泄流结构振动模拟信号 $x(t)$，其函数表达式如下：

$$x(t)=10\mathrm{e}^{-t\pi/2}\sin(15t)+5\mathrm{e}^{-t/3}\sin(20t)$$

叠加低频噪声和高频白噪声后信号函数为

$$x_{1}(t)=8\mathrm{e}^{-t/3}\sin(3t)+x(t)+3.0\times\mathrm{randn}(m)$$

式中，t 为时间，采样频率 100Hz，采样时间 10s；randn(m) 为均值为零、标准差为 1 的标准正态分布白噪声，m 为样本个数。假定振动幅值单位为微米（μm），$x(t)$、$x_1(t)$ 时程曲线和功率谱密度图如图 2-5、图 2-6 所示。

2. 仿真对比

由图 2-6 可知，信号所含的强噪声湮没了真实信号部分优势频率。分别采用

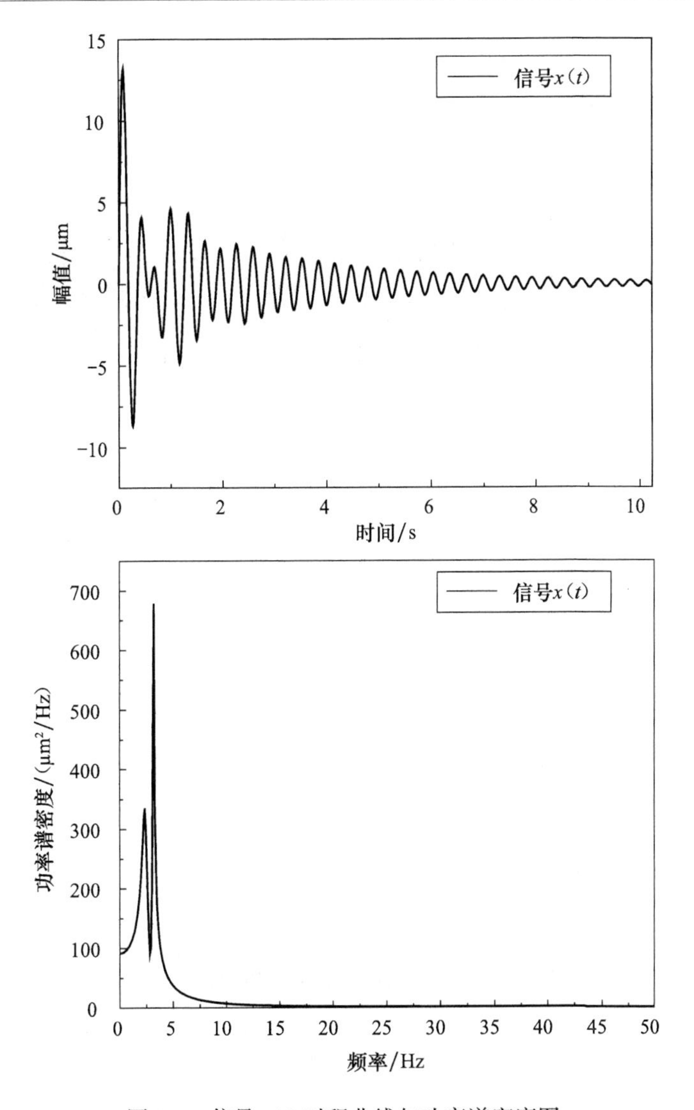

图 2-5　信号 $x(t)$ 时程曲线与功率谱密度图

数字滤波、小波分析、EMD、SVD 和小波阈值与 EMD 联合降噪方法对其进行降噪分析，计算 5 种方法处理后的 SNR 和 RMSE 指标，见表 2-1。降噪前后信号时程线对比见图 2-7，采用小波阈值与 EMD 联合方法降噪后信号前后功率谱密度对比见图 2-8。

由表 2-1 和图 2-7 可知，该方法降噪后信噪比最大，根均方误差很小，降噪前后时程线拟合情况最佳，说明噪声已基本消除。图 2-8 的功率谱密度曲线对比

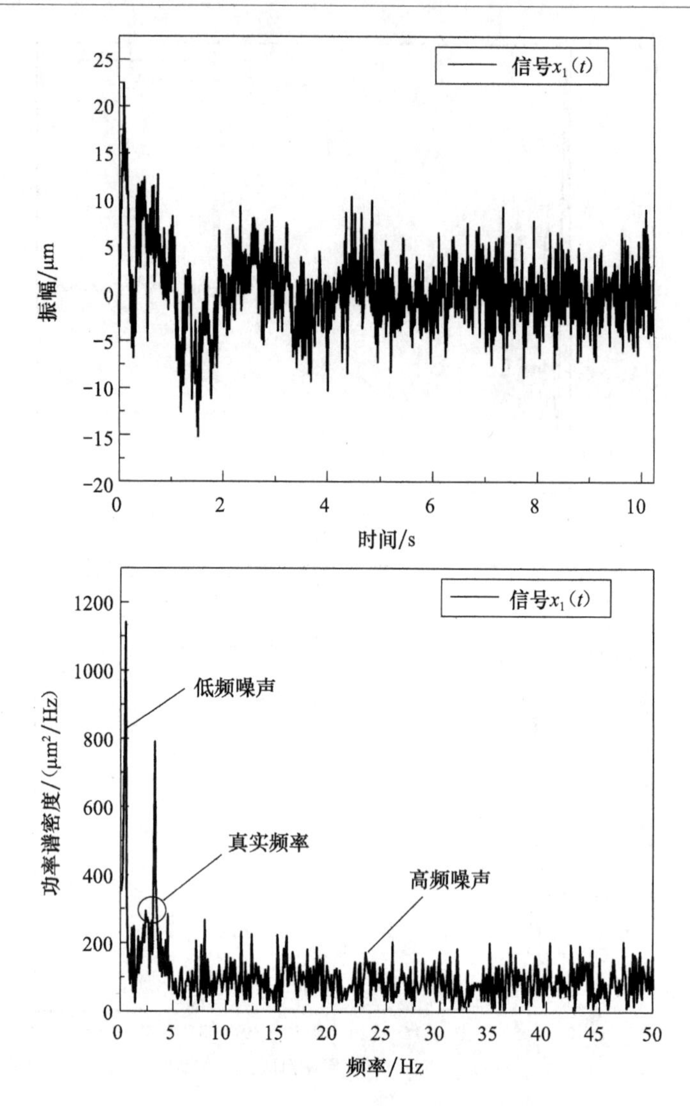

图 2-6　信号 $x_1(t)$ 时程曲线与功率谱密度图

表 2-1　四种滤波降噪方法降噪效果评定指标对比

降噪方法	SNR	RMSE
数字滤波	−3.6001	2.904
小波阈值	−1.8545	2.376
EMD	2.3655	1.461

续表

降噪方法	SNR	RMSE
SVD	–1.8469	2.373
小波阈值与 EMD 联合	5.9389	0.968

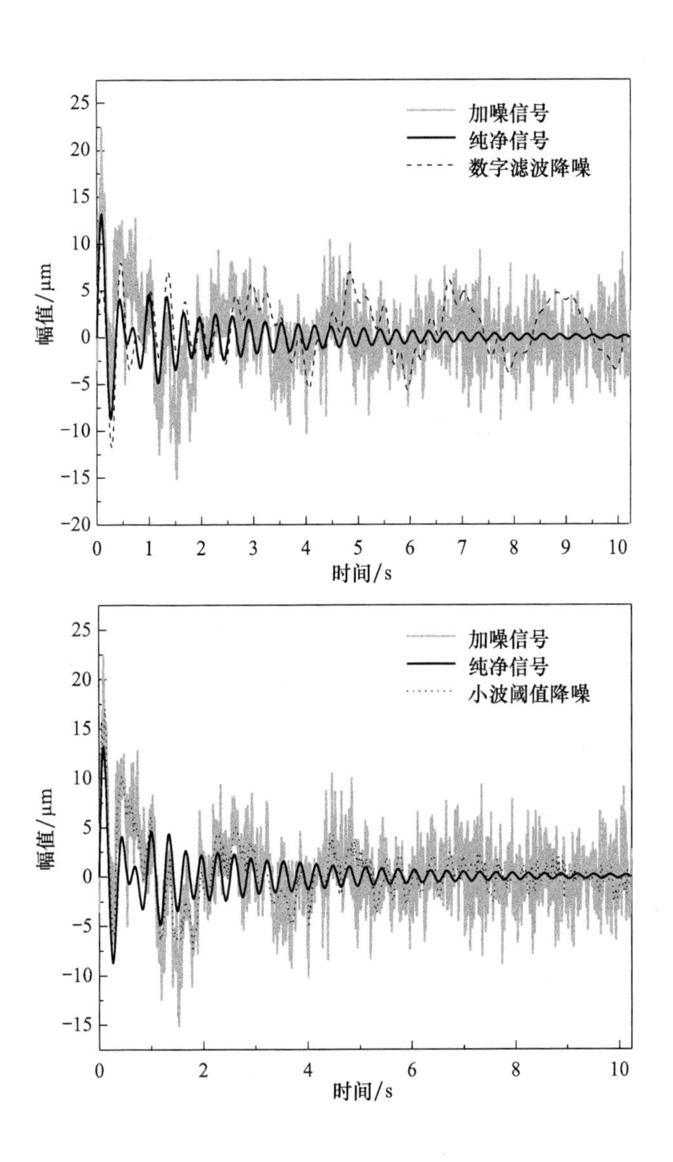

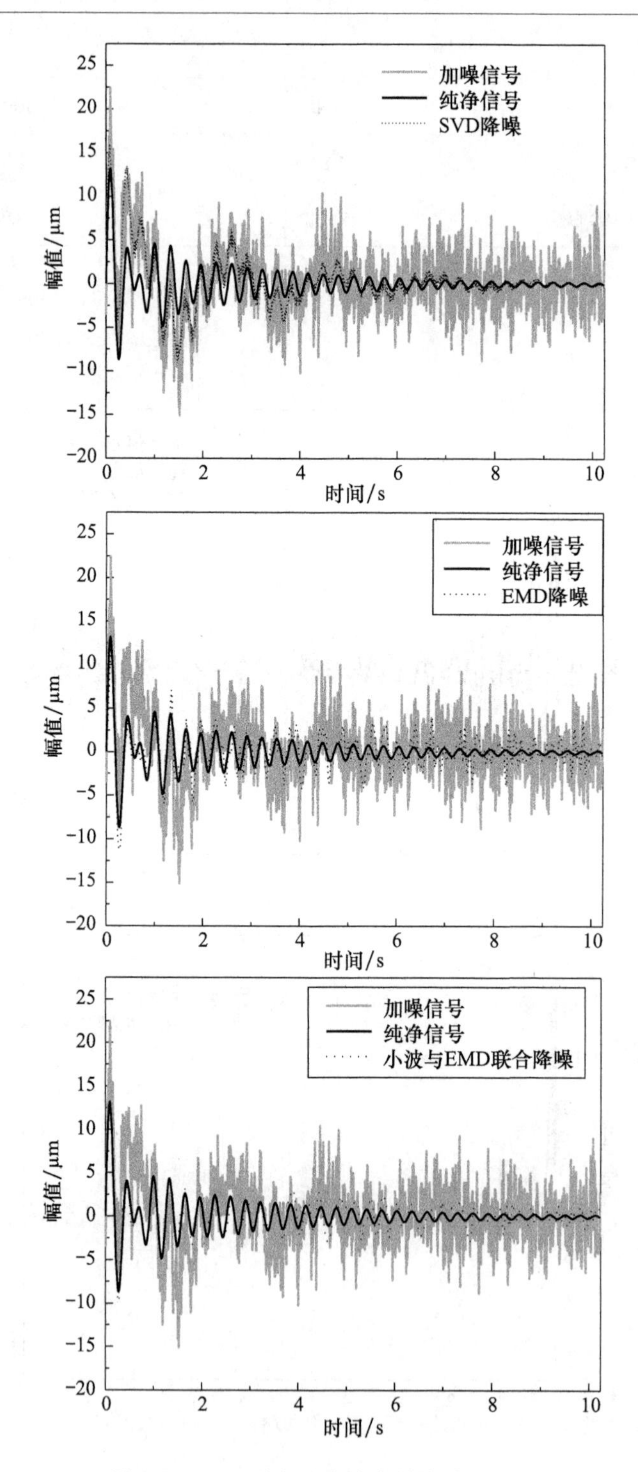

图 2-7　$x_1(t)$5 种方法滤波降噪效果对比图

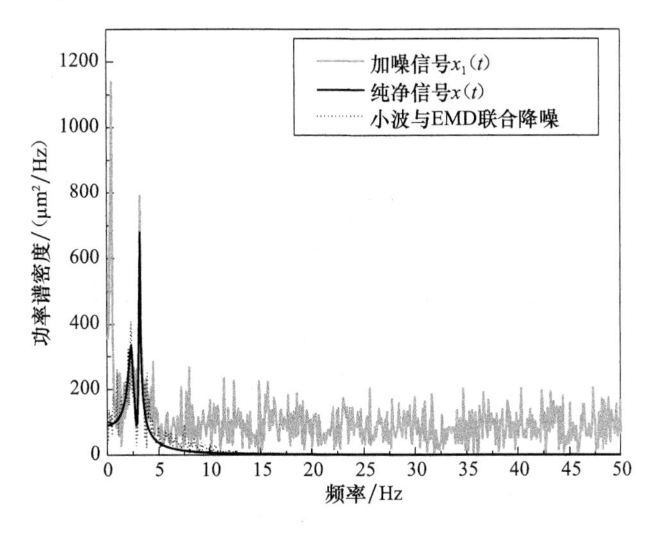

图 2-8　$x_1(t)$ 小波阈值与 EMD 联合降噪功率谱密度曲线

再次证实本方法能有效滤除噪声，保留振动信号特征优势频率。由此说明：小波阈值与 EMD 联合降噪是一种有效的滤除低信噪比信号噪声的方法，非常适合泄流结构振动信号降噪。

2.5.5　工程实例——拉西瓦拱坝水弹性模型特征参数提取

1. 拉西瓦工程简介

拉西瓦水电站位于青海省贵德县及贵南县交界处，是黄河上游龙羊峡—青铜峡河段的第二个大型梯级电站，该电站正常蓄水位 2452m，总库容 10.79 亿 m^3，大坝为混凝土双曲薄拱，左右基本对称布置，最大坝高 250m，电站装机容量 6×700MW，工程规模为 I 等大（1）型工程。由于高拱坝往往具有高水头、高流速、大流量的特点，当拱坝泄洪时，溢洪水流挟带着巨大动能自坝顶或孔口渲泄而下，在坝下水垫塘内通过水流的强烈紊动进行消能，从而使水垫塘底部及侧墙存在十分剧烈的紊流动水压强脉动。这种水流的脉动荷载是否会通过基础和两岸基岩对高拱坝产生动力激励，导致坝身、坝肩产生不能容许的流激振动，是关系高薄拱坝工程安全的重大关键技术问题，而拱坝结构特征参数准确提取又是该技术的难点和核心之一。

为此，本书以拉西瓦拱坝为工程背景，采用加重橡胶，建立了大比尺（1∶100）的水弹性模型，全面模拟了“坝体—地基—库水—动荷载”四位一体流固耦联的振动系统。同时要求满足“动荷载”输入系统相似和结构系统动力响应相似，即要求满足水力学条件和结构动力学条件相似。水弹性模型的制作工艺和模拟范围详见文献 [17]，模型坝高为 2.5m，水弹性模型如图 2-9 所示。为反映拱坝振动情况，在坝顶布置 13 个动位移响应测点，考虑到拱坝振动响应以径向振动（R 方向）为主，切向振动（S 方向）和垂直振动（Z 方向）相对较小，因而振动响应测试以量测 R 方向的振动为主，测点布置如图 2-10 所示。在测点布置 DP 型地震式低频振动传感器（DSP-0.35-20-V），该传感器具有抗震、耐冲击、高稳定度和良好的低频输出特征，并且可测量微米级的振动位移，适合高拱坝位移测量，坝体振动的测试系统如图 2-11 所示。

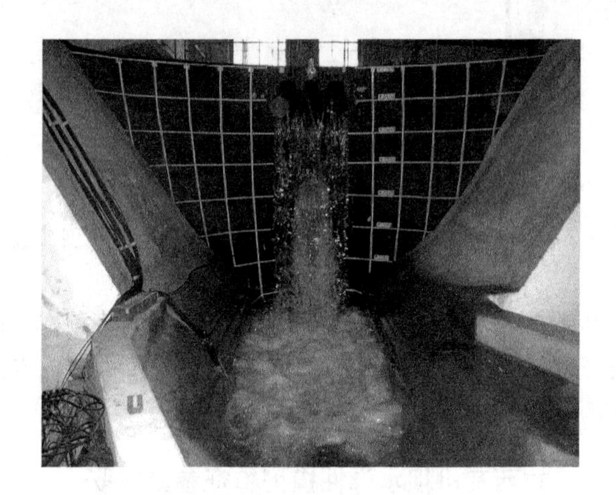

图 2-9　拉西瓦水弹性模型

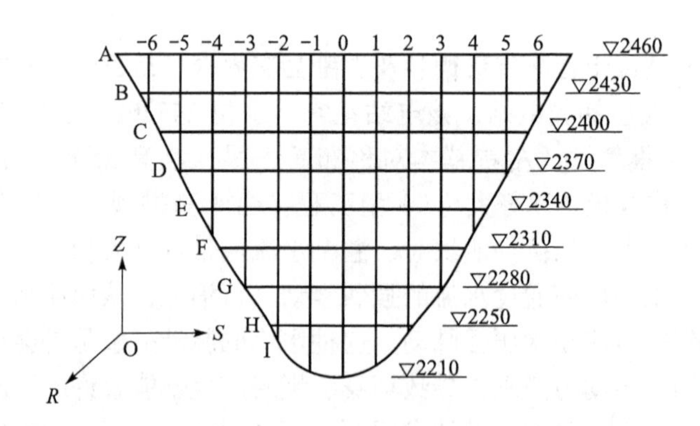

图 2-10　测点布置示意图

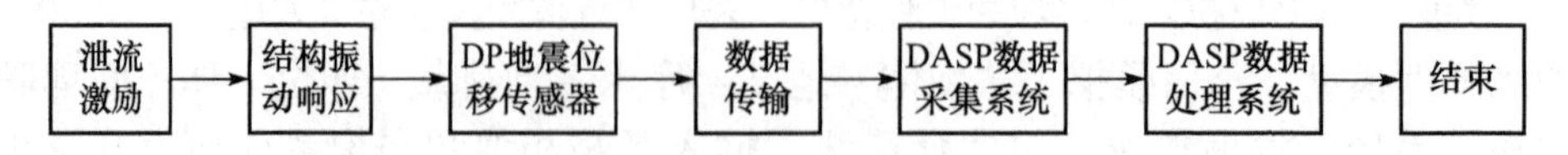

图 2-11　测试系统流程图

以上所选仪器具有优良的低高频特性，特别适合于大型、超大型结构的动力测试，完全可以满足试验测试要求。采集系统采用 INV 多功能智能采集系统（含抗混滤波器）。该系统采用并行无时差技术，采集方式有随机、触发、多次触发、变时基、多时基等；采集数据可以进入基本内存、扩充内存或者直接存入硬盘（随采随存），多通道任意显示，智能化水平高；可设置触发信号的触发电平和滞后点数，从而进行精确的瞬态捕捉；且该系统低频性能好，尤其适合于大型、超大型结构，如大坝、厂房、大桥、大楼等在激振力下的动态响应测试，也适合包括大地脉动等环境激振下的大型结构的振动测试。

2. 小波阈值与 EMD 联合滤波应用

测试工况为表深孔联合泄洪，此时上游库水位高程为 2457.0m，采样频率 100Hz，采样时间 40s。以坝顶振动响应最大点 A-0 测点所采集到的数据进行分析，原始信号时程线和功率谱密度曲线如图 2-12 所示。原始信号的振动能量主要集中在 10Hz 以下的低频部分，属于典型的受迫振动响应。响应中背景噪声分量占有绝对的比重，结构振动信息被低频水流噪声和高频环境噪声所湮没。

1）滤除白噪声

依据图 2-3 算法流程，首先采用小波阈值滤除部分高频白噪声。根据仿真信号特性，选择 db5 小波，分解层数为 4 层，分解重构后得到滤除白噪声信号各层阈值根据公式（2-86）计算。小波系数经阈值处理后，利用小波逆变换重构信号，得到滤除大部分白噪声后的信号为 $s(t)$，如图 2-13 所示。

2）滤除低频噪声

测试时信号受到白噪声干扰同时也会受强烈的水流脉动荷载（低频大波）等

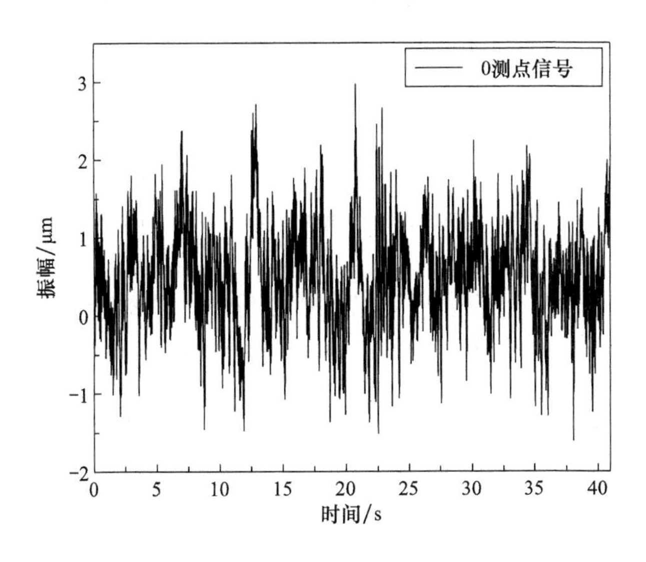

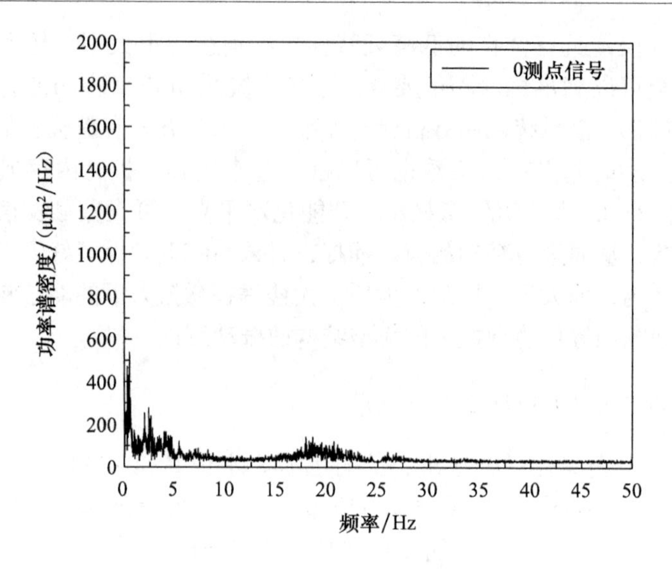

图 2-12　0 测点时程与功率谱密度曲线图

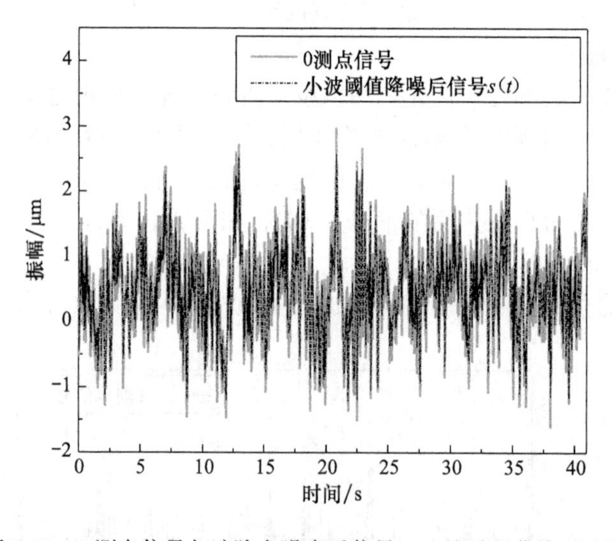

图 2-13　0 测点信号与滤除白噪声后信号 $s(t)$ 的时程曲线对比图

多方面背景噪声干扰。将信号 $s(t)$ 进行 EMD 分解，主要滤除强烈的低频水流噪声。$s(t)$ 经 EMD 分解后得到 $c1$～$c9$ 共 9 阶 IMF 分量（图 2-14），$c2$～$c9$ 主能量频率主要集中在 10Hz 以下，将 $c2$～$c9$ 分量以及残余分量进行叠加，叠加后信号 $z(t)$ 和滤波前原始信号进行对比，如图 2-15 所示。从图中可知叠加后信号 $z(t)$ 和原信号有相同的振动趋势和功率谱密度曲线，能量主要集中在 0～10Hz，属于混入的低频噪声干扰项，应予以滤除。

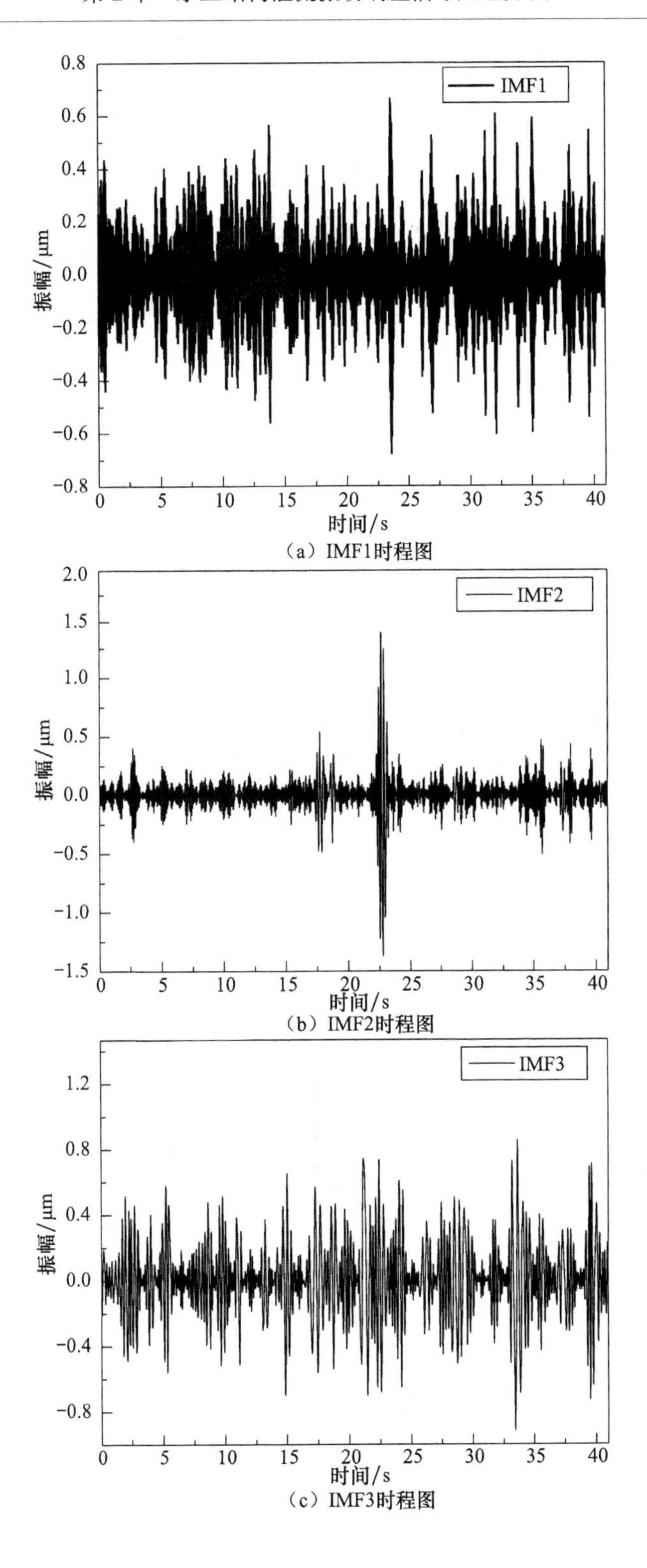

（a）IMF1时程图

（b）IMF2时程图

（c）IMF3时程图

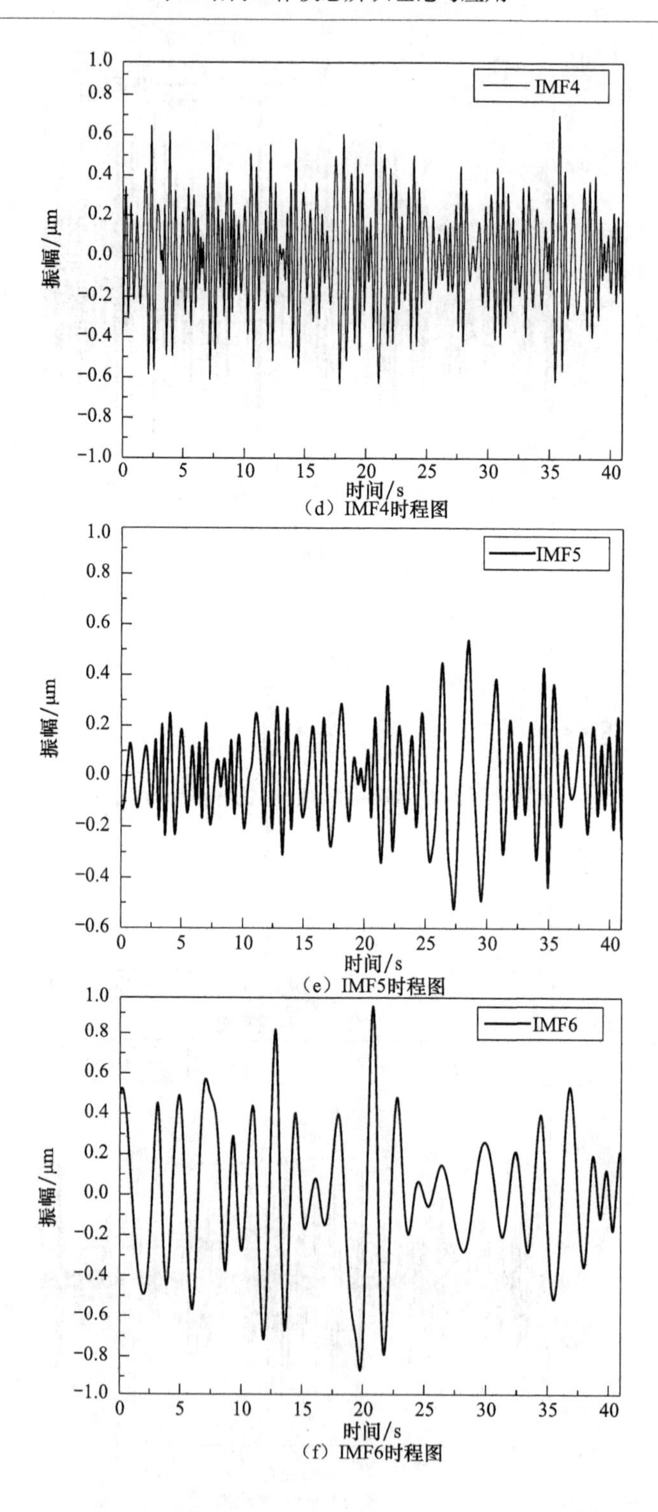

（d）IMF4时程图

（e）IMF5时程图

（f）IMF6时程图

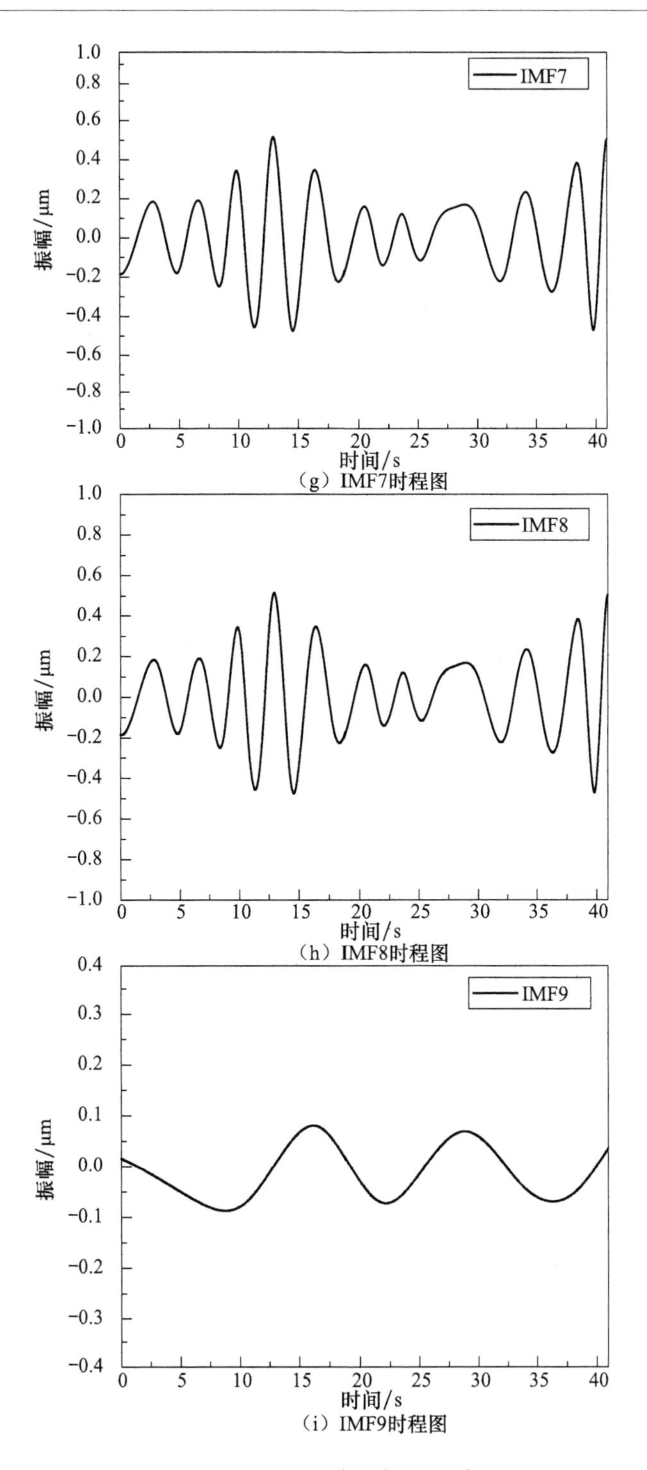

（g）IMF7时程图

（h）IMF8时程图

（i）IMF9时程图

图 2-14　$s(t)$EMD 分解各 IMF 分量

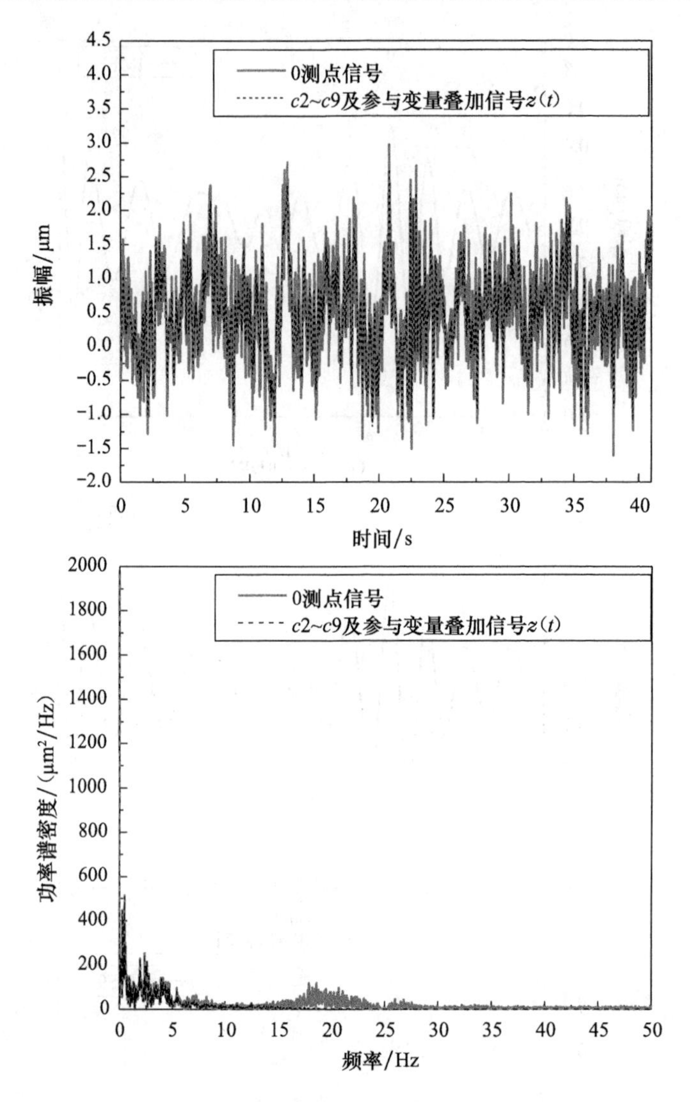

图 2-15　$z(t)$ 特征图与 0 测点信号特征图比较

将剩余的分量叠加，得到滤除低频噪声后的信号 $y(t)$，图 2-16 给出了滤除全部噪声后的信号 $y(t)$ 时程线及其功率谱密度曲线。滤波后的信号在 9.9Hz、18.6Hz、20.4Hz、29.6Hz、31.4Hz 处存在明显的峰值，特征峰值与文献［18］模态参数辨识结果一致。

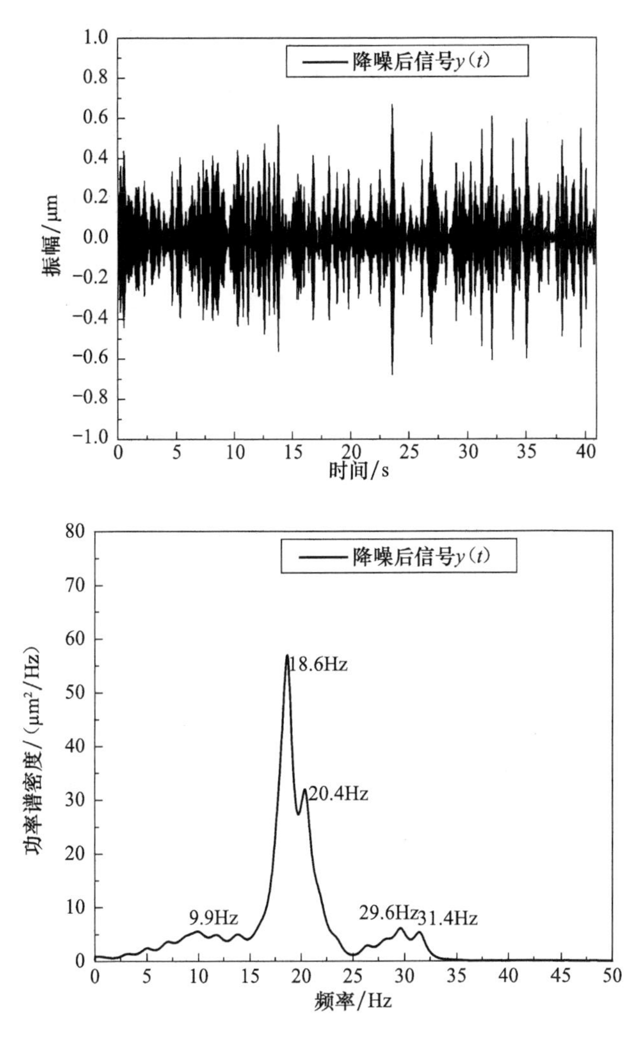

图 2-16　滤波后时程曲线及其功率谱密度图

2.6　随机振动信号的积分和微分变换

在振动信号测试过程中，由于仪器设备或测试环境的限制，有的物理量往往需要通过对采集到的其他物理量进行转换处理才能得到。例如，将加速度振动信号转换成速度或位移振动信号。

常用的转换处理方法有积分和微分变换。该变换可以在时域里实现，采用的是梯形求积的数值积分法和中心差分的数值微分方法或其他直接积分和微分方法。该变换也可以在频域里进行，其基本原理是首先将需要积分或微分的信号作傅里叶变换，然后将变换结果在频域里进行积分或微分运算，最后经傅立叶逆变换得到积分或微分后的时域信号。

（1）时域积分。

设振动信号的离散数据 $\{x(k)\}(k=0,1,\cdots,N)$，数值积分中取采样时间步长Δt为积分步长，梯形数值求积分公式为

$$y(k)=\Delta t\sum_{i=1}^{k}\frac{x(i-1)+x(i)}{2},\quad k=1,2,\cdots,N \tag{2-90}$$

（2）时域微分。

中心差分数值微分公式为

$$y(k)=\frac{x(k+1)-x(k-1)}{2\Delta t},\quad k=1,2,\cdots,N \tag{2-91}$$

（3）频域积分。

一次积分的数值计算公式：

$$y(r)=\sum_{k=0}^{N-1}\frac{1}{\mathrm{j}2\pi k\Delta f}H(k)X(k)\mathrm{e}^{\mathrm{j}2\pi kr/N} \tag{2-92}$$

二次积分的数值计算公式：

$$y(r)=\sum_{k=0}^{N-1}-\frac{1}{(2\pi k\Delta f)^2}H(k)X(k)\mathrm{e}^{\mathrm{j}2\pi kr/N} \tag{2-93}$$

式中

$$H(k)=\begin{cases}1, & f_{\mathrm{d}}\leqslant k\Delta f\leqslant f_{\mathrm{u}}\\ 0, & 其他\end{cases} \tag{2-94}$$

其中，f_{d} 和 f_{u} 分别为下限截止频率和上限截止频率；$X(k)$ 为 $x(r)$ 的傅里叶变换；Δf为频率分辨率。

（4）频域微分。

一次微分的数值计算公式：

$$y(r)=\sum_{k=0}^{N-1}\mathrm{j}(2\pi k\Delta f)H(k)X(k)\mathrm{e}^{\mathrm{j}2\pi kr/N} \tag{2-95}$$

二次微分的数值计算公式：

$$y(r)=\sum_{k=0}^{N-1}-(2\pi k\Delta f)^2H(k)X(k)\mathrm{e}^{\mathrm{j}2\pi kr/N} \tag{2-96}$$

式中

$$H(k)=\begin{cases}1, & f_{\mathrm{d}} \leqslant k\Delta f \leqslant f_{\mathrm{u}} \\ 0, & \text{其他}\end{cases} \tag{2-97}$$

其中，f_{d} 和 f_{u} 分别为下限截止频率和上限截止频率；$X(k)$ 为 $x(r)$ 的傅里叶变换；Δf 为频率分辨率。

2.7　随机振动信号的频谱分析

在泄流激励下，根据所测试得到的结构振动信号，需要估计该随机信号的功率谱，因此，人们在这些方面进行了大量的研究工作。所谓功率谱估计（PSD）就是用已观测到的一定数量的样本数据估计一个平稳随机信号的功率谱[19]。其中，最重要的方法之一就是傅里叶变换（Fourier transform），它架起了时间域与频率域的桥梁。设随机过程 $f(t)$，其傅里叶变换 $F(\omega)$ 为

$$F(\omega)=\int_{-\infty}^{+\infty} f(t)\mathrm{e}^{-\mathrm{i}\omega t}\mathrm{d}t \tag{2-98}$$

其逆变换为

$$f(t)=\frac{1}{2\pi}\int_{-\infty}^{+\infty} F(\omega)\mathrm{e}^{\mathrm{i}\omega t}\mathrm{d}\omega \tag{2-99}$$

定义自相关函数的傅里叶变换为功率谱密度函数 $G(f)$：

$$G(f)=\int_{-\infty}^{+\infty} R(\tau)\mathrm{e}^{-2\pi\mathrm{i}f\tau}\mathrm{d}\tau \tag{2-100}$$

功率谱密度反映了信号的功率在频域内随频率 f 的分布。由于式 (2-100) 无法直接计算，因此在实用中一般采用功率谱密度函数的某种估计。

最早给出“谱”概念的是英国大科学家牛顿。之后，1822 年法国工程师傅里叶提出了著名的傅里叶谐波分析理论。该理论至今仍然是信号分析和处理理论的基础。19 世纪末，Schuster 提出用傅里叶系数的幅平方，即 $S_k=A_k^2+B_k^2$ 作为功率的测量，并命名为周期图 (periodogram)。Yule 于 1927 年提出了用线性回归方程来模拟一个时间序列。Walker 利用 Yule 的分析方法研究了衰减正弦时间序列，并得出了在最小二乘分析中经常应用的 Yule-Walker 方程。1930 年 Wiener 首次精确定义了一个随机过程的自相关函数及功率谱密度，并把谱分析建立在随机过程统计特征的基础上，即功率谱密度是随机过程二阶统计量自相关函数的傅里叶变换[20]，这就是维纳 - 辛钦 (Wiener-Khintchine) 定理。该定理将功率谱密度定义为频率的连续函数，而不再是以前离散的谐波频率的函数。1949 年，Tukey 根据维纳 - 辛钦定理提出了对有限长数据作谱估计的自相关法，即利用有

限长数据估计自相关函数，再用该自相关函数作傅里叶变换，从而得到谱的估计。Bartlett 于 1948 年提出了用自回归模型系数来计算功率谱[21]。自回归模型和线性预测都用到了 Toeplitz 矩阵结构，Levinson 根据该矩阵的特点于 1947 年提出了计算 Yule-Walker 方程的快速计算方法[22]。

图 2-17 给出了功率谱估计的大致分类。经典谱估计在信号分析中广泛采用，它具有如下特点：①可用 FFT 快速计算，物理概念明确；②谱的分辨率较低，它正比于 $2\pi/N$，N 是所使用的数据长度；③由于不可避免窗函数的影响，使真正谱在窗口主瓣内的功率向边瓣部分"泄漏"，降低了分辨率。较大的边瓣可能掩盖谱中较弱的成分，或是产生假的峰值。当分析数据较短时这些影响更为突出；④方差性能不好，不是真正谱的一致估计，且 N 值增大时谱曲线起伏加剧；⑤周期图的平滑和平均是和窗函数的使用紧紧相关联的，平滑和平均主要是用来改善周期图的方差性能，但往往又减小了分辨率和增大了偏差。没有一个窗函数能使估计的谱在方差、偏差和分辨率各个方面都得到改善，因此使用窗函数只是改进估计质量的一个技巧，而不是根本的解决办法。

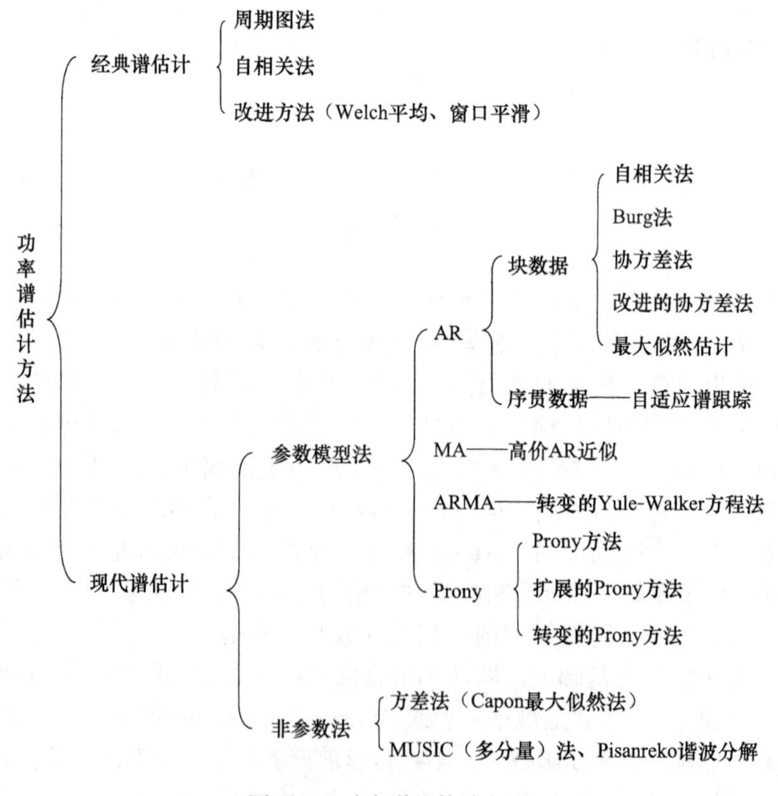

图 2-17　功率谱的估计方法

现代谱估计的提出主要是针对经典谱估计（周期图和自相关法）的分辨率低和方差性能不好的问题。1967 年，Burg 提出的最大熵谱估计，即是朝着高分辨率谱估计所作的最有意义的努力[23]。现代谱估计的内容极其丰富，从现代谱估计的方法上，大致可分为参数模型谱估计和非参数模型谱估计，前者有自回归（AR）模型、移动平均（MA）模型、自回归 - 移动平均（ARMA）模型和 Prony 指数模型等；后者有最小方差法和多分量识别（MUSIC）法等。

现代谱估计可以改善经典功率谱估计方法方差性能差、分辨率较低的状况。现对图 2-17 中 AR 模型的前 4 种方法的特点作一对比，见表 2-2。

为了比较经典谱估计和现代谱估计的性能，现构造一个复数信号 $x(n)$，该信号由两个复数噪声加上四个复正弦组成，复正弦的归一化频率分别为 f_1=0.15，f_2=0.16，f_3=0.252，f_4=−0.16。各个复正弦有不同的信噪比，其中 f_1 处的信噪比为 64dB，f_2 处为 54dB，f_3 处为 2dB，f_4 处为 30dB。令 f_1 和 f_2 靠得很近 (0.01)，目的是检验谱估计的分辨能力，f_3 的信噪比很小，目的是检验谱估计对弱信号的检出能力。$x(n)$ 的真实功率谱如图 2-18 所示。图 2-19 为 $x(n)$ 的经典谱估计，图 2-20 为 $x(n)$ 的现代谱估计，由图可见，现代谱估计的计算结果更接近真实功率谱。

表 2-2　现代谱估计 AR 模型各种方法特点对比

方法	Burg 法	协方差法	改进的协方差法	自相关法
特征	不加窗	不加窗	不加窗	加窗
求解方法	应用最小二乘法使前后向预测误差达到最小，模型参数可由 L-D 递归求解	应用最小二乘法使前向预测误差达到最小	应用最小二乘法使前后向预测误差到最小	应用最小二乘法使前向预测误差达到最小
优点	数据较短时的分辨仍较高	数据较短时分辨率比自相关法好	数据较短时的分辨率仍较高	数据较长时分辨率较高
	模型总是稳定的	可分辨包含多个纯正弦信号的频率	可以分辨包含多个纯正弦信号的频率	模型总是稳定的
	—	—	—	不会发生谱线性劈裂
缺点	峰值位置严重依赖初始相位	模型可能不稳定	模型可能不稳定	数据短时分析效果较差
	分析混有噪声的正弦信号或模型的阶数很高时可能常数谱线性劈裂	估计混有噪声的正弦信号时频率可能产生偏差	峰值位置严重依赖初始相位	估计混有噪声的正弦信号时频率可能产生偏差
	估计混有噪声的正弦信号时频率可能产生偏差	—	估计混有噪声的正弦信号时频率可能产生轻微偏差	—
非奇异性条件	—	阶数必须小于或等于输入帧尺寸的一半	阶数必须小于或等于输入帧尺寸的 2/3	由于是有偏估计，自相关矩阵为正有限，因此总是非奇异

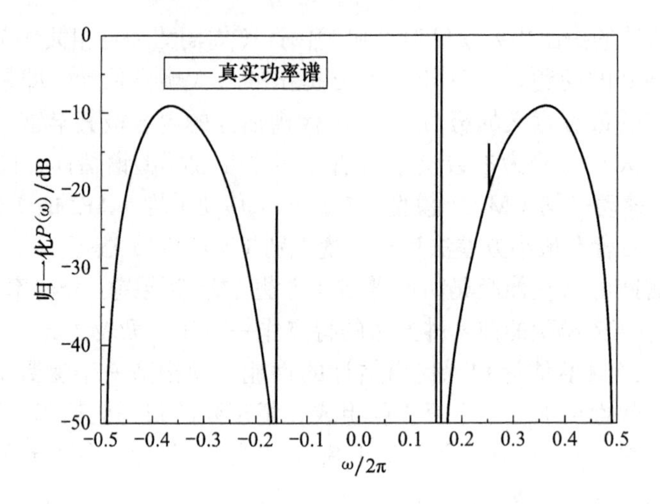

图 2-18　真实功率谱曲线

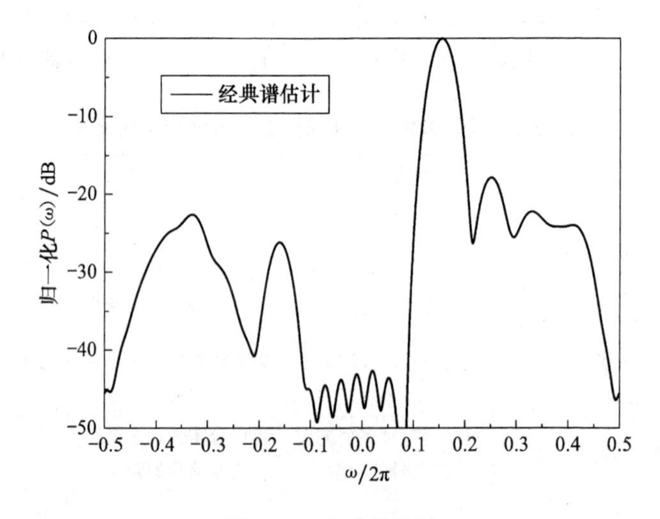

图 2-19　经典谱估计

图 2-21 为某实测脉动信号采用经典谱估计和现代谱估计的功率谱密度对比图。由图可以看到，两种方法计算得到的谱图分布规律一致，但是采用经典谱估计的谱图在主频值附近起伏剧烈，出现了 3 个比较接近的峰值。采用现代谱估计得到的功率谱密度曲线比较平滑，且主频值非常明确。

综上所述，在实际工程中，对实际测试到的随机振动信号的频谱分析如果以 FFT 谱分析为主，适当地结合现代谱分析，就可以取长补短，得到满足不同要求的谱分析结果。

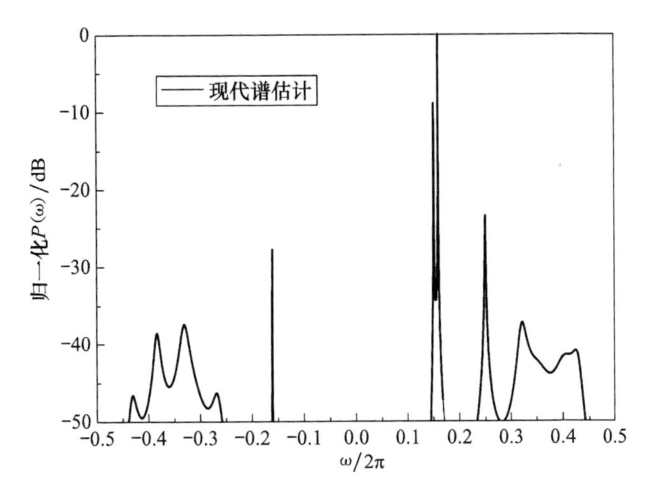

图 2-20　现代谱估计

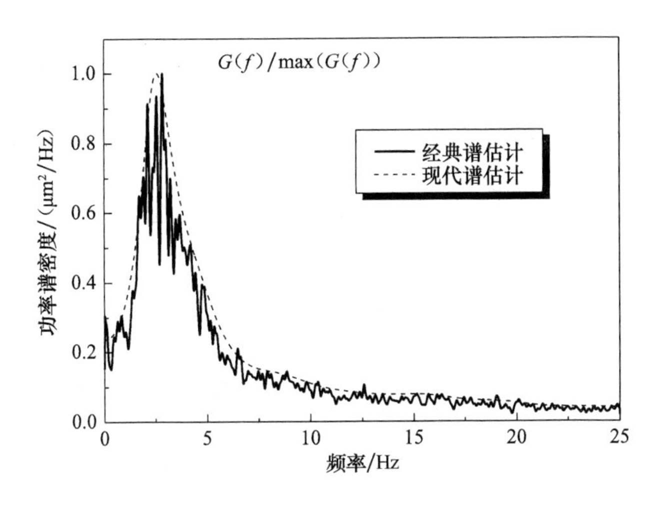

图 2-21　某实测脉动信号的功率谱密度

2.8　本章小结

本章简要介绍了振动信号处理的基本概念、振动信号的分类以及振动信号三大处理方法，着重介绍了 4 种经典滤波方法：数字滤波、卡尔曼滤波、小波滤波和 SVD 滤波，并详细介绍了 4 种滤波方法的理论和滤波的优缺点。针对泄流结构振动信号特点，结合经典滤波滤波方法的优点以及工程处理精度，提出了适合泄流结构振动信号的二次滤波技术；通过仿真对比该方法与经典滤波方法的滤波效果，验证了该方法的可行性和滤波精度；最后通过拉西瓦水弹性模型实例验证该方法的优越性，说明该方法相对于其他滤波方法能有效解决泄流结构振动信号强噪声干扰问题，为后期的模态分析、损伤诊断以及在线监测提供依据和新思路。

参考文献

[1] 常建平，李海林．随机信号分析［M］．北京：科学出版社，2006.

[2] 王济，胡晓．MATLAB 在振动信号处理中的应用［M］．北京：中国水利水电出版社，2006.

[3] 李彩霞．数字滤波器的设计技术［D］．黑龙江：哈尔滨工程大学，2007.

[4] 李国强，李杰．工程结构动力检测理论与应用［M］．北京：科学出版社，2002.

[5] 程正兴．小波分析算法与应用［M］．西安：西安交通大学出版社，1998.

[6] 刘贵忠，邸双亮．小波分析及其应用［M］．西安：西安电子科技大学出版社，1995.

[7] 崔锦泰．小波分析导论［M］．西安：西安交通大学出版社，1995.

[8] 张国华，张文娟，薛鹏翔．小波分析与应用基础［M］．西安：西北工业大学出版社，2006.

[9] Donoho D L. De-noising by soft-Thresholding［J］.IEEE Transactions on Information Theory, 1995, 41: 613-627.

[10] 杨文献，任兴民，姜节胜．基于奇异熵的信号降噪技术研究［J］．西北工业大学学报，2001,19(3):368-371.

[11] 张建伟，康迎宾，张翌娜，等．基于泄流响应的高拱坝模态参数辨识与动态监测［J］．振动与冲击，2010，29（9）：145-150.

[12] 练继建，李火坤，张建伟．基于奇异熵定阶降噪的水工结构振动模态 ERA 辨识方法［J］．中国科学：技术科学，2008，38（9）：1398-1413.

[13] Huang N E, Shen Z, Long S R, et al. The empirical mode decomposition and the Hilbert spectrum for nonlinear and non-stationary time series analysis［J］. Proceedings of the Royal Society of London, Series A: Mathematical, Physical and Engineering Sciences, 1998, 454(3): 903-995.

[14] 张建伟，江琦，赵瑜，等．一种适用于泄流结构振动分析的信号降噪方法［J］．振动与冲击，2015，34（20）：179-184.

[15] 张吉先，钟秋海，戴亚平．小波门限消噪法应用中分解层数及阈值的确定［J］．中国电机工程学报，2004，24（2）：118-122.

[16] 钟建军，宋健，由长喜，等．基于信噪比评价的阈值优选小波去噪法［J］．清华大学学报（自然科学版），2014，54（2）：259-263.

[17] 马斌．高拱坝及反拱水垫塘结构泄洪安全分析与模拟［D］．天津：天津大学，2006.

［18］　张建伟. 基于泄流激励的水工结构动力学反问题研究［D］. 天津：天津大学，2008.

［19］　邹红星，周小波，李衍达. 时频分析：回溯与前瞻［J］. 电子学报，2000,28(9): 78-84.

［20］　Wiener N. Generalized harmonic analysis［J］. Acta Mathematica,1930,55:117-258.

［21］　Bartlett M S. Smoothing periodograms from time series with continuous spectra［J］. Nature, London, 1948, 161(5): 686-687.

［22］　Levinson N. The wiener (root mean square) error criterion in filter design and prediction［J］. Journal of Mathematic Physics, 1947, 25: 261-278.

［23］　Burg J P. Maximum Entropy Spectral Analysis［C］// Proc. 37th Meeting of Society Exploration Geophysicists, Oklahoma City, 1967.

第3章　振动测试传感器优化布置方法

传感器的优化布置是水工建筑物的结构动力测试工作的一个重点与难点。通过布置传感器测试来获取结构的动力特性，从而判断结构的损伤位置、损伤程度。但是随着水工建筑物规模的不断增大以及安全运行要求的提高，且水工结构往往形式复杂，体型庞大，某些部位往往常年处于水下，再考虑到经济和技术的限制，通过大量布设传感器，全面获得结构的响应数据是不现实的，也是不必要的。因此，如何利用有限的传感器来获取更全面准确的结构振动信息就显得十分重要[1]。

3.1　概　　述

目前以结构模态辨识、健康监测和损伤诊断为目的的传感器空间优化布置，多应用在桥梁、桁架及板梁柱等结构上，而针对大坝、厂房等大型水工结构传感器布置的研究很少。因此，把传感器优化布置的理论推广并应用到大型水工结构中，是一个非常有意义的课题，也是当前结构健康监测和动态辨识研究的需要。

在工程结构振测的传感器优化布置方面已有不少学者进行了研究，优化布置的方法分为传统方法和非传统算法，其中，有效独立法（effective independence method, EI法）和能量法都属于传统的传感器优化布置方法，非传统算法主要包括遗传算法，模拟退火算法等。

在传统算法中，有效独立法[2]是目前应用最为广泛的传感器布置方法之一，其基本思想是保留对模态向量线性无关贡献最大的测点，用有限的传感器得到尽可能多的模态信息，从而获得对模态的最佳估计。有效独立法在实际工程中应用广泛，何龙军等[3]提出了基于距离系数修正矩阵的距离系数-有效独立法，该方法有效避免了测点间的信息冗余问题；李东升等[4]比较了较常用的传感器布置方法，揭示了各种方法间的内在联系，利用梯形结构考察不同传感器布置方法结果的异同；杨雅勋等[5]利用能量系数改进有效独立法，选择能量较大的测点布置传感器，避免了信息丢失的问题；刘伟等[6]提出的有效独立-模态动能法，其核心思想是在考虑截断模态线性独立的同时选择具有较高模态动能的测点位置，有较强的抗噪声性能。

在非传统优化算法方面，黄维平等[7]通过遗传算法，解决了香港青马大桥的健康监测问题；Kirkpatrick等[8]依据模拟退火模仿物质体系的冷却固化过程，考虑到大规模组合优化问题的求解与物质体系的退火过程有很多相似性，将其应用到传感器优化布置问题上，取得了一定的进展。有效独立法致力于获得对模态空间估计独立性最好的测点，通过计算测点之间的协方差矩阵，找到相互之间独立性最好的传感器布置位置。但是通过有效独立方法得到的传感器不一定分布在能量较大测点，可能丢失结构重要信息。

基于 EI 法的各种改进方法针对不同的研究对象进行了一系列的研究，但少有应用于大型水工结构上的振测传感器优化布置。鉴于拱坝结构工作时的特殊性，测点传感器在下游立面水下部分无法布置，所得信息为非完备信息，可能会造成结构振动信息的不全面，为了尽可能全面详尽地提取拱坝结构泄流振动信息，本章从测点能量的角度出发，把测点的总位移以权重的方式加入传感器优化布置过程中，同时保留有效独立法的优点，提出有效独立 - 总位移法（effective independence-total displacement method，EI-TD 法）。结合拱坝在平面上为一系列拱圈和纵剖面上为悬臂梁的结构特点，在有效独立法的基础上引入平均加速度幅值指标，使优化测点在保持独立性的基础上有更好的加速度幅值，即保证测点的振动能量最优，同时，拱坝在纵剖面上为悬臂梁结构，提出平均加速度幅值 - 变形比法（average acceleration amplitude-deformation ratio method，AAA-DR 法）。

本章结合具体高拱坝工程，运用模态保证准则、Fisher 信息矩阵值、最大奇异值比和总位移幅值评价指标，将有效独立法、距离系数 - 有效独立法、有效独立 - 总位移法、平均加速度幅值 - 变形比法进行对比分析，评价各传感器布置方法的优劣。

3.2　传感器优化布置方法

3.2.1　传统有效独立法原理

有效独立法是由 Kammer[9] 最早提出的一种方法，也是应用最广泛的传感器优化布置方法之一。它的核心思想是从所有可能的测点出发，依次消除使 Fisher 信息矩阵行列式变化最小的自由度，保留对目标模态线性无关贡献最大的点，最终得到对模态空间估计最佳的传感器优化布置方案。

设结构的动力响应方程为

$$\boldsymbol{U}_{\mathrm{s}} = \boldsymbol{\Phi}_{\mathrm{s}}\boldsymbol{q} = \sum_{i=1}^{m} \boldsymbol{\phi}_i \boldsymbol{q}_i \tag{3-1}$$

式中，$\boldsymbol{U}_{\mathrm{s}}$ 为传感器的输出列向量；$\boldsymbol{\Phi}_{\mathrm{s}}$ 为测得的 $n \times m$ 阶模态矩阵；n 为自由度数；m 为模态阶数；$\boldsymbol{q}$ 为目标模态坐标向量；$\boldsymbol{\phi}_i$ 为第 i 阶模态振型向量。

由式（3-1）得 $\boldsymbol{q}$ 的最小二乘估计表达式为

$$\hat{\boldsymbol{q}} = [\boldsymbol{\Phi}_s^{\mathrm{T}}\boldsymbol{\Phi}_s]^{\mathrm{T}}\boldsymbol{\Phi}_s^{\mathrm{T}}\boldsymbol{U}_s \tag{3-2}$$

考虑结构响应中的噪声 $\boldsymbol{S}$，式（3-1）可化为

$$\boldsymbol{U}_s = \boldsymbol{\Phi}_s\boldsymbol{q} + \boldsymbol{S} = \sum_{i=1}^{m}\boldsymbol{\phi}_i\boldsymbol{q}_i + \boldsymbol{S} \tag{3-3}$$

则可得到 $\boldsymbol{q}$ 的协方差矩阵为

$$\boldsymbol{p} = \boldsymbol{E}[(\hat{\boldsymbol{q}} - \boldsymbol{q})(\hat{\boldsymbol{q}} - \boldsymbol{q})^{\mathrm{T}}] = \left[\frac{1}{\sigma^2}\boldsymbol{\Phi}_s^{\mathrm{T}}\boldsymbol{\Phi}_s\right]^{-1} = \boldsymbol{Q}^{-1} \tag{3-4}$$

$$\boldsymbol{Q} = \frac{1}{\sigma^2}\boldsymbol{\Phi}_s^{\mathrm{T}}\boldsymbol{\Phi}_s = \frac{1}{\sigma^2}\boldsymbol{A} \tag{3-5}$$

式中，$\boldsymbol{Q}$ 称为 Fisher 信息矩阵，$\boldsymbol{Q}$ 最大的时候，协方差矩阵最小，也就可以得到 $\boldsymbol{q}$ 的最小二乘估计。而 $\boldsymbol{A}$ 取得最大值时，$\boldsymbol{Q}$ 也取得最大值，因此，可以用 $\boldsymbol{A}$ 来反映 $\boldsymbol{Q}$。矩阵 $\boldsymbol{A}$ 的特征方程为

$$(\boldsymbol{A} - \lambda\boldsymbol{I})\boldsymbol{\psi} = 0 \tag{3-6}$$

式中，λ 和 $\boldsymbol{\psi}$ 为矩阵 $\boldsymbol{A}$ 的特征值和特征向量，则有

$$\boldsymbol{\Psi}^{\mathrm{T}}\boldsymbol{A}\boldsymbol{\Psi} = \lambda \tag{3-7}$$

$$\boldsymbol{\Psi}^{\mathrm{T}}\boldsymbol{\lambda}^{-1}\boldsymbol{\Psi} = \boldsymbol{A}^{-1} \tag{3-8}$$

构建矩阵 $\boldsymbol{E}$，令 $\boldsymbol{E} = \boldsymbol{\Phi}_s\boldsymbol{\Psi}\lambda^{-1}(\boldsymbol{\Phi}_s\boldsymbol{\Psi})^{\mathrm{T}}$，则

$$\boldsymbol{E} = \boldsymbol{\Phi}_s\boldsymbol{A}^{-1}\boldsymbol{\Phi}_s^{\mathrm{T}} = \boldsymbol{\Phi}_s[\boldsymbol{\Phi}_s^{\mathrm{T}}\boldsymbol{\Phi}_s]^{-1}\boldsymbol{\Phi}_s^{\mathrm{T}} \tag{3-9}$$

$\boldsymbol{E}$ 为幂等矩阵，其对角线上第 i 个元素 E_{ii} 表示第 i 个测点自由度对模态矩阵线性无关的贡献。E_{ii} 越接近于 1，则说明第 i 个自由度对目标模态向量的线性独立性贡献越大，测点应该被保留；E_{ii} 越接近于 0，说明该自由度对目标模态线性无关的贡献越小，测点该被舍弃。有效独立法就是从全部可能的测点中逐步舍弃那些对目标模态线性无关贡献小的测点，从而得到传感器优化布置方案。

3.2.2　距离系数 - 有效独立法原理

当大型空间结构因计算需要，有限元网格划分得很精细时，其有限元模型的节点或自由度的数目通常可达成千上万个。此时两个空间距离较近的候选节点或自由度可能对模态向量的贡献度都很大，但是这两者往往提供的是重复的信息。若利用有效独立法及上述改进方法，逐步删除对模态振型贡献小的候选节点或自由度，就不可避免地产生所选测点的信息冗余问题。基于此，本节利用距离系数评价两测点间的信息独立程度，并用该系数修正相应测点的 Fisher 信息矩阵，提出一种能够同时满足所选测点模态可测性和避免信息冗余性的传感器空间优化布

置方法——距离系数 - 有效独立法。

从传统有效独立算法中可以看到，尽管式（3-5）的最大化对于有效地估计模态响应是必要的，但是它忽略了两个自由度有相似的 Fisher 信息矩阵的情况。此时，虽然每个自由度对于模态响应的估计都有很大的贡献，但是如果它们的信息矩阵是基本相同的，那么选择这两个测点或自由度得到的信息量和选择一个测点或自由度是基本相同的。

在大型空间结构的计算过程中，对于有限元网格的精细划分往往有比较高的要求，因此上述情况经常发生在这类结构的传感器优化布置中。例如，假设有限元模型中节点 1 和节点 2 对于模态振型的贡献都十分显著。当 1 号测点布置在节点 1，同方向的 2 号测点布置在节点 2 时，1 号和 2 号测点采集到的信息就分别对应模态矩阵的第 1 行和第 2 行。如果节点 1 和节点 2 在空间上是非常接近的，那么 $\boldsymbol{\Phi}_1$ 和 $\boldsymbol{\Phi}_2$ 也很可能会近似相同，同样，相应的信息阵 $\boldsymbol{\Phi}_1^{\mathrm{T}}\boldsymbol{\Phi}_1$ 和 $\boldsymbol{\Phi}_2^{\mathrm{T}}\boldsymbol{\Phi}_2$ 也就十分相似。传统有效独立法在解决这类大型空间结构的传感器优化布置问题时的信息冗余问题也就由此产生了。当然，可以尝试通过将网格间距变大来避免这一问题。但是，这一方面有可能降低有限元计算的可信程度，另一方面对于大型结构来说，大量网格的重新划分也是一项很复杂的工作。

针对上述问题，规定第 k 个测点对应的信息矩阵为

$$\boldsymbol{A}^k=\boldsymbol{\Phi}_k^{\mathrm{T}}\boldsymbol{\Phi}_k \tag{3-10}$$

式中，$\boldsymbol{\Phi}_k$ 为第 k 个测点对应的模态振型，即 $\boldsymbol{\Phi}$ 的第 k 行；$\boldsymbol{A}^k$ 为 $m\times m$ 的对称矩阵。两个测点采集的信息越接近，那么它们对应的模态信息矩阵 $\boldsymbol{A}^k$ 也就越相似。引入欧式距离来评价两个测点或自由度的信息独立性，即

$$d_{kl}=\sqrt{\sum_{i=1}^{m}\sum_{j=1}^{m}|A_{ij}^k-A_{ij}^l|^2} \tag{3-11}$$

式中，d_{kl} 表示测点 k 和测点 l 对应的信息矩阵的空间差异，m 表示要辨识的模态振型数目。为了更直观地将权重系数引入，首先对该系数作标准化处理。假定在一组候选测点中的最大欧式距离为 $d_{\max}$，那么标准化的欧式距离 D_{kl} 可用下式表示：

$$D_{kl}=\frac{d_{kl}}{d_{\max}}=\frac{\sqrt{\sum_{i=1}^{m}\sum_{j=1}^{m}|A_{ij}^k-A_{ij}^l|^2}}{d_{\max}} \tag{3-12}$$

对于布置方案中的任意两个测点，均满足：

$$0\leqslant D_{kl}\leqslant 1,\ \forall k,l \tag{3-13}$$

当两测点对应的信息矩阵完全相同时，D_{kl} 取最小值 0；当两测点对应的信息矩阵充分独立时，D_{kl} 取最大值 1。对于任一测点 k，其对 Fisher 信息矩阵的距

离系数定义为

$$R_k = \min(D_{ks}),\ \forall s \tag{3-14}$$

式中，s 表示方案中所有已选择的传感器测点。

将距离系数 R_k 引入式（3-5）中，得到修正后的 Fisher 信息矩阵：

$$\boldsymbol{Q}' = \frac{1}{\sigma^2}\boldsymbol{A}_0{}' = \frac{1}{\sigma^2}\sum_{k=1}^{n} R_k \boldsymbol{\Phi}_k^{\mathrm{T}} \boldsymbol{\Phi}_k \tag{3-15}$$

根据式（3-15）含义可以看出，使得修正后的有效信息矩阵 $\boldsymbol{A}_0'$ 行列式最大化的传感器布置方案就是改进方法对应的最佳方案。需要指出的是，在计算过程中不能将不同方向的信息矩阵进行比较，因为即使两个不同方向的测点对应的信息矩阵十分接近，但是它们之间仍然不存在信息冗余问题。所以，如果有多个方向的传感器需要进行优化布置，应对每个方向的候选测点或自由度分别进行优选。

3.2.3 有效独立 - 总位移法

有效独立 - 总位移法[10, 11]（EI-TD 法）是在有效独立法的基础上，在选择测点时考虑测点总位移的传感器优化布置方法。

通过有效独立法的推导过程可以发现，有效独立法只考虑了剩余测点对目标模态独立性的贡献，可能会造成选取的测点能量较低，丢失重要信息的结果。而大型结构中，出现损伤破坏的点，偏离其原有位置的位移一般都比较大。为了弥补这一不足，提出 EI-TD 法，考虑每个测点的总位移。测点的总位移大，其相应的应变能也就比较大，用 EI-TD 法选取的测点综合了二者的优点，使优化测点的总位移较大，保留了响应较大的测点，同时保持了剩余测点之间较好的独立性。

EI-TD 法进行传感器优化布置的步骤如下。

（1）建立结构有限元模型，进行模态分析，提取结构的模态矩阵 $\boldsymbol{\Phi}$。

（2）求出每个自由度在各阶模态的总位移 D_i 以及所有自由度的总位移和 D，并计算出每个 D_i 所占的百分比 η_i：

$$\eta_i = \frac{D_i}{D} \tag{3-16}$$

（3）由所选模态向量求有效独立信息矩阵。

$$\boldsymbol{E} = \boldsymbol{\Phi}_{\mathrm{s}}[\boldsymbol{\Phi}_{\mathrm{s}}^{\mathrm{T}}\boldsymbol{\Phi}_{\mathrm{s}}]^{-1}\boldsymbol{\Phi}_{\mathrm{s}}^{\mathrm{T}} \tag{3-17}$$

记有效独立信息矩阵对角线元素之和为 λ。计算出 λ_{ii} 所占的百分比 δ_i：

$$\delta_i = \frac{\lambda_{ii}}{\lambda} \tag{3-18}$$

（4）记 $\theta_i = \eta_i + \delta_i$，选择最小的 θ_i 对应的自由度删除。

（5）将剩余的传感器组成新的模态矩阵，重复步骤（2）～（4）直至得到预定的传感器数目。

需要注意的是：结构每个自由度的总位移在循环操作的时候不会发生改变。

3.2.4　平均加速度幅值 - 变形比法

1. 平均加速度幅值 - 变形比法的原理

在进行传感器优化时，应在平均加速度幅值（AAA_i 值）较大的位置布置传感器，但只追求较大的平均加速度幅值会带来所选测点的独立性较差的问题；而应用有效独立法时所得到的测点独立性会较好，但平均加速度幅值会较小。有效独立 - 平均加速度幅值法（EI-AAA）将有效独立法与平均加速度幅值法结合起来，综合二者优点，使得优化结果一方面具有较大平均加速度幅值，即测试响应较大，另一方面尽可能保证测试模态线性独立。

EI-AAA 具体计算公式如下：

$$\begin{aligned}\text{EI-AAA}&=\text{diag}\{\boldsymbol{\Phi}_i[\boldsymbol{\Phi}_i^{\mathrm{T}}\boldsymbol{\Phi}_i]^{-1}\boldsymbol{\Phi}_i^{\mathrm{T}}\}\cdot\text{diag}(\text{AAA})\\&=\text{diag}\{\boldsymbol{\Phi}_i[\boldsymbol{\Phi}_i^{\mathrm{T}}\boldsymbol{\Phi}_i]^{-1}\boldsymbol{\Phi}_i^{\mathrm{T}}\}\cdot\text{diag}(\boldsymbol{\Phi}_i^{\mathrm{T}}\boldsymbol{\Phi}_i)\end{aligned}\tag{3-19}$$

有效独立 - 平均加速度幅值法的计算过程与有效独立法相似。首先，得到初始的模态矩阵，然后根据式（3-19）将平均加速度幅值指标结合到 $\boldsymbol{E}$ 矩阵中，得到新的模态矩阵，最后提取其对角线数据，依次删除对整体独立性贡献较小的值，依次类推，直到得到需要的传感器数目。

拱坝纵剖面为悬臂梁，拱坝的这一特殊结构形式也使其在承受外部荷载时不仅可以通过坝肩将荷载传向两岸山体，也可通过悬臂梁的结构将一部分荷载传向基岩。

用悬臂梁为例，对该方法进行解释。如图 3-1 所示，假设状态（a）中只有

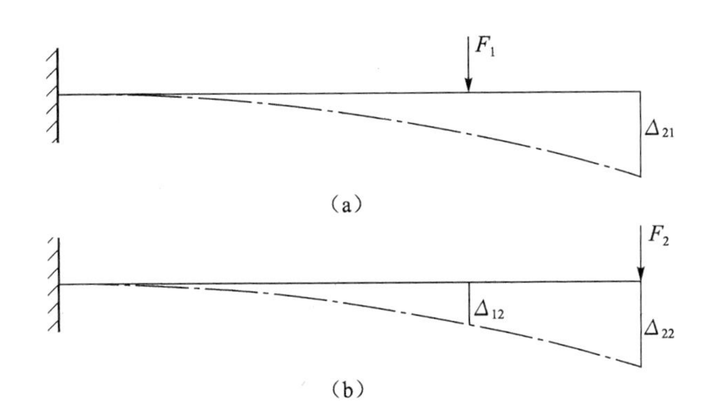

图 3-1　悬臂梁不同节点变形图

一个荷载 F_1，状态（b）中也只有一个荷载 F_2。这里表示位移Δ_{ij}时采用两个下标，其中一个下标 i 表示位移是与 F_i 相应的，第二个下标 j 表示位移是由力 F_j 引起的。例如，图中Δ_{21}表示力 F_1 引起的与力 F_2 相应的位移。

在线性变形体系中，由功的互等定理可知：在任一线性变形体系中，第一状态外力在第二状态位移上所做的功 W_{12} 等于第二状态外力在第一状态位移上所做的功 W_{21}，即

$$W_{12}=W_{21} \tag{3-20}$$

由功的互等定理式（3-20）可得

$$F_1\Delta_{12}=F_2\Delta_{21} \tag{3-21}$$

由（3-21）可知，若 $F_1=F_2$，则$\Delta_{12}=\Delta_{22}$。Δ_{12}与Δ_{22}均为 F_2 引起的位移，所以可知$\Delta_{22}>\Delta_{12}$，那么$\Delta_{22}>\Delta_{21}$，把此关系式反映到结构变形程度上就是：在状态（b）下结构的变形要大于状态（a）下结构的变形。也就是说当悬臂梁梁上不同位置的点具有相同的位移值时，悬臂梁的变形程度是不同的，变形越大反映到结构中就表明越容易破坏，也就是它蕴含的能量较大。

拱坝的结构作用可视为两个系统，即水平方向拱系统和竖直方向梁系统。拱梁的共同作用保证了结构的安全稳定，且拱梁所承受的荷载可相互调整，所以拱坝具有较高的超载能力。由上述悬臂梁的变形特点可知，结构的变形程度跟荷载作用的位置是息息相关的，这也就引出了本节的研究问题，如何科学合理的布置传感器，对那些可能使结构变形很大的位置进行监测，从而实现坝体的安全评估与后续的探伤修复等工作。

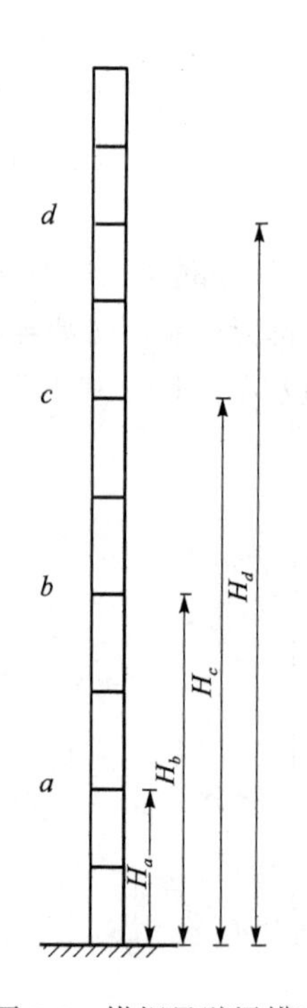

图 3-2　拱坝悬臂梁模型

所以，以拱坝纵剖面为悬臂梁这一特殊结构形式为切入点，考虑拱梁的共同作用，提出平均加速度幅值 - 变形比法（AAA-DR），该方法是在有效独立法 - 平均加速度幅值法的基础上，在选择测点时考虑测点变形比的传感器优化布置方法。

2. 平均加速度幅值 - 变形比法的优化步骤

（1）建立结构有限元模型，进行模态分析，提取结构的模态矩阵 $\boldsymbol{\Phi}$。

（2）求出拱坝模型中候选自由度的模态总位移 D，确定模型中候选自由度对应的实际高度 H，计算每个自由度的变形比 η_i，$\eta_i=\dfrac{D}{H}$。图 3-2 是拱坝悬臂梁的模型，用此模型来对变形比的概念进行解释。选出不同高度的

四个测点 a,b,c,d 并确定出这四个测点的高度值，分别为 H_a, H_b, H_c, H_d；进行模态分析时，采用 5 阶模态，所以在进行变形比计算时，模态总位移 D 值是每个测点 5 阶模态位移值的总和。变形比的具体计算过程见表 3-1。

表 3-1　变形比计算过程

测点	不同模态阶数下测点位移					总位移 D	测点高度 H	变形比 η_i
	1 阶	2 阶	3 阶	4 阶	5 阶	汇总（$\eta=D/H$）		
a	D_{a1}	D_{a2}	D_{a3}	D_{a4}	D_{a5}	D_a	H_a	η_a
b	D_{b1}	D_{b2}	D_{b3}	D_{b4}	D_{b5}	D_b	H_b	η_b
c	D_{c1}	D_{c2}	D_{c3}	D_{c4}	D_{c5}	D_c	H_c	η_c
d	D_{d1}	D_{d2}	D_{d3}	D_{d4}	D_{d5}	D_d	H_d	η_d

（3）提取式（3-19）中 EI-AAA 信息矩阵对角线元素 λ_{ii}，再将变形比指标 η_i 对应与 λ_{ii} 作积，得到综合指标 δ_i，计算过程如表 3-2 所示。

表 3-2　δ_i 计算过程

测点	EI-AAA 信息矩阵对角线元素 λ_{ii}	变形比 η_i	综合指标 δ_i
a	λ_{aa}	η_a	δ_a
b	λ_{bb}	η_b	δ_b
c	λ_{cc}	η_c	δ_c
d	λ_{dd}	η_d	δ_d

（4）将最小的 δ_i 对应的自由度删除。

（5）将剩余自由度的模态矩阵组成新的模态矩阵，重复步骤（3）～（4），直至得到所需的传感器数目。

3.3　有限元仿真理论与方法

无损检测是现阶段进行水工建筑物健康评估的有效方法之一，其具有易实现、经济可靠等优点，是目前该领域课题研究的热点。对于无损检测而言测点布置是关键一步，其应满足测点少、易布局、获取信息量大等特点。传统的测点布置主要是依据工程经验和有限元计算结果，具有一定的盲目性且工作量大，这从经济、高效等方面考虑是不尽合理的，因此需要借助一定的途径对传统的测点布置方法进行优化，达到高效、合理、获取有效信息量大等效果。

关于无损检测的测点优化布置问题，大多数学者均以实际工程运行工况的理论计算结果为基础实现，因此选取合理的理论计算方法是解决测点优化问题的前提。在水利工程正常运行期间，结构的特性受水流作用的影响较大，实际理论计算中应予以重视，但因水流的作用机理复杂，至今尚无完善的理论基础能够彻底解决这一问题。目前常用于分析水体与结构相互作用的力学特性问题的方法有结构力学法、有限元模拟法等，但实际计算中因有限元法简便、易操作而被设计人员和研究人员广泛应用。水体与结构之间的相互作用问题实质就是有限元算法中所涉及的流固耦合问题。

在早期航空工程中的气动弹性问题中便开始认识流固耦合现象。1915 年，Brewer 首先指出气动弹性扭转发散是 Langley 飞行试验失败的原因，再加之后期流固耦合工程系统规模的增大以及因流固相互作用而导致结构破坏的事故频频发生，该问题得到各研究领域的重视并进行了一定的成果。1933 年，Westergaard[12] 首次研究了作用在刚性垂直坝体上的动水压力，而这也标志着第三类（即流动弹性力学理论）流固耦合理论研究的开始。但由于流固耦合问题的复杂性，一直以来研究进展不快，其解决方法也只局限于解析方法。对流体域的响应是以固体与流体接触边界的固体加速度或位移作为已知条件得出，固体域的响应是以流体的动水压力作为外荷载而得出的，这种求解方法使流体与固体的响应相对独立，减少了计算量，但没有反映真实情况。20 世纪 70 年代以后，数值计算方法和计算机技术的快速发展，为流固耦合理论更深层次的研究奠定了坚实的基础。与此同时大量的学者也纷纷通过有限元、边界元及其混合法等数值方法对流固耦合问题作了大量的研究工作，这也使得研究流固耦合的数值方法得到较大的发展，如陈厚群等[13]结合模型试验结果，分析得出减半取用流体附加质量值的结论。吴一红等[14]分析了拱坝—库水—地基耦合系统作用下地基模拟范围大小对结构固有频率值的影响特性。古华等[15]计算了不同液相长度下闸门结构的固有频率值，揭示了液相长度选取对结构自振特性有较大的影响，实际计算中不能忽略。Nath 和 Potamitis[16]对拱坝结构进行动水压力研究显示，库水可压缩性对坝体的动力响应影响不大；中美合作的拱坝激励试验项目[17]也没明确指出动力计算中能否忽略库水可压缩性的影响。杜建国[18]提出了基于 SBFEM（比例边界有限元法）的库水模型，降低了动力计算的维数，提高了计算精度和效率。王铭明等[19]采用坝体—库水耦合系统模型对不同坝高进行了地震作用下的动力响应计算，并依此得出了考虑多因素影响的 Westergaard 修正式。综上可知，依据控制方程的不同解法而延伸出的耦合方法可大概分为弱耦合法（分区迭代法）和强耦合法（直接求解法）两大类。强耦合具有物理概念明确，计算准确程度和收敛性较高，能准确描述流体的运动，同时也能真实反映流体和结构的相互作用等优点，而弱耦合法则是在每一时间步内分别对计算流体动力学（CFD）方程和固体计算动力学（CSD）方程依次求解，并通过搭建中间数据交换平台彼此交换信息，从而实现耦合求解，其具有易于操作、工作量小等优点。本书中所用的有限元模拟方法为附加质量法和流固直接耦合法，这两种方法都属于弱耦合法。

3.3.1　有限元仿真理论

1. Westergaard 公式及附加质量模型

Westergaard 研究了动力计算中作用于挡水坝面垂向的水压力问题[12]，并给出了模拟坝体动水压力的计算公式：

$$p = \frac{7}{8}\beta\sqrt{Hh} \tag{3-22}$$

式中，p 表示动水压力；H 表示水库深度；h 表示动水压力作用点位置的水深；β 取地震加速度系数的最大值。

依据坝面水体作用力与惯性力力学性质相似的原则及与加速度大小、方向的关联性，得出通过等效水体质量拟合动水压力作用的附加质量公式：

$$m(h) = \frac{7}{8}\rho\sqrt{Hh} \tag{3-23}$$

式中，$m(h)$ 为水深 h 处动力作用点的附加质量；ρ 为库水密度。

2. 流固耦合分析理论

建立固—液两介质相互作用的 FSI（流固耦合）系统流固耦合模型[20, 21]需对水体和结构进行条件假定：①水体是均质可压缩性流体，且不考虑其旋、粘及热交换作用的影响；②水体具有小变形且实际流速远小于流体中声传播速度的特点；③结构为线弹性体。

3. 有限元建模边界条件

基于 FSI 系统的有限元建模理论中流固耦合交界面满足以下两个条件。

（1）运动学条件：流固交界面 (S_0) 上法向速度应保持连续，即

$$\frac{\partial \boldsymbol{p}}{\partial \boldsymbol{n}_{\mathrm{f}}} + \rho_{\mathrm{f}}\ddot{\boldsymbol{u}}\cdot\boldsymbol{n}_{\mathrm{f}} = 0(\text{在 } S_0 \text{ 界面}) \tag{3-24}$$

式中，$\ddot{\boldsymbol{u}}$ 为固体位移向量；$\boldsymbol{p}$ 为流体结点压力向量；ρ_{f} 为流体质量密度；$\boldsymbol{n}_{\mathrm{f}}$ 表示法向向量。

（2）力连续条件：流固耦合交界面 (S_0) 上法向力应保持连续，即

$$\sigma_{i\mathrm{f}} n_{\mathrm{s}i} = \boldsymbol{p} n_{\mathrm{s}i}\ (\text{在 } S_0 \text{ 界面}) \tag{3-25}$$

4. FSI 有限元方程建立

将流体采用压力格式处理，则流体单元没的压力分布如下所示：

$$\boldsymbol{p}(x,y,z) \approx \sum_{i=1}^{m_{\mathrm{f}}} N_i(x,y,z)\boldsymbol{p}_i(t) = \boldsymbol{N}\boldsymbol{p}^e \tag{3-26}$$

式中，m_{f} 为流体的单元结点数；$\boldsymbol{p}^e$ 为单元的结构点压力向量；N_i 为对应结点 i 的插值函数，$\boldsymbol{N}$ 为插值函数矩阵。

对固体采用位移格式，则固体单元内的位移分布可以表示为

$$\boldsymbol{u}(x,y,z,t) = \begin{bmatrix} \boldsymbol{u} \\ \boldsymbol{v} \\ \boldsymbol{w} \end{bmatrix} \approx \sum_{i=1}^{m_{\mathrm{s}}} \overline{N_i}(x,y,z) \begin{bmatrix} u_i \\ v_i \\ w_i \end{bmatrix} = \sum_{i=1}^{m_{\mathrm{s}}} \bar{N}_i(x,y,z) a_i(t) = \overline{\boldsymbol{N}}\boldsymbol{a}^e \tag{3-27}$$

式中，m_{s} 为固体单元的结点数；$\boldsymbol{a}^e$ 为单元的结点位移量；$\bar{N}_i$ 为对应结点 i 的插值函数，$\bar{\boldsymbol{N}}$ 为结点插值函数矩阵。

采用加权余量的伽辽金体法，假定固体域满足结构位移边界条件，则可以得到 FSI 系统的有限元方程，即

$$\begin{bmatrix} \boldsymbol{M}_{\mathrm{s}} & 0 \\ -\boldsymbol{Q}^{\mathrm{T}} & \boldsymbol{M}_{\mathrm{f}} \end{bmatrix} \begin{bmatrix} \boldsymbol{a}'' \\ \boldsymbol{p}'' \end{bmatrix} + \begin{bmatrix} \boldsymbol{K}_{\mathrm{s}} & \dfrac{1}{\rho_{\mathrm{f}}} Q \\ 0 & \boldsymbol{K}_{\mathrm{f}} \end{bmatrix} \begin{bmatrix} \boldsymbol{a} \\ \boldsymbol{p} \end{bmatrix} = \begin{bmatrix} \boldsymbol{F}_{\mathrm{s}} \\ 0 \end{bmatrix} \tag{3-28}$$

式中，$\boldsymbol{\alpha}$ 为固体结点位移向量；$\boldsymbol{Q}$ 为流固耦合矩阵；$\boldsymbol{M}_{\mathrm{f}}$ 和 $\boldsymbol{K}_{\mathrm{f}}$ 分别为流体质量矩阵和流体刚度矩阵；$\boldsymbol{M}_{\mathrm{s}}$ 和 $\boldsymbol{K}_{\mathrm{s}}$ 分别为固体质量矩阵和固体刚度矩阵；$\boldsymbol{F}_{\mathrm{s}}$ 为固体外荷载向量。流固耦合有限元为齐次方程，其动力特性方程中的矩阵为非对称矩阵，应采用非对称的特征值和特征向量求其动力特性。

3.3.2 有限元模拟方法

对于流固耦合建模的方法有多种，但常用的有附加质量法和流固耦合法，且针对不同模拟的方法，其在有限元软件中的实现途径也大不相同。附加质量法是通过在相应水深节点处添加 MASS21 单元，并赋予该单元不同坐标方向的附加质量即可拟合出结构与水体之间的流固耦合效应；而流固直接耦合法则是基于 FSI 理论，采用声学流体单元和三维实体单元来反应流固两相介质之间的相互作用（有限元模拟中流体单元和实体单元的选取参看 ANSYS 帮助文件），且有限元建模中与结构接触的流体属性需设置为 present，与结构不接触的流体属性需

设置为 absent，另外流固两相介质之间的相互作用，需通过设置流体与固体之间的耦合界面（FSI）来实现。流固耦合方法的合理实现是进行结构测点优化布置的基础，同时也是结构进行动力计算的前提条件。

就本章而言，考虑流固耦合问题主要是为结构的测点优化布置提供计算前提，而后续章节中的模态计算问题也同样涉及该问题，便不再一一赘述。

3.4　算例分析与效果评价

3.4.1　建立模型及模态分析

以拉西瓦拱坝为研究对象，拉西瓦拱坝详细介绍见第 2.5.5 节。应用有效独立法、距离系数 - 有效独立法、有效独立 - 总位移法、平均加速度幅值 - 变形比法四种方法对坝体下游传感器进行优化布置，以达到利用较少传感器准确辨识拱坝各目标模态参数的目的。该坝体结构形式为双曲拱坝，坝体建基面高程为 2210.0m，坝顶高程 2460.0m，拱冠处最大底宽 49.0m。拱坝的有限元模型如图 3-3 所示，坝体采用三维块体 SOLID45 单元，上游水体以附加质量的方法进行

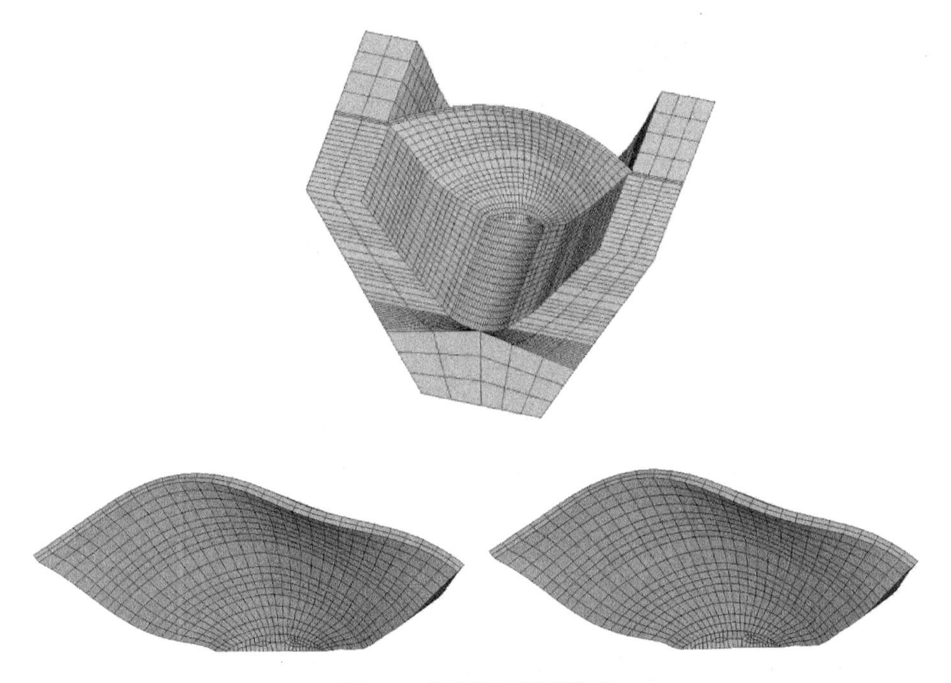

图 3-3　拱坝的有限元模型

模拟[22]，采用MASS21质量单元，模型共计52400个节点，46240个单元，坝体下游面2628个节点。混凝土材料密度取2400kg/m^3，弹性模量取33GPa，泊松比取0.167，地基为无质量弹性地基，弹性模量取22GPa，泊松比取0.250，模态分析时取动弹模为静弹模的1.2倍。然后用ANSYS对拱坝结构进行湿模态分析，选取前五阶振型，如图3-4所示。大型水工建筑物的低阶模态具有较大的振型参数与系数，通常能够描述结构系统的动态特性[3]，选取高阶模态的意义不大，因此选择该高拱坝的前5阶模态作为目标模态。由于拱坝顺河向振动较为强烈，本章将重点研究坝体下游面顺河向位移传感器的优化布置。理论上，传感器的个数应不小于选取的模态阶数，即最少需要5个，但考虑到坝体尺寸较大及有限元模型的误差，选择要布置的传感器数目为30个。

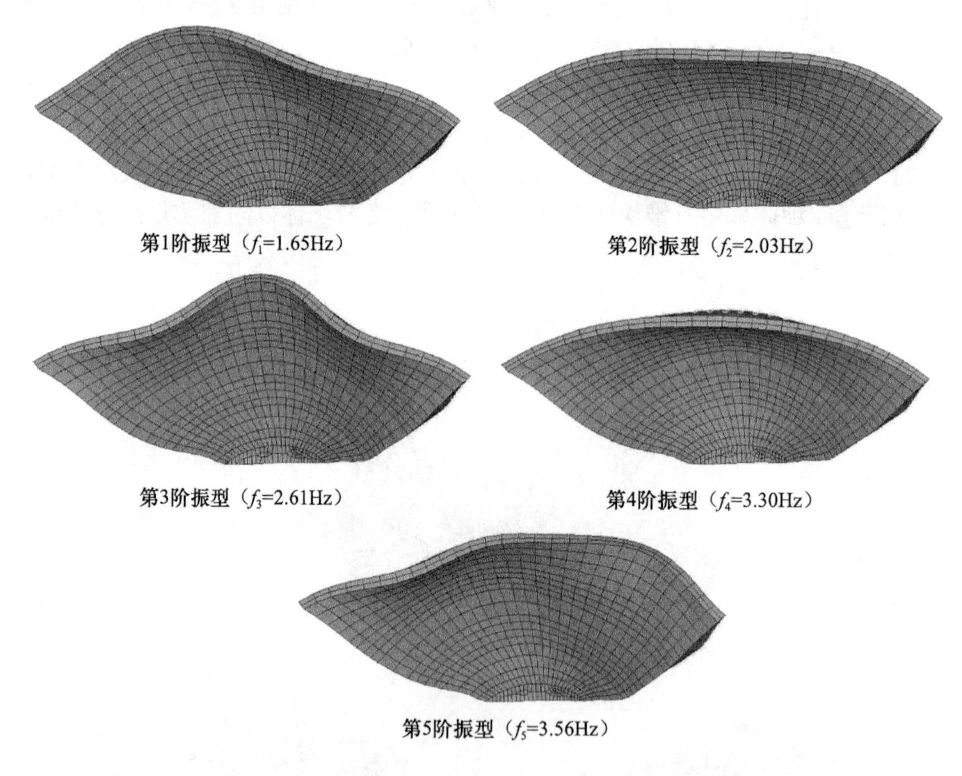

图3-4　拱坝的前五阶振型

3.4.2　四种传感器优化布置方案

提取候选自由度组成的模态矩阵，分别运用有效独立法、有效独立-总位移法、距离系数-有效独立法、平均加速度幅值-变形比法进行测点位置的优化，得到的最终测点如图3-5所示。

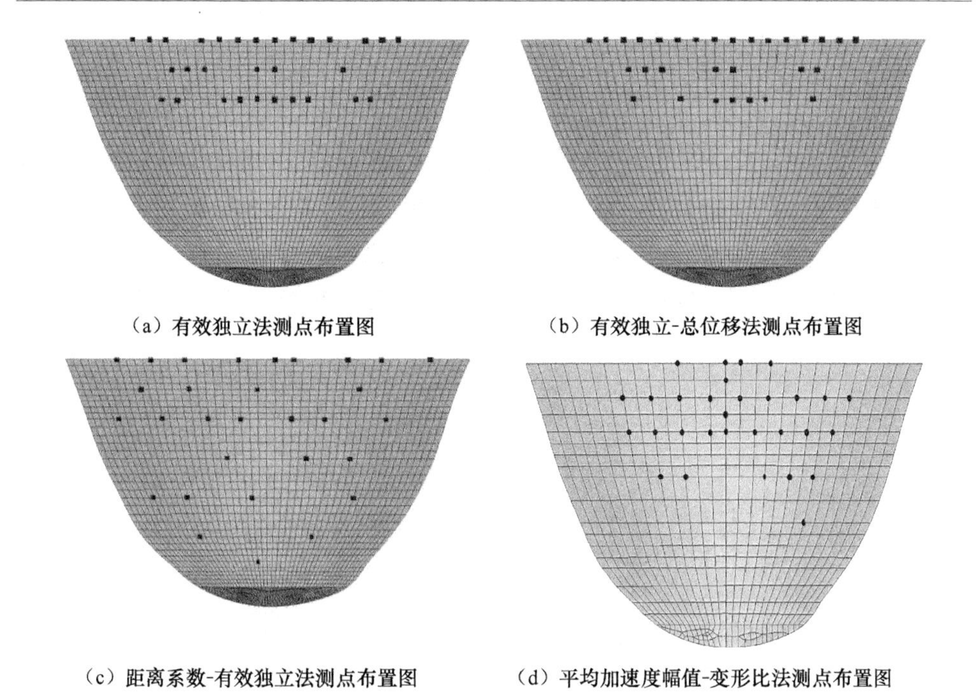

（a）有效独立法测点布置图　（b）有效独立-总位移法测点布置图

（c）距离系数-有效独立法测点布置图　（d）平均加速度幅值-变形比法测点布置图

图 3-5　不同方法测点布置图

3.4.3　方案评价

通过以下四种方法对所得方案进行评价。

1. 模态置信准则

由结构动力学原理可知，结构完备的模态向量应该是一组相互正交的向量。实际上由于测量自由度小于结构模型的自由度并且受其他因素的影响，测得的模态向量不能保证正交性。可能会出现模态向量空间交角过小而丢失重要信息的情况。而模态保证准则（modal assurance criterion, MAC）矩阵是评价模态向量交角的一种数学工具，可用来判别结构实测模态向量的独立性，其公式表达如下：

$$\mathrm{MAC}_{ij}=\frac{[\boldsymbol{\varphi}_i^{\mathrm{T}}\boldsymbol{\varphi}_j]^2}{(\boldsymbol{\varphi}_i^{\mathrm{T}}\boldsymbol{\varphi}_i)(\boldsymbol{\varphi}_j^{\mathrm{T}}\boldsymbol{\varphi}_j)} \tag{3-29}$$

式中，$\boldsymbol{\varphi}_i$ 和 $\boldsymbol{\varphi}_j$ 分别为第 i 阶和第 j 阶模态向量。查看 MAC 矩阵的非对角元素，当 MAC 矩阵的元素 M_{ij} 等于 1 时，说明第 i 向量与第 j 向量交角为零，两个向量独立性最差；当 M_{ij} 等于 0 时，说明第 i 向量与第 j 向量相互正交，独立性最好。所以通过 MAC 矩阵，就可以知道所测模态向量的相互独立程度。取 MAC 矩阵非对角线元素的最大值和平均值作为评价指标，二者数值越小越好。

有效独立法、有效独立 - 总移位法、距离系数 - 有效独立法和平均加速度幅值 - 变形比法的 MAC 矩阵三维柱状图如图 3-6 所示。

图 3-6 中两水平轴代表模态阶数，垂直轴代表 MAC 矩阵各元素的值，各对角线元素为 1。有效独立法、有效独立 - 总位移法、距离系数 - 有效独立法和平均加速度幅值 - 变形比法的 MAC 矩阵非对角元素最大值分别为 0.799，0.815，0.821 和 0.061，平均值分别为 0.533，0.594，0.600 和 0.043。改进方法的平均加

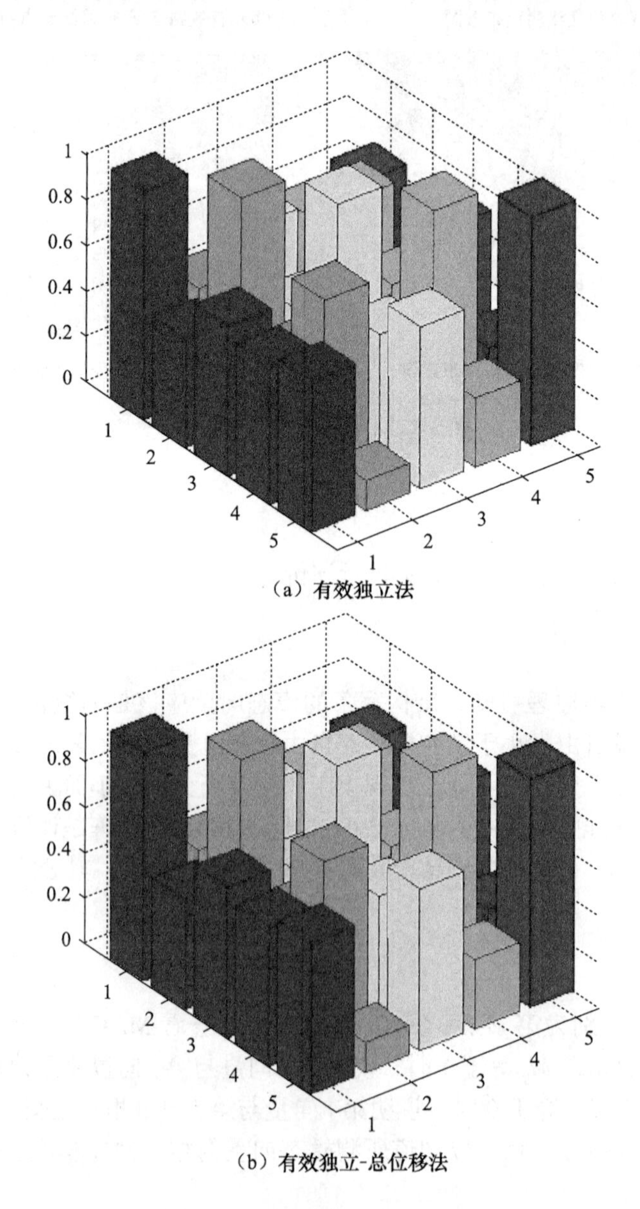

（a）有效独立法

（b）有效独立-总位移法

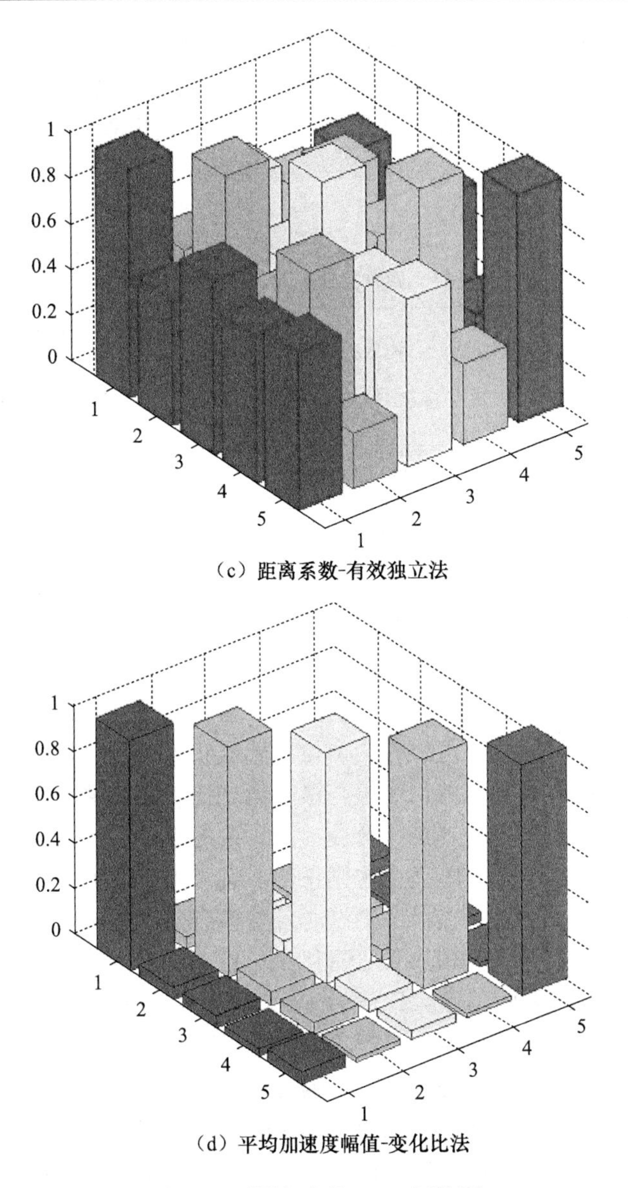

（c）距离系数-有效独立法

（d）平均加速度幅值-变化比法

图 3-6　不同方法的 MAC 矩阵图

速度幅值 - 变形比法，MAC 矩阵非对角线元素最大值与平均值均比其他三种优化方法的结果要小，说明它得到的最终测点之间独立性较好。

2. Fisher 信息矩阵值

由式（3-5）可知，Fisher 信息矩阵 $\boldsymbol{Q}$ 是为了探求模态向量协方差的大小而构造的矩阵，$\boldsymbol{Q}$ 最大等价于协方差最小。Fisher 信息矩阵 $\boldsymbol{Q}$ 行列式值最大时的估计是模态坐标的无偏估计，这也与有效独立法的初衷相吻合。从统计角度分析，Fisher 信息阵等价于待估参数估计误差的最小协方差矩阵，Fisher 信息阵也同时度量了测试响应中所包含信息的多少，信息阵的值是越大越好。四种方法得到的 Fisher 信息矩阵的值见表 3-3。

表 3-3　四种方法 Fisher 信息矩阵值

方法	有效独立法	有效独立 - 总位移法	距离系数 - 有效独立法	平均加速度幅值 - 变形比法
Fisher 信息矩阵值	4.81×10^{-41}	1.11×10^{-40}	1.04×10^{-41}	1.95×10^{-40}

由表 3-3 可知，用平均加速度幅值 - 变形比法得到最终测点的 Fisher 信息矩阵的值在四种方法所得的测点中最大，有效独立 - 总位移法的值次之，而有效独立法和距离系数 - 有效独立法得到的最终测点 Fisher 信息矩阵值最小，说明该方法在保留结构信息量方面同样具有较好的表现。

3. 最大奇异值比

模态矩阵的奇异值分解可以作为衡量传感器布置位置好坏的一个尺度，其计算公式就是模态矩阵奇异值的最大值与最小值之比，该比值越小，传感器位置越优。模态矩阵的最大奇异值比的下限是 1，此时是最理想的情况，所选择的传感器位置所定义的结构模态矩阵完全规则正交。有三点理由说明采用此准则的必要性：①模态正交性的要求。在模态测试时各阶模态要求尽可能线性独立，当得到的模态矩阵完全正交时，其模态保证准则矩阵的最大非对角元为 0，模态矩阵的所有奇异值都为 1，因而其最大比值为 1，二者都达到最理想状态，因此，在模态正交性的意义上，这两个准则是等价的。②模态扩阶的要求。试验辨识的结构模态维数一般小于有限元的理论模态，因此如果想利用试验模态对理论模态进行验证就需要将试验模态进行扩阶或者将理论模态进行缩聚。而试验模态扩阶通常需要计算模态矩阵的广义逆，如果该模态矩阵的最大奇异值比较大，则这样计算的矩阵广义逆或者得到的模态扩阶结果误差会相对较大。因此，试验模态扩阶要求模态矩阵的最大奇异值比尽可能小。③模态可观性的要求。当一个结构的运动方程写成状态方程的形式后，结构的模态可观性或者是模态的辨识性是由系统可观性矩阵的秩来决定的，如果模态矩阵的最大奇异值比太大，则计算机截断误差会导致可观性矩阵的数值秩小于其理论秩，而使结构模态不可辨识。

有效独立法、有效独立 - 总位移法、距离系数 - 有效独立法、平均加速度幅值 - 变形比法得到的奇异值比分别为 9.33、9.07、10.67 和 6.67，四种方法的比值都不是很大，但是平均加速度幅值 - 变形比法的奇异值比在四者中是最小的，奇异值比越接近于 1，表明矩阵的性态越良好。说明平均加速度幅值 - 变形比法在满足模态正交性、可观性，以及模态扩阶的要求上表现优良。

4. 总位移值

总位移值能保证传感器布置在具有较大应变能的自由度，可在一定程度弥补有效独立法忽略自由度能量的问题。在选择最佳布置测点时，应该使测点有较大的总位移值。有效独立法、距离系数 - 有效独立法、有效独立 - 总位移法和平均加速度幅值 - 变形比法剩余测点的总位移值见图 3-7。

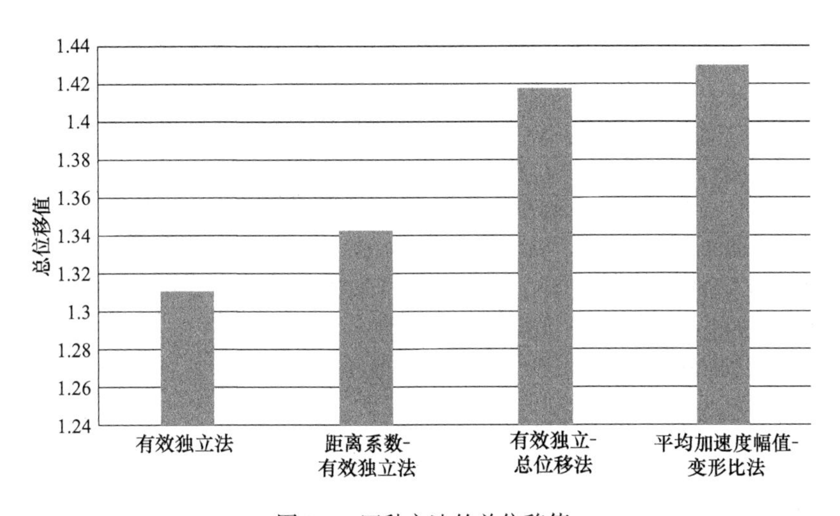

图 3-7　四种方法的总位移值

有效独立法、距离系数 - 有效独立法、有效独立 - 总位移法和平均加速度幅值 - 变形比法所得的最终测点的总位移分别为 1.3103、1.3425、1.4165 和 1.4291。发现平均加速度幅值 - 变形比法在四者中的总位移幅值最大，说明平均加速度幅值 - 变形比法选择的测点有较大的应变能，可以很好地弥补传统有效独立法的局限性，更好地反映结构状况。

3.5　本章小结

本章主要介绍了传感器优化布置的四种方法，分别是传统的有效独立法、距离系数 - 有效独立法、有效独立 - 总位移法和平均加速度幅值 - 变形比法，并结合具体算例进行结果分析与评价。平均加速度幅值 - 变形比法是基于拱坝纵剖面为悬臂梁的特殊结构形式提出的一种专门针对拱坝的传感器优化布置方法，该方法从提高测点应变能的角度出发，考虑测点水平向的加速度幅值的同时还考虑悬臂梁结构对结构变形的影响，能够保证模态之间的正交性、可观性，保留更多的结构信息，是一种值得信赖的拱坝传感器优化布置方法。

参考文献

[1] 吴子燕，代凤娟，宋静，等. 损伤检测中的传感器优化布置方法研究 [J]. 西北工业大学学报，2007，25（4）：503-507.

[2] Kammer D C. Sensor set expansion for modal vibration testing [J]. Mechanical Systems and Signal Processing, 2005, 19: 700-713.

[3] 何龙军，练继建. 基于距离系数 - 有效独立法的大型空间结构传感器优化布置 [J]. 振动与冲击，2013，16：13-18.

[4] 李东升，张莹，任亮，等. 结构健康监测中的传感器布置方法及评价准则 [J]. 力学进展，2011，41（1）：39-50.

[5] 杨雅勋，郝宪武，孙磊. 基于能量系数 - 有效独立法的桥梁结构传感器优化布置 [J]. 振动与冲击，2010，29（11）：119-123.

[6] 刘伟，高维成，李惠，等. 基于有效独立的改进传感器优化布置方法研究 [J]. 振动与冲击，2013，32：54-62.

[7] 黄维平，刘娟，李华军. 基于遗传算法的传感器优化配置 [J]. 工程力学，2005，22（1）：113-117.

[8] Kirkpatrick S, Gelatt C, Vecchi M. Optimization by simulated annealing [J]. Science, 1983, 220: 671-680.

[9] Kammer D C. Sensor placement for on orbit modal identification of large space structures [J]. Journal of Guidance Control and Dynamics, 1991, 14 (2): 252-259.

[10] 张建伟，刘轩然，赵瑜，等. 基于有效独立 - 总位移法的水工结构振测传感器优化布置 [J]. 振动与冲击，2016，35（8）：121-126.

[11] 张建伟，暴振磊，刘晓亮，等. 适用于梯级泵站压力管道的传感器优化布置方法 [J]. 农业工程学报，2016，32（4）：113-118.

[12] Westergaard H M. Water pressures on dams under earthquakes [J]. Transactions of ASCE, 1933, 98: 418-433.

[13] 陈厚群，侯顺载，杨大伟. 地震条件下拱坝库水相互作用的试验研究 [J]. 水利学报，1989，7: 29-39.

[14] 吴一红，李世琴，谢省宗. 拱坝 - 库水 - 地基耦合系统坝身泄洪动力分析 [J]. 水利

学报，1996，11：6-13.

[15] 古华，严根华. 水工闸门流固耦合自振特性数值分析［J］. 振动、测试与诊断，2008，28(3)：242-246，301.

[16] Nath B, Potamitis S G. Coupled dynamic behavior of realistic arch dams in including hydrodynamic and foundation interaction［J］. ICE Proceedings, 1982, 73(3):587-607.

[17] Clough R W, Chang K T, Chen H Q, et al. Dynamic Interaction Effects in Arch Dams［R］.Earthquake Engineering Research Center Report, No. UCB/EERCO85/11. Berkeley: University of California,1985.

[18] 杜建国. 基于 SBFEM 的大坝—库水—地基动力相互作用分析［D］. 大连：大连理工大学，2007.

[19] 王铭明，陈健云，徐强，等. 不同高度重力坝动水压力分析及 Westergaard 修正公式研究［J］. 工程力学，2013，30(12):65-70.

[20] 於文欢，任建民，王晓丽. 坝体—库水—地基流固耦合有限元分析的地基模拟［J］. 水电能源科学，2014，32（12）：75-77.

[21] 刘云贺，俞茂宏，陈厚群. 流体固体动力耦合分析的有限元法［J］. 工程力学，2005，22（6）：1-6.

[22] 练继建，张建伟，王海军. 基于泄流振动响应的导墙损伤诊断研究. 水力发电学报，2008，27（1）：96-101.

第 4 章　基于带通滤波的模态参数综合辨识

在振动信号分析中，数字滤波是通过数学运算从所采集的离散信号中选取人们所感兴趣的一部分信号进行处理的方法，其主要作用是滤除测试信号中的噪声或虚假成分、提高信噪比、平滑分析数据、抑制干扰信号、分析频率分量等。在进行环境激励下的结构振动现场测试时，由于信号往往受到各种振源的干扰，所得到的试验数据信噪比较低，一般都要对信号进行“去噪”，这是一项很复杂的工作，稍有不当，会丢失很多有用的信号。本章在传统模态参数辨识的基础上，采用基于带通滤波的水工结构模态参数辨识方法，此方法的本质意在“提存”，即从试验测试信号中通过数字带通滤波的方法提取出感兴趣的数据。具体操作如下，首先对原始信号进行简单的消噪后，应用各种辨识方法进行直接辨识，第一次辨识出来的自振频率由于噪声信号的干扰，与理论值相比误差较大，但却代表了结构自振特性的大致范围，所以在第二次辨识之前要进行信号“提存”，即依据第一次辨识出来的频率对原始信号进行数字带通滤波（具体内容见第 2 章），或者由有限元模型计算出结构自振频率的大致范围，然后应用多种模态参数的时域辨识方法对信号进行辨识，并对辨识结果进行综合判别。

4.1　传统模态参数时域辨识方法

4.1.1　随机减量法

随机减量法[1]是从线性振动系统的一个或多个平稳随机响应样本中，消除或减少随机成分而获得一定初始激励下的自由响应信号。该方法的主要思想是利用平稳随机振动信号的平均值为零的性质，将包含有确定性振动信号和随机信号两种成分的实测振动响应信号进行辨别，将确定性信号从随机信号中分离出来，得到自由衰减振动响应信号。图 4-1 所示为单测点随机信号 $x(t)$，取起始采样幅值 x_s。将随机响应信号分成 K 个长度相等、可重叠的样本。每个样本段的起始采样幅值均取为 $x_s = x(t_k)$，其中 $k = 1,2,\cdots,K$, 各段样本起始点的斜率 $\dot{x}(t_k)$ 正负交替出现，如图 4-1 所示。当 k =1,3,5,⋯(奇数) 时，$\dot{x}(t_k) > 0$；当 k =2,4,6,⋯(偶数) 时，$\dot{x}(t_k) < 0$。t_k 为第 k 个样本的起始采样时刻，而往后的时间以 τ 表示。

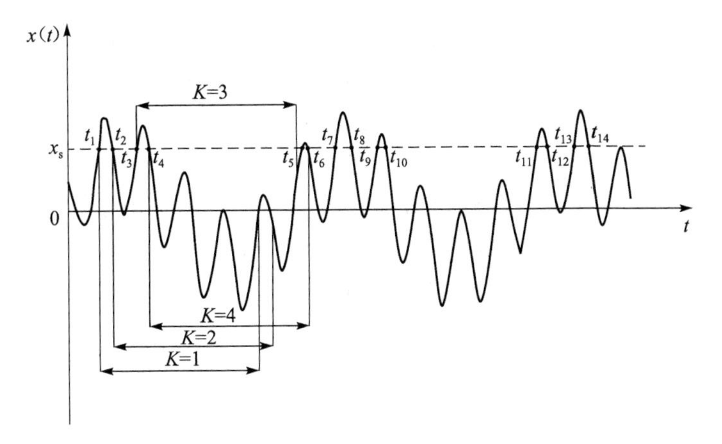

图 4-1　单测点随机信号的样本平均

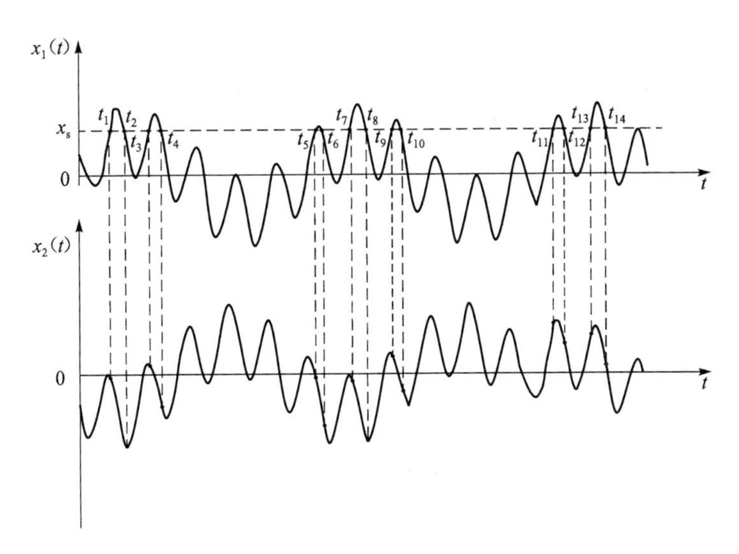

图 4-2　两个测点随机响应信号样本

将 K 个样本进行平均，得

$$\delta(\tau)=\frac{1}{K}\sum_{k=1}^{K}x(t_k+\tau) \tag{4-1}$$

对于不同的 τ，$\delta(\tau)$ 有不同的值。$\delta(\tau)$ 称为随机减量特征信号。实际上它是由初始位移激励而引起的自由响应，可解释为：①初始条件（初始激励）引起的自由响应；②激励而引起的自由响应（受迫暂态响应中的一部分）；③激励而引起的受迫响应。当激励为随机激励时，后两部分响应亦为随机的。当进行多次样本平均后，后两部分响应趋于零。对于第一部分响应来说，初始激励有两种。一为初始位移 x_s 激励，另一为初始速度 $\dot{x}(t_k)$ 激励。由于在选取各段样本的起始条件时，取 $\dot{x}(t_k)$ 正负交替，因此在多次平均后，亦趋向于零。因此在响应中剩下的就只是由初始位移激励而引起的自由响应，亦称为阶跃自由响应。

当样本起始点 $x(t_k)$ 及 $\dot{x}(t_k)$ 取值不同时，可得到不同的自由响应曲线。

（1）当 $x(t_k) = x_s$，而 $\dot{x}(t_k)$ 正负交替时，$k = 1,2,\cdots,K$，经多次样本平均后，可得由初始位移而引起的阶跃自由衰减响应。

（2）当取 $x(t_k) = 0$，$\dot{x}(t_k) > 0$，$k = 1,2,\cdots,K$ 时，经多次样本平均后，得到由正初速度引起的正脉冲自由衰减响应。

（3）当取 $x(t_k) = 0$，$\dot{x}(t_k) < 0$，$k = 1,2,\cdots,K$ 时，经多次样本平均后，得到负脉冲自由衰减响应。

对于多自由度系统多个测点的情况，采用下列方法提取自由振动响应具有更高的精度。

以两个自由度系统，两个测点随机响应信号为例，图 4-2 为两个测点的随机响应信号 $x_1(t)$、$x_2(t)$，这两个信号是由某些已知的或未知的随机输入引起，并在同一时刻记录下来。

它们的随机减量信号（自由衰减响应信号）为

$$\begin{Bmatrix} \delta_1(\tau) \\ \delta_2(\tau) \end{Bmatrix} = \frac{1}{K}\sum_{k=1}^{K}\begin{Bmatrix} x_1(t_k+\tau) \\ x_2(t_k+\tau) \end{Bmatrix} \tag{4-2}$$

现对其中一个信号的起始值作如下规定。

当 $t = t_k$ 时

$$x_1(t_k) = x_s, \dot{x}_1(t_k)\begin{cases} >0，k = 1,3,5,\cdots(\text{奇数}) \\ <0，k = 2,4,6,\cdots(\text{偶数}) \end{cases} \tag{4-3}$$

而对另一测点的信号 $x_2(t)$ 不作任何规定。这样，经过样本多次平均后，对第一测点来说，得到的是对初始位移 $x_1(t_k) = x_s$ 的自由响应。而对第二测点来说，得到的是对第一测点上初始位移 x_s 在第二测点上引起的自由响应。因为对第二测点的初始条件未加任何限制，它们亦是随机的，因此在多次平均后亦消失了。

对于具有 N 个自由度的结构，若取 N 个测点，仅对其中第 j 个测点的初始采样条件加以限制，而对其他各测点则无任何限制。在进行多次样本平均后，得到的各点的随机减量特征信号 $\delta_i(\tau),(i=1,2,\cdots,N)$，就表示各点对 j 点初始位移 $x_j(t_k) = x_s$ 的自由衰减响应。所谓初始位移响应即相当于在第 j 点作用一个静荷载，使结构在 j 点产生一个静位移 x_s，然后将静荷载突然去掉，此时结构所产生的自由振动响应。此种方法要求同一结构上的各个测点必须同时采样。由于此法以多个测点中的某个测点为参考，与单独将各个测点进行随机减量相比，考虑了各个测点自由振动衰减信号之间的相关联系，提取的自由振动衰减信号更加贴切实际，有利于提高模态参数整体辨识法的精度。

以第 7.3 节流激振动试验为例，悬臂梁在水荷载作用下的 3 号和 4 号点应变响应时程如图 4-3 所示。

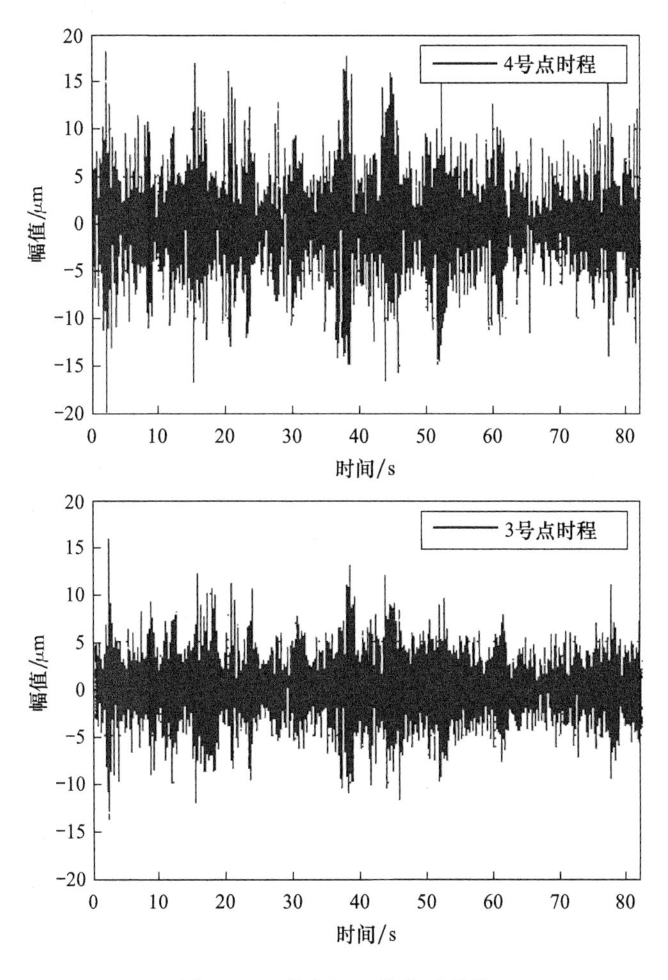

图 4-3　4 号点与 3 号点时程线

以 3 号点为例，对比将 3 号点取初始幅值后进行随机减量得到的自由衰减信号与仅将 4 号取初始幅值，而其他点未作任何限制，进行随机减量后得到的自由衰减信号，如图 4-4 所示。

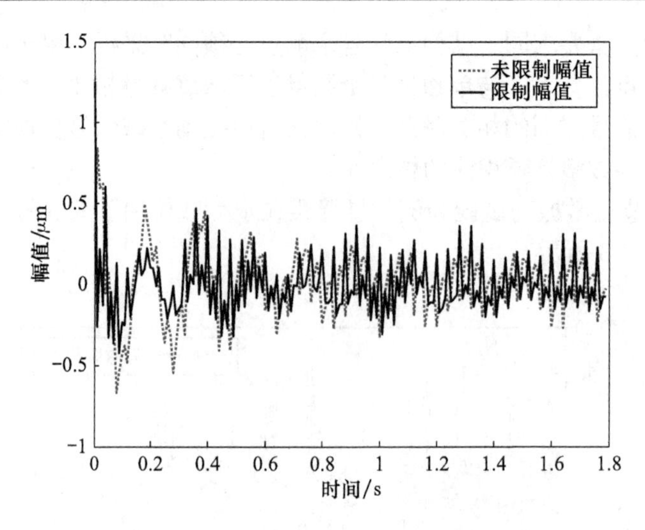

图 4-4　随机减量后得到的自由衰减信号

显然，对 3 号点进行限制初始幅值后，得到的自由衰减信号质量不如未加任何限制而得到的自由衰减信号。可见，对于同一结构上的不同点，同时采样的条件下，仅对其中一个点取初始幅值，而其他点未加任何限制条件下得到的各个点的自由衰减信号质量会大大提高，因其考虑了测点与测点结构之间的相关关系。

进行随机减量特征提取时，一个关键性的问题是信号截取初始幅值 x_s 的选取，信号长度一般是一定的，当截取的初始幅值取得较大时，截取的子信号段数将减少，会使有效的平均次数减少，平均效果变差；相反，若截取的初始幅值过小，虽然平均次数增多了，但由于小幅值产生的位移激振量值小，效果亦较差。实际应用时，既要保证适当大的截取初始幅值，又要保证一定数量的平均次数，显然，它们之间是相互矛盾的，这就给应用带来一定的困难。

4.1.2　自然激励技术

自然激励技术（natural excitation technique，NExT）由美国 SANDIA 国家实验室的 James 和 Carne 于 1995 年提出，并证明了在激励满足平稳 Gauss 白噪声的条件下，结构两点响应之间的互相关函数满足结构振动方程[2]，即

$$\boldsymbol{M}\ddot{R}_{ij}(\tau)+\boldsymbol{C}\dot{R}_{ij}(\tau)+\boldsymbol{K}R_{ij}(\tau)=0 \tag{4-4}$$

式中，$\boldsymbol{M}$、$\boldsymbol{C}$、$\boldsymbol{K}$ 分别为结构的质量、阻尼、刚度矩阵；$R_{ij}(\tau)$ 为结构上第 i 点和第 j 点之间的位移响应互相关函数。

该方法的基本原理是认为白噪声环境激励下结构两点之间响应的互相关函数和脉冲响应函数有相似的表达式，对于自由度为 N 的线性系统，当系统的 k 点受

到力 $f_k(t)$ 的激励，系统 i 点的响应 $x_{ik}(t)$ 可表示为

$$x_{ik}(t)=\sum_{\xi=1}^{2N}\phi_{i\xi}a_{k\xi}\int_{-\infty}^{t}\mathrm{e}^{\lambda_\xi(t-p)}f_k(p)\,\mathrm{d}p \tag{4-5}$$

式中，$\phi_{i\xi}$ 为第 i 测点的第 ξ 阶模态振型；$a_{k\xi}$ 为仅同激励点 k 和模态阶次 ξ 有关的常数项。

当系统的 k 点受到单位脉冲力激励时，就得到系统 i 点的脉冲响应 $h_{ik}(t)$，可表示为

$$h_{ik}(t)=\sum_{\xi=1}^{2N}\phi_{i\xi}a_{k\xi}\mathrm{e}^{\lambda_\xi t} \tag{4-6}$$

对系统 k 点输入力 $f_k(t)$ 进行激励，系统 i 点和 j 点测试得到的响应分别为 $x_{ik}(t)$ 和 $x_{jk}(t)$，这两个响应的互相关函数的表达式为

$$\begin{aligned}R_{ijk}(\tau)&=E[x_{ik}(t+\tau)x_{jk}(t)]\\&=\sum_{\xi=1}^{2N}\sum_{\zeta=1}^{2N}\phi_{i\xi}\phi_{j\zeta}a_{k\xi}a_{k\zeta}\int_{-\infty}^{t}\int_{-\infty}^{t+\tau}\mathrm{e}^{\lambda_\xi(t+\tau-p)}\mathrm{e}^{\lambda_\zeta(t-q)}E[f_k(p)f_k(q)]\,\mathrm{d}p\mathrm{d}q\end{aligned} \tag{4-7}$$

假定激励 $f(t)$ 是理想白噪声，根据相关函数的定义，则有

$$E[f_k(p)f_k(q)]=a_k\delta(p-q) \tag{4-8}$$

式中，$\delta(t)$ 为脉冲函数；a_k 为仅同激励点 k 有关的常数项。

将式（4-8）代入式（4-7）并积分，得

$$R_{ijk}(\tau)=\sum_{\xi=1}^{2N}\sum_{\zeta=1}^{2N}\phi_{i\xi}\phi_{j\zeta}a_{k\xi}a_{k\zeta}a_k\int_{-\infty}^{t}\mathrm{e}^{\lambda_\xi(t+\tau-p)}\mathrm{e}^{\lambda_\zeta(t-q)}\mathrm{d}p \tag{4-9}$$

对式（4-9）的积分部分进行计算并化简，得

$$\int_{-\infty}^{t}\mathrm{e}^{\lambda_\xi(t+\tau-p)}\mathrm{e}^{\lambda_\zeta(t-q)}\mathrm{d}p=-\frac{\mathrm{e}^{\lambda_\xi\tau}}{\lambda_\xi+\lambda_\zeta} \tag{4-10}$$

将式（4-10）代入式（4-9）得

$$R_{ijk}(\tau)=\sum_{\xi=1}^{2N}\sum_{\zeta=1}^{2N}\phi_{i\xi}\phi_{j\zeta}a_{k\xi}a_{k\zeta}a_k\left(-\frac{\mathrm{e}^{\lambda_\xi\tau}}{\lambda_\xi+\lambda_\zeta}\right) \tag{4-11}$$

对上式作进一步的化简，整理后可得

$$R_{ijk}(\tau)=\sum_{\xi=1}^{2N}b_{j\xi}\phi_{i\xi}\mathrm{e}^{\lambda_\xi\tau} \tag{4-12}$$

式中，$b_{j\xi}=\sum_{\zeta=1}^{2N}\phi_{j\zeta}a_{k\xi}a_{k\zeta}a_k\left(-\frac{1}{\lambda_\xi+\lambda_\zeta}\right)$，仅为同参考点 j 和阶次 ξ 有关的常数项。

比较式（4-12）和式（4-6），可以看出，线性系统在白噪声激励下两点的响应的互相关函数和脉冲激励下的脉冲响应函数的数学表达式是完全一致的，互相关函数确实可以表征为一系列复指数叠加的形式。在这方面，互相关函数具有和系统的脉冲响应函数同样的性质。同时结构各测点的同阶模态振型乘以同一因子时，并不改变模态振型的特征，因此互相关函数可以用来代替脉冲响应函数。

在进行多个测点的模态参数辨识处理中，一般选取响应较小的测点为参考点，计算其他测点与该参考点的互相关函数，并与模态辨识方法结合起来进行环境激励下的结构模态参数辨识。文献［3］、文献［4］表明，NExT 法对输出的环境噪声有一定的抗干扰能力，目前该方法已广泛运用于桥梁、高层建筑、飞机和汽车的模态参数辨识。

NExT 法辨识模态参数的过程是首先将采样得到振动响应数据进行互相关计算，在进行多个测点的模态参数辨识处理中，需要选取某个测点作为参考点。一般情况下，选取响应较小的测点作为参考点，计算其他参考点的互相关函数，然后，将计算出来的互相关函数，利用诸如 ITD 法、STD 法、复指数（Prony）法以及 ARMA 模型时序法等传统的时域模态辨识方法进行参数辨识。NExT 法是假设为白噪声，对输出的环境噪声具有一定的抗干扰能力。

4.1.3　ITD 法

ITD 法[5-7]是于 20 世纪 70 年代由 Ibrahim 提出的一种用结构自由振动响应的位移、速度或加速度的时域信号进行模态参数辨识的方法。基本思想是以黏性阻尼线性系统多自由度系统的自由衰减响应可以表示为各阶模态的组合理论为基础，根据测得的衰减响应信号进行三次不同延时的采样，构造自由响应采样数据的增广矩阵，即自由衰减响应数据矩阵，并由响应与特征值之间的复指数关系，建立特征矩阵的数学模型，求解特征值问题，得到模型数据的特征值和特征向量，再根据模型特征值与振动系统特征值的关系，求解出系统的模态参数。

一个多自由度系统的自由振动响应的运动微分方程为

$$\boldsymbol{M}\ddot{\boldsymbol{x}}(t)+\boldsymbol{C}\dot{\boldsymbol{x}}(t)+\boldsymbol{K}\boldsymbol{x}(t)=0 \tag{4-13}$$

假定式（4-13）的解可以表示为

$$\boldsymbol{x}(t)_{N\times1}=\boldsymbol{\phi}_{N\times2N}\mathrm{e}^{s_r}{}_{2N\times1} \tag{4-14}$$

式中，$\boldsymbol{x}(t)$ 为系统的自由振动响应向量；$\boldsymbol{\phi}$为系统的振型矩阵即特征向量矩阵；s_r 为系统的第 r 阶特征值；N 为系统的自由度数，也是系统的模态阶数。

因此将式（4-14）代入式（4-13），得

$$(s^2\boldsymbol{M}+s\boldsymbol{C}+\boldsymbol{K})\boldsymbol{\phi}=0 \tag{4-15}$$

对于小阻尼的线性系统，方程的特征根 s_r 是复数，并以共轭复数的形式成对出现，即

$$\begin{cases} s_r=-\xi_r\omega_r+\mathrm{j}\omega_r\sqrt{1-\xi_r^2} \\ s_r^*=-\xi_r\omega_r-\mathrm{j}\omega_r\sqrt{1-\xi_r^2} \end{cases} \tag{4-16}$$

式中，ω_r 为对应第 r 阶模态的固有频率；ξ_r 为相应的阻尼比。

于是系统的第 i 测点在 t_k 时刻的自由振动响应可表示为各阶模态单独响应的集合形式：

$$x_i(t_k)=\sum_{r=1}^{N}(\phi_{ir}\mathrm{e}^{s_r t_k}+\phi_{ir}^*\mathrm{e}^{s_r^* t_k})=\sum_{r=1}^{M}\phi_{ir}\mathrm{e}^{s_r t_k} \tag{4-17}$$

式中，ϕ_{ir} 为 r 阶振型向量 $\boldsymbol{\phi}_r$ 的第 i 分量，并且设 $\phi_{i(N+r)}=\phi_{ir}^*$ 、 $s_{N+r}=s_r^*$ ；M 为系统自由度数的 2 倍，即 $M=2N$。

设被测系统中共有 n 个实际测点，测试得到 L 个时刻的系统自由振动响应值，且 L 比 M 大得多。通常，实际测点数往往小于系统自由度数的 2 倍（即 M）。甚至在很多情况下实际测点只有 1 个。为了使测点数等于 M，需要采用延时方法由实际测点构造虚拟测点。延时可取采样时间间隔 Δt 的整数倍。若令该整数倍为 1，虚拟测点的自由振动响应可以表示为

$$\begin{cases} x_{i+n}(t_k)=x_i(t_k+\Delta t) \\ x_{i+2n}(t_k)=x_i(t_k+2\Delta t) \\ \qquad\vdots \end{cases} \tag{4-18}$$

这样便得到由实际测点和虚拟测点组成的 M 个测点在 L 个时刻的自由振动响应值所建立的响应矩阵 $\boldsymbol{X}$，即

$$\boldsymbol{X}_{M\times L}=\begin{bmatrix} x_1(t_1) & x_1(t_2) & \cdots & x_1(t_L) \\ x_2(t_1) & x_2(t_2) & \cdots & x_2(t_L) \\ \vdots & \vdots & & \vdots \\ x_n(t_1) & x_n(t_2) & \cdots & x_n(t_L) \\ \vdots & \vdots & & \vdots \\ x_M(t_1) & x_M(t_2) & \cdots & x_M(t_L) \end{bmatrix} \tag{4-19}$$

令 $x_{ik}=x_i(t_k)$，并将式（4-17）代入式（4-19），建立响应矩阵的关系式：

$$\begin{bmatrix} x_{11} & x_{12} & \cdots & x_{1L} \\ x_{21} & x_{22} & \cdots & x_{2L} \\ \vdots & \vdots & & \vdots \\ x_{M1} & x_{M2} & \cdots & x_{ML} \end{bmatrix} = \begin{bmatrix} \phi_{11} & \phi_{12} & \cdots & \phi_{1M} \\ \phi_{21} & \phi_{22} & \cdots & \phi_{2M} \\ \vdots & \vdots & & \vdots \\ \phi_{M1} & \phi_{M2} & \cdots & \phi_{MM} \end{bmatrix} \begin{bmatrix} e^{s_1 t_1} & e^{s_1 t_2} & \cdots & e^{s_1 t_L} \\ e^{s_2 t_1} & e^{s_2 t_2} & \cdots & e^{s_2 t_L} \\ \vdots & \vdots & & \vdots \\ e^{s_M t_1} & e^{s_M t_2} & \cdots & e^{s_M t_L} \end{bmatrix} \tag{4-20}$$

或简写为

$$\boldsymbol{X}_{M\times L} = \boldsymbol{\Phi}_{M\times M}\boldsymbol{\Lambda}_{M\times L} \tag{4-21}$$

将包括虚拟测点在内的每一测点延时 Δt，则由式（4-17）可得

$$\tilde{x}_i(t_k) = x_i(t_k + \Delta t) = \sum_{r=1}^{2N} \phi_{ir} e^{s_r(t_k+\Delta t)} = \sum_{r=1}^{2N} \phi_{ir} e^{s_r \Delta t} e^{s_r t_k} = \sum_{r=1}^{2N} \tilde{\phi}_{ir} e^{s_r t_k} \tag{4-22}$$

其中

$$\tilde{\phi}_{ir} = \phi_{ir} e^{s_r \Delta t} \tag{4-23}$$

由 M 个测点在 L 个时刻的响应所构成延时 Δt 的响应矩阵可表示为

$$\tilde{\boldsymbol{X}}_{M\times L} = \tilde{\boldsymbol{\Phi}}_{M\times M}\boldsymbol{\Lambda}_{M\times L} \tag{4-24}$$

$$\tilde{\boldsymbol{\Phi}}_{M\times M} = \boldsymbol{\Phi}_{M\times M}\boldsymbol{\alpha}_{M\times M} \tag{4-25}$$

将式（4-25）代入式（4-24）得

$$\tilde{\boldsymbol{X}}_{M\times L} = \boldsymbol{\Phi}_{M\times M}\boldsymbol{\alpha}_{M\times M}\boldsymbol{\Lambda}_{M\times L} \tag{4-26}$$

式中，$\boldsymbol{\alpha}$ 为对角矩阵，对角上的元素为

$$\alpha_r = e^{s_r \Delta t} \tag{4-27}$$

由式（4-19）和式（4-20）消去 $\boldsymbol{\Lambda}$，经过整理后得

$$\boldsymbol{A}\boldsymbol{\Phi} = \boldsymbol{\Phi}\boldsymbol{\alpha} \tag{4-28}$$

式中，矩阵 $\boldsymbol{A}$ 为方程 $\boldsymbol{A}\boldsymbol{X} = \tilde{\boldsymbol{X}}$ 单边最小二乘解。

式（4-28）是标准的特征方程。矩阵 $\boldsymbol{A}$ 的第 r 阶特征值为 $e^{s_r \Delta t}$，相应特征向量为特征向量矩阵 $\boldsymbol{\Phi}$ 的第 r 列。设求得的特征值为 V_r，则

$$V_r = e^{s_r \Delta t} = e^{(-\zeta_r \omega_r + j\omega_r\sqrt{1-\zeta_r^2})\Delta t} \tag{4-29}$$

由此可求得系统的模态频率 ω_r 和阻尼比 ζ_r，即

$$\omega_r = \frac{|\ln V_r|}{2\pi \Delta t} = \frac{s_r}{2\pi} \tag{4-30}$$

$$\zeta_r = \sqrt{\frac{1}{1+\left[\frac{\mathrm{Im}(\ln V_r)}{\mathrm{Re}(\ln V_r)}\right]^2}} \tag{4-31}$$

为计算模态振型，需要先求出留数。设测点 p 的第 r 阶模态留数为 A_{rp}，可用下列公式计算留数：

$$\begin{bmatrix} \mathrm{e}^{s_1 t_1} & \mathrm{e}^{s_2 t_1} & \mathrm{e}^{s_{2N} t_1} \\ \mathrm{e}^{s_1 t_2} & \mathrm{e}^{s_2 t_2} & \mathrm{e}^{s_{2N} t_2} \\ \vdots & \vdots & \vdots \\ \mathrm{e}^{s_1 t_{L1}} & \mathrm{e}^{s_2 t_L} & \mathrm{e}^{s_{2N} t_L} \end{bmatrix} \begin{Bmatrix} A_{1p} \\ A_{2p} \\ \vdots \\ A_{(2N)p} \end{Bmatrix} = \begin{Bmatrix} x_p(t_1) \\ x_p(t_2) \\ \vdots \\ x_p(t_L) \end{Bmatrix} \tag{4-32}$$

或简写成

$$\boldsymbol{V}_{L\times 2N}\boldsymbol{\phi}_{2N\times 1} = \boldsymbol{h}_{L\times 1} \tag{4-33}$$

用伪逆法可求得上面方程组的最小二乘解。

振型向量可以通过对一系列响应测点求出的留数处理得到。对于一个有 n 个响应测点的结构，首先需要从 n 个对应同一阶模态的留数中找出绝对值最大的测点，假设该测点是 k，则对应第 r 阶模态的归一化复振型向量可由下式求出：

$$\boldsymbol{\phi}_r = [A_{r1} \quad A_{r2} \quad \cdots \quad A_{rM}]^{\mathrm{T}} / A_{rk} \tag{4-34}$$

4.1.4　STD 法

STD 法[5-7]实质上是 ITD 法的一种节省时间的新的解算过程，于 1986 年由 Ibrahim 提出。与 ITD 法相比，计算速度快，精度高，其原理与 ITD 法一样，只是构造了 Hessenberg 矩阵，避免了对求特征值的矩阵进行分解。

STD 法的具体求解过程和 ITD 法一样，首先需要构造自由振动响应矩阵和自由振动延时响应矩阵。设 Δt 为时间间隔，取包括实际和虚拟测点的 M（$=2N$）个测点，L（$>2N$）个时刻实测数据构成的自由振动响应矩阵的关系式为

$$\boldsymbol{X}_{M\times L} = \boldsymbol{\Phi}_{M\times M}\boldsymbol{\Lambda}_{M\times L} \tag{4-35}$$

取 M 个测点，延时 Δt 的 L 个时刻的实测数据构成的自由振动延时响应矩阵的关系式为

$$\tilde{\boldsymbol{X}}_{M\times L} = \tilde{\boldsymbol{\Phi}}_{M\times M}\boldsymbol{\Lambda}_{M\times L} \tag{4-36}$$

其中

$$\tilde{x}_i(t_k) = x_i(t_k + \Delta t) = x(t_{k+1}) \tag{4-37}$$

由式（4-35）和式（4-36）的等号两边同时右乘 $\boldsymbol{\Lambda}^{-1}$，整理后得

$$\boldsymbol{\Phi} = \boldsymbol{X}\boldsymbol{\Lambda}^{-1} \tag{4-38}$$

$$\tilde{\boldsymbol{\Phi}} = \tilde{\boldsymbol{X}}\boldsymbol{\Lambda}^{-1} \tag{4-39}$$

将式（4-38）和式（4-39）代入式（4-24）可得

$$\tilde{\boldsymbol{X}}\boldsymbol{\Lambda}^{-1} = \boldsymbol{X}\boldsymbol{\Lambda}^{-1}\alpha \tag{4-40}$$

根据式（4-34），可以看出 $\boldsymbol{X}$ 与 $\tilde{\boldsymbol{X}}$ 之间存在线性关系，即

$$\tilde{\boldsymbol{X}} = \boldsymbol{X}\boldsymbol{B} \tag{4-41}$$

且矩阵 $\boldsymbol{B}$ 具有如下形式：

$$\boldsymbol{B} = \begin{bmatrix} 0 & 0 & 0 & \cdots & 0 & b_1 \\ 1 & 0 & 0 & \cdots & 0 & b_2 \\ 0 & 1 & 0 & \cdots & 0 & b_3 \\ \vdots & \vdots & \vdots & & \vdots & \vdots \\ 0 & 0 & 0 & \cdots & 1 & b_M \end{bmatrix} \tag{4-42}$$

显然 $\boldsymbol{B}$ 是一个仅有一列未知元素的 Hessenberg 矩阵，为求这列未知元素，由式（4-41）可知：

$$\boldsymbol{X}\boldsymbol{b} = \tilde{\boldsymbol{x}}_M \tag{4-43}$$

其中

$$\boldsymbol{b} = [b_1 \;\; b_2 \;\; \cdots \;\; b_{2N}]^{\mathrm{T}} \tag{4-44}$$

$\tilde{\boldsymbol{x}}_M$ 为矩阵 $\tilde{\boldsymbol{X}}$ 的第 M 列元素。

则 $\boldsymbol{b}$ 的最小二乘解可用伪逆法表示为

$$\boldsymbol{b} = (\boldsymbol{X}\boldsymbol{X}^{\mathrm{T}})^{-1}\boldsymbol{X}^{\mathrm{T}}\tilde{\boldsymbol{x}}_M \tag{4-45}$$

将已知 $\boldsymbol{b}$ 代入，可得到 $\boldsymbol{B}$，将式（4-41）代入式（4-40），经整理后得

$$\boldsymbol{B}\boldsymbol{\Lambda}^{-1} = \boldsymbol{\Lambda}^{-1}\alpha \tag{4-46}$$

式（4-46）是一个标准的特征方程。由矩阵 $\boldsymbol{B}$ 的特征值 $\mathrm{e}^{s_r\Delta t}(r = 1,2,\cdots,2N)$，按式（4-30）和（4-31）可得模态频率和阻尼比。由式（4-32）、式（4-33）及式（4-34）可获得结构的振型。

采用 QR 法求解一般矩阵的特征值问题时，需先将原矩阵转化为 Hessenberg 矩阵，由于 $\boldsymbol{B}$ 已经是 Hessenberg 矩阵，不需进行转换，因此节省计算时间和计算机的内存。另外，与 ITD 法相比，STD 法由于考虑到测量噪声的影响，所以说还能提高辨识精度。

4.1.5　复指数法

Prony 法[5-7]即复指数法是根据结构的自由振动响应或脉冲响应函数可以表示为复指数函数和的形式，然后用线性方法来确定未知参数。主要思想是从振动微分方程的振型叠加法原理出发，建立动力响应与模态参数之间的关系表达式，通过对脉冲响应函数进行拟合可以得到完全的模态参数，获得了很好的拟合效果。其原理如下：

$$y_k = \sum_{i=1}^{M} \varphi_{ri} \mathrm{e}^{\lambda_i t_i} = \sum_{i=1}^{M} \varphi_{ri} \mathrm{e}^{\lambda_i k \Delta t_i} = \sum_{t=1}^{M} \varphi_{ri} Z_i^k \tag{4-47}$$

式中

$$Z_i = \mathrm{e}^{\lambda_i \Delta t} \tag{4-48}$$

定义变量 α_l 使

$$\sum_{i=0}^{M} \alpha_{M-1} Z_l = \prod_{l=1}^{M} (Z - Z_l) = 0 \tag{4-49}$$

显然 α_0=1。为了确定 α_l（$l = 1,2,3,\cdots,M$），由式（4-47）、式（4-49）有

$$\sum_{l=1}^{M} \alpha_{M-1} y_r(k+l) = \sum_{l=1}^{M} \alpha_{M-1} \left(\sum_{l=1}^{M} \varphi_{ri} Z_i^{k+l} \right) = \sum_{l=1}^{M} \varphi_{ri} Z_i^{k+l} \left(\sum_{l=1}^{M} \alpha_{M-1} Z_i^l \right) = 0 \tag{4-50}$$

由于 α_0=1，故上式可写为

$$\sum_{l=1}^{M} \alpha_{M-1} y_r(k+l) = -y_r(M+k) \tag{4-51}$$

令上式中的 $k = 0,1,2,\cdots,M-1$，可得 M 个线性方程，从而可解得 M 个未知数 $\alpha_1,\alpha_2,\alpha_3,\cdots,\alpha_M$，将 α_i 代入式（4-49）可解得 Z_i。再由式（4-51）可得复频率 λ_i：

$$\lambda_i = \frac{1}{\Delta t} \ln Z_i \tag{4-52}$$

复指数 λ_i 与复模态 ω_i 和阻尼比的关系为

$$\lambda_i = -\xi_i \omega_i + \mathrm{j} \omega_i \sqrt{1-\xi_i^2} \tag{4-53}$$

$$\omega_i = \sqrt{\lambda_i \lambda_i^*} \tag{4-54}$$

$$\xi_i = \frac{\lambda_i + \lambda_i^*}{2\omega_i} \tag{4-55}$$

为了求振型，可令式（4-47）中的 $k = 0,1,\cdots,M-1$，此时 Z_i 已知，则由 M 个

线性方程，可解得 M 个未知数 φ_{ri} $(i=1,2,\cdots,M)$。

复指数法不依赖于模态参数的初始估计值，其优点在于将一个非线性拟合法问题变为线性问题来处理，缺点是为了选择正确的模态阶数，要进行多次假定辨识，这是非常浪费时间的。

4.1.6 ARMA 模型时间序列法

ARMA 模型时间序列法简称为时序分析法[5-7]，是一种利用参数模型对有序随机振动响应数据进行处理，从而进行模态参数辨识的方法。参数模型包括 AR 自回归模型、MA 滑动平均模型和 ARMA 自回归滑动平均模型。原理如下。

N 个自由度的线性系统激励与响应之间的关系可用高阶微分方程来描述，在离散时间域内，该微分方程变成由一系列不同时刻的时间序列表示的差分方程，即 ARMA 时序模型方程：

$$\sum_{k=0}^{2N} a_k x_{t-k} = \sum_{k=0}^{2N} b_k f_{t-k} \tag{4-56}$$

式（4-56）表示响应数据序列 x_t 与历史值 x_{t-k} 的关系，其中等式的左边称为自回归差分多项式，即 AR 模型，右边称为滑动平均差分多项式，即 MA 模型。$2N$ 为自回归模型和滑动均值模型的阶次，a_k、b_k 分别表示待辨识的自回归系数和滑动均值系数，f_t 表示白噪声激励。当 $k=0$ 时，设 $a_0=b_0=1$。

由于 ARMA 方程 $\{x_t\}$ 具有唯一的平稳解为

$$x_t = \sum_{i=0}^{\infty} h_i f_{t-i} \tag{4-57}$$

式中，h_i 为脉冲响应函数。

x_t 的相关函数为

$$R_\tau = E[x_t x_{t+\tau}] = \sum_{i=0}^{\infty}\sum_{k=0}^{\infty} h_i h_k E[f_{t-i} f_{t+\tau-k}] \tag{4-58}$$

f_t 是白噪声，故：

$$E[f_{t-i} f_{t+\tau-k}] = \begin{cases} \sigma^2, & k=\tau+i \\ 0, & 其他 \end{cases} \tag{4-59}$$

式中，σ^2 为白噪声方差。

将此结果代入式（4-58），即可得

$$R_\tau = \sigma^2 \sum_{i=0}^{\infty} h_i h_{i+\tau} \tag{4-60}$$

因为线性系统的脉冲响应函数 h_t 是脉冲信号 δ_t 激励该系统时的输出响应，故由 ARMA 方程定义的表达式为

$$\sum_{k=0}^{2N} a_k h_{t-k} = \sum_{k=0}^{2N} b_k \delta_{t-k} = b_t \tag{4-61}$$

利用式（4-60）和式（4-61）可以得

$$\sum_{k=0}^{2N} a_k R_{l-k} = \sigma^2 \sum_{i=0}^{\infty} h_i \sum_{k=0}^{2N} a_k \delta_{i+l-k} = \sigma^2 \sum_{i=0}^{\infty} h_i b_{i+l} \tag{4-62}$$

对于一个 ARMA 方程，当 k 大于其阶次 $2N$ 时，参数 b_k=0。故当 $l > 2N$ 时，式（4-62）恒等于零，于是有

$$R_l + \sum_{k=1}^{2N} a_k R_{l-k} = 0,\ l>2N \tag{4-63}$$

或写成

$$\sum_{k=1}^{2N} a_k R_{l-k} = -R_l,\ l>2N \tag{4-64}$$

设相关函数的长度为 L，并令 $M = 2N$。对应不同的 l 值，由代入以上公式可得一组方程：

$$\begin{cases} a_1 R_M + a_2 R_{M-1} + \cdots + a_M R_1 = R_{M+1} \\ a_1 R_{M+1} + a_2 R_M + \cdots + a_M R_2 = R_{M+2} \\ \quad\vdots \\ a_1 R_{L-1} + a_2 R_{L-2} + \cdots + a_M R_{L-M} = R_L \end{cases} \tag{4-65}$$

将式（4-65）方程组写成矩阵形式，则有

$$\begin{bmatrix} R_M & R_{M-1} & \cdots & R_1 \\ R_{M+1} & R_M & \cdots & R_2 \\ \vdots & \vdots & & \vdots \\ R_{L-1} & R_{L-2} & \cdots & R_{L-M} \end{bmatrix} \begin{Bmatrix} a_1 \\ a_2 \\ \vdots \\ a_M \end{Bmatrix} = \begin{Bmatrix} R_{M+1} \\ R_{M+2} \\ \vdots \\ R_L \end{Bmatrix} \tag{4-66}$$

或写为

$$\boldsymbol{R}_{(L-M)\times M} \boldsymbol{a}_{M\times 1} = \boldsymbol{R}'_{(L-M)\times 1} \tag{4-67}$$

式（4-67）为推广的 Yule-Walker 方程。一般情况下，由于 L 比 $2N$ 大得多，采用伪逆法可求得方程组的最小二乘解，即

$$\boldsymbol{a} = (\boldsymbol{R}^{\mathrm{T}} \boldsymbol{R})^{-1} (\boldsymbol{R}^{\mathrm{T}} \boldsymbol{R}') \tag{4-68}$$

由此求得自回归系数 $a_k(k=1,2,\cdots,2N)$。

滑动平均模型系数 $b_k(k=1,2,\cdots,N)$ 可通过以下非线性方程组来求解：

$$\begin{cases} b_0^2+b_1^2+\cdots+b_M^2=c_0 \\ b_0b_1+\cdots+b_{M-1}b_M=c_1 \\ \vdots \\ b_0b_M=c_M \end{cases} \tag{4-69}$$

式中

$$c_k=\sum_{i=0}^{2N}\sum_{j=0}^{2N}a_ia_jC_{k-i+j},\ k=0,1,2,\cdots,2N \tag{4-70}$$

其中，C_k 为响应序列 x_t 的自协方差函数。

滑动平均模型 MA 系数 b_k 的估算方法很多，主要的有基于 Newton-Raphson 算法的迭代最优化方法和基于最小二乘原理的次最优化方法。

当求得自回归系数 a_k 和滑动均值系数 b_k 后，可以通过 ARMA 模型传递函数的表达式计算系统的模态参数，ARMA 模型的传递函数为

$$H(z)=\frac{\sum_{k=0}^{2N}b_kz^{-k}}{\sum_{k=0}^{2N}a_kz^{-k}} \tag{4-71}$$

用高次代数方程求解方法计算分母多项式方程的根：

$$\sum_{k=0}^{2N}a_kz^{-k}=1+a_1z^{-1}+a_2z^{-2}+\cdots+a_{2N}z^{-2N}=0 \tag{4-72}$$

或表示成以下形式的方程：

$$z^{2N}+a_1z^{2N-1}+\cdots+a_{2N-1}z+a_{2N}=0 \tag{4-73}$$

求解得到的根为传递函数的极点，与系统的模态频率 ω_k 和阻尼比 ξ_k 的关系为

$$\begin{cases} z_k=\mathrm{e}^{s_k\Delta t}=\mathrm{e}^{(-\xi_k\omega_k+\mathrm{j}\omega_k\sqrt{1-\xi_k^2})\Delta t} \\ z_k^*=\mathrm{e}^{s_k^*\Delta t}=\mathrm{e}^{(-\xi_k\omega_k-\mathrm{j}\omega_k\sqrt{1-\xi_k^2})\Delta t} \end{cases} \tag{4-74}$$

并且由式（4-74）可求得模态频率 ω_r 和阻尼比 ξ_r，即

$$\omega_r=\frac{|\ln z_r|}{2\pi\Delta t}=\frac{s_r}{2\pi} \tag{4-75}$$

$$\xi_r = \sqrt{\frac{1}{1+\left[\frac{\mathrm{Im}(\ln z_r)}{\mathrm{Re}(\ln z_r)}\right]^2}} \tag{4-76}$$

为计算模态振型，需要先求出留数。设 q 点激励 p 点响应的传递函数 $H_{pq}(s)$ 的第 k 阶留数为 A_{kpq}，可用下式计算留数：

$$A_{kpq} = \lim_{z\to z_k} H_{pq}(z)(z-z_k) = \left.\frac{\sum_{k=0}^{2N} b_k z^{-k}}{\sum_{k=0}^{2N} a_k z^{-k}}(z-z_k)\right|_{z=z_k} \tag{4-77}$$

振型向量可以通过对一系列响应测点求出的留数处理得到。对于一个有 n 个响应测点的结构，首先需要从 n 个对应同一阶模态的留数中找出绝对值最大的测点，假设该点是测点 m，对应第 k 阶模态的归一化复振型向量可由下式求出：

$$\boldsymbol{\varphi}_k = [A_{k1q} \quad A_{k2q} \quad \cdots \quad A_{knq}]^{\mathrm{T}} / A_{kmq} \tag{4-78}$$

4.2 工程实例

青铜峡水利枢纽工程[8, 9]是以灌溉、发电为主兼顾航运、城市供水等多目标的综合利用水利枢纽工程，为二等工程。水库正常高水位 1156.00m，相应库容 6.06 亿 m^3，坝顶高程 1160.2m。水电站厂房结构采用河床闸墩式混凝土薄壁结构，由 35 个不同断面的混凝土坝段组成。分别以其中一号和五号坝段的水电站厂房结构为研究对象，分别在该结构坝顶处、下机架基础处设置测点，通过结构停机过程中实测的位移时程，对结构的模态参数进行辨识。具体流程如图 4-5 所示。辨识结果见表 4-1。

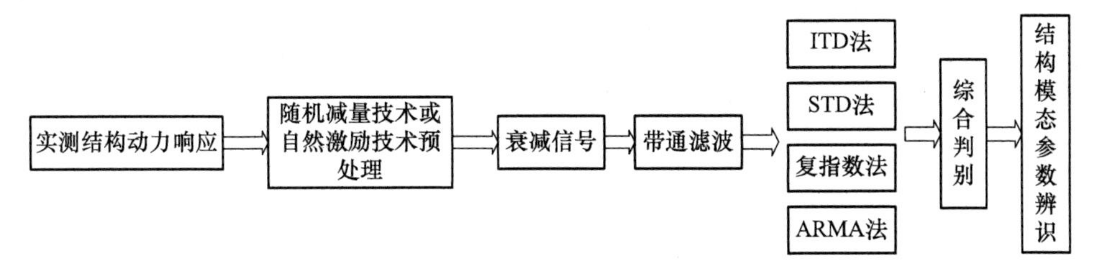

图 4-5　传统模态参数辨识流程

表 4-1 基于带通滤波的青铜峡坝体自振频率辨识结果

阶数	ITD	STD	复指数法	时间序列法	综合平均
第 1 阶	5.106	5.127	5.073	5.109	5.104
第 2 阶	5.942	5.984	5.898	5.996	5.955
第 3 阶	9.131	9.242	9.142	9.204	9.180

取青铜峡水电站 1 号坝顶垂直向测点的停机实测信号进行模态参数辨识。在结构泄洪工况下采用带通滤波的方法，多种时域方法辨识结果见表 4-1，表中列出了厂房振动的前三阶频率，并在最后一列进行综合平均。图 4-6 和图 4-7 给出了采用 STD 法和复指数法辨识时，拟合的响应曲线和实测信号的对比，从图中

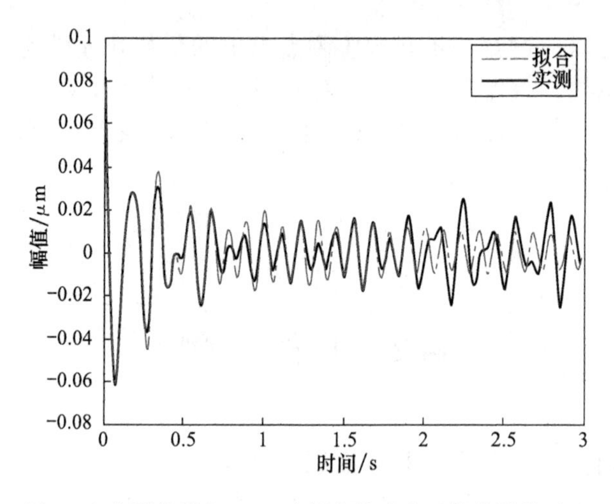

图 4-6 实测信号与 STD 法拟合的响应函数曲线的对比

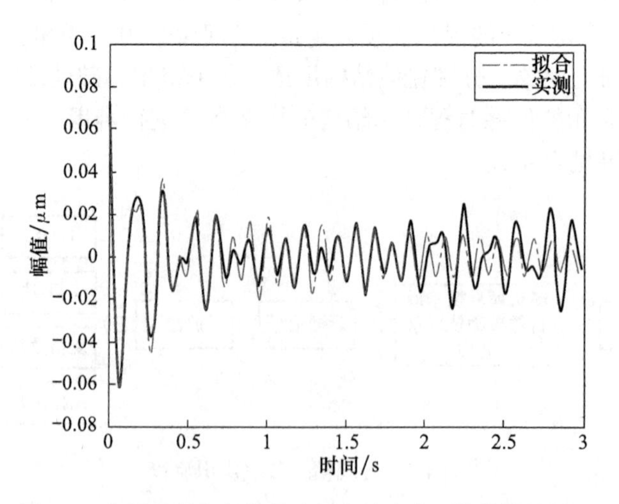

图 4-7 实测信号与复指数法拟合的响应函数曲线的对比

可以看出，拟合效果较好。

另外，对该工程的导墙进行模态参数辨识[10]，辨识结果见表 4-2。

表 4-2　导墙模态参数辨识结果

复指数法		ARMA 方法		STD 方法		综合平均	
频率 /Hz	阻尼比 /%	频率 /Hz	阻尼比 /%	频率 /Hz	阻尼比 /%	频率 /Hz	阻尼比 /%
5.295	5.93	5.248	5.95	5.266	3.50	5.269	5.13

以五号坝段为例，通过坝顶与下机架基础实测结构位移时程（图 4-8、图 4-9），

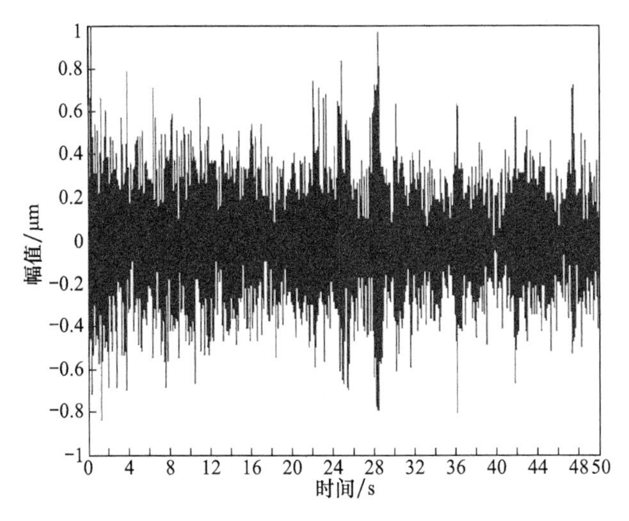

图 4-8　坝顶测点位移时程线

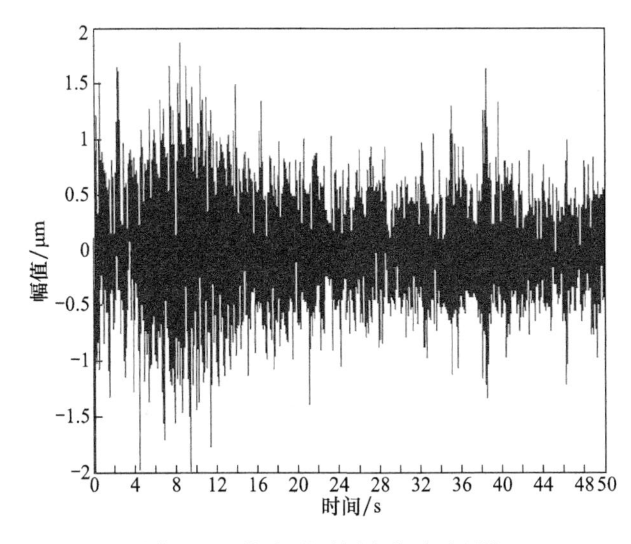

图 4-9　下机架基础测点位移时程线

对信号进行预处理并进行模态定阶（图 4-10、图 4-11），运用多种模态参数辨识方法并进行综合平均[11]，辨识结果见表 4-3。

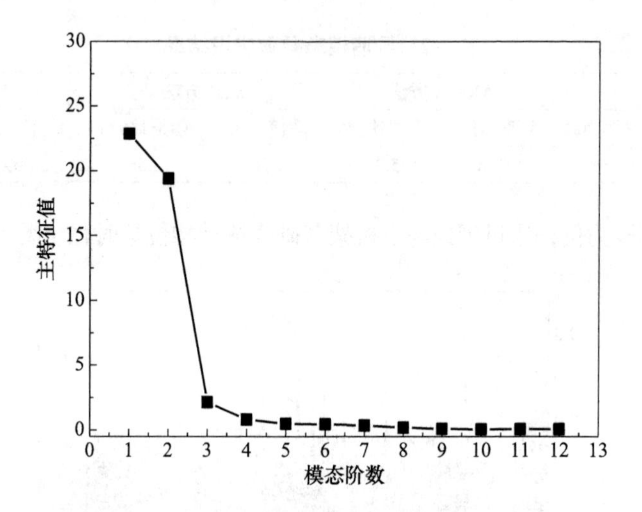

图 4-10　坝顶测点信号定阶图

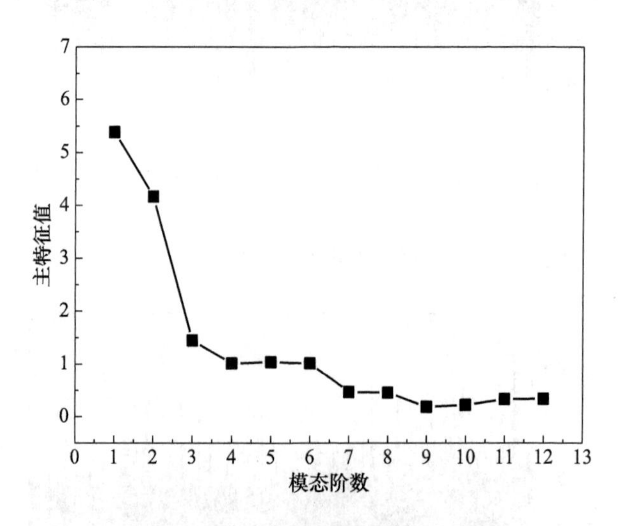

图 4-11　下机架基础测点信号定阶图

表 4-3　坝体结构模态参数计算结果

阶数	坝顶		下机架基础	
	频率 /Hz	阻尼比 /%	频率 /Hz	阻尼比 /%
第 1 阶	4.28	6.55	4.41	6.78
第 2 阶	6.06	6.07	6.20	5.56
第 3 阶	8.11	5.56	8.01	5.64

4.3 本章小结

本章介绍了常用的获取结构自由振动响应或脉冲响应函数的方法 - 随机减量法和自然激励技术，鉴于传统的模态参数辨识方法多为单点或局部模态辨识，且水工结构在运行测试过程中含有大量的水流激励噪声（背景噪声），为尽量全面地反映结构振动模态，本章采用基于带通滤波的时域模态综合辨识方法，并结合具体工程进行了模态辨识与方法验证。

参考文献

[1] 李火坤. 泄流结构耦合动力分析与工作性态辨识方法研究［D］. 天津：天津大学，2008.

[2] James G H, Carne T G, Lauffer J P. The Natural Excitation Technique for Modal Parameter Extraction from Operating Wind Turbines［R］. No. SAND 92-166,UC-261. Sandia: Sandia National Laboratories,1993.

[3] 王济，胡晓. MATLAB 在振动信号处理中的应用［M］. 北京：中国水利水电出版社，2006.

[4] 张辉东，周颖，练继建. 一种水电厂房振动模态参数识别方法［J］. 振动与冲击，2007，26（5）：115-118.

[5] 李国强，李杰. 工程结构动力检测理论与应用［M］. 北京：科学出版社，2002.

[6] 李涛. 几种基于环境激励的结构损伤辨识方法的比较［D］. 大庆：大庆石油学院，2007.

[7] 李中付，宋汉文，等. 基于环境激励的模态参数辨识方法综述［J］. 振动工程学报，2000，13（增刊5）：578-585.

[8] 马斌. 遗传算法在初始地应力场分析中的应用［D］. 天津：天津大学. 2003.

[9] 王春华，邹少军. 青铜峡大坝电站坝段三大条贯穿性裂缝及3# 胸墙裂缝处理［J］. 大坝与安全，1998（14）：61-65.

[10] 练继建，张建伟，王海军. 基于泄流响应的导墙损伤诊断研究［J］. 水力发电学报，2008，27（1）：96-101.

[11] 李松辉. 基于机器学习和模态参数辨识理论的水工结构损伤诊断方法研究［D］. 天津：天津大学，2008.

第5章　基于系统状态空间的模态参数辨识

利用动力测试信号（如加速度，速度，位移）对结构进行健康监测和损伤诊断成为近年来研究的热点，而结构模态参数的准确辨识是该技术的难点和核心之一。对于一个正在服役的水工建筑物，能否在环境载荷激励下进行模态参数的正确辨识，建立基于结构动力特性变化的诊断系统去进行结构的健康检测就显得尤为重要。

本章在系统特征实现算法（ERA法）与随机子空间算法（SSI法）的基础上，针对时域法所面临的模型定阶困难和噪声干扰以及由它们所引起的虚假模态辨识与剔除问题，建立了用奇异熵增量来实现系统定阶的方法和过程，研究表明，该方法得到的系统阶次有效可靠，定阶的界限更加清晰和稳定，避免了其他时域算法对系统定阶的盲目性；利用改进的稳定图对虚假模态进行剔除，使得参数辨识的结果更为准确可靠；提出用“三步法”流程对模态参数进行更为精确辨识。最后，以拉西瓦拱坝水弹性模型为背景，对泄洪激励下的高拱坝模态参数进行有效辨识；对三峡溢流坝及左导墙进行原型动力测试及工作性态评估。

5.1　系统的可辨识性

5.1.1　系统的状态空间方程描述

系统的动态特性，可以在不同的表达空间借助于各种数学模型来描述。在水工结构振动测试与分析中，结构系统动态特性的描述通常是在时间空间（时间域）、频率空间（频率域）和模态空间（模态域）内进行的，不同的模型对应不同的算法和辨识理论。在时域辨识中，就有状态空间模型、Prony多项式模型、自回归模型（AR模型）、滑动平均模型（MA模型）以及自回归滑动平均模型（ARMA模型）等[1, 2]系统的描述模型。本章所采用的模态参数辨识方法的基础是状态空间模型。

1. 连续状态空间方程

对一个N自由度线性定常系统，在P个激励力作用下，其运动方程常用下列微分方程组来描述：

$$\boldsymbol{M}\ddot{\boldsymbol{q}}(t)+\boldsymbol{C}\dot{\boldsymbol{q}}(t)+\boldsymbol{K}\boldsymbol{q}(t)=\boldsymbol{L}\boldsymbol{u}(t) \tag{5-1}$$

式中，$\boldsymbol{q}(t)$ 为 N 维位移向量；$\boldsymbol{u}(t)$ 为 P 维激励力向量；$\boldsymbol{M}$、$\boldsymbol{C}$、$\boldsymbol{K}$ 分别为系统的质量、阻尼和刚度矩阵；当不计刚体运动时，$\boldsymbol{M}$、$\boldsymbol{K}$ 均为正定矩阵；$\boldsymbol{L}$ 为荷载分配矩阵，它是 $N \times P$ 阶矩阵，它反映各种激励源在各激励点引起的激励分配情况。

将式（5-1）左右两边各乘以 $\boldsymbol{M}^{-1}$ 并移项可得

$$\ddot{\boldsymbol{q}}(t) = -\boldsymbol{M}^{-1}\boldsymbol{C}\dot{\boldsymbol{q}}(t) - \boldsymbol{M}^{-1}\boldsymbol{K}\boldsymbol{q}(t) + \boldsymbol{M}^{-1}\boldsymbol{L}\boldsymbol{u}(t) \tag{5-2}$$

引入系统状态向量：

$$\boldsymbol{x}(t) = \begin{Bmatrix} \boldsymbol{q}(t) \\ \dot{\boldsymbol{q}}(t) \end{Bmatrix} \tag{5-3}$$

则可得状态方程为

$$\dot{\boldsymbol{x}}(t) = \boldsymbol{A}_{\mathrm{c}}\boldsymbol{x}(t) + \boldsymbol{B}_{\mathrm{c}}\boldsymbol{u}(t) \tag{5-4}$$

式中

$$\boldsymbol{A}_{\mathrm{c}} = \begin{bmatrix} 0 & I \\ -\boldsymbol{M}^{-1}\boldsymbol{K} & -\boldsymbol{M}^{-1}\boldsymbol{C} \end{bmatrix};\qquad \boldsymbol{B}_{\mathrm{c}} = \begin{bmatrix} 0 \\ -\boldsymbol{M}^{-1}\boldsymbol{L} \end{bmatrix} \tag{5-5}$$

$\boldsymbol{A}_{\mathrm{c}}$ 称为系统矩阵，为 $2N \times 2N$ 阶矩阵，反映了系统的构成和系统的状态变化情况；$\boldsymbol{B}_{\mathrm{c}}$ 称为输入矩阵（又称控制系数矩阵），为 $2N \times P$ 阶矩阵，反映了系统输入对系统状态的影响。

系统的输出向量 $\boldsymbol{y}(t)$ 与状态向量 $\boldsymbol{x}(t)$ 之间有如下关系：

$$\boldsymbol{y}(t) = \boldsymbol{C}_{\mathrm{c}}\boldsymbol{x}(t) \tag{5-6}$$

式中，$\boldsymbol{y}(t)$ 为 m 维向量，m 为观测点数；$\boldsymbol{C}_{\mathrm{c}}$ 为系统的输出矩阵（又称观测系数矩阵），为 $m \times 2N$ 阶。式（5-6）又称为观察方程，它表征系统输出与状态之间的关系。

2. 离散状态空间方程

在实际工程中，实测数据总是离散的，而且计算机不可能对无限长的连续信号进行分析处理，在数字信号分析的过程中，只能将其截断变成有限长度的离散数据[3]。因此，在实际应用中应将连续状态空间方程转换为离散状态空间方程。在振动信号测试中，连续的模拟信号转换为离散数字信号是由模数 (A/D) 传换器来完成的，经 A/D 转换器出来的离散信号能否反映原连续信号，一般认为对连续信号进行采样时，应满足采样定理，这样离散信号才能在某种程度上反映原连续信号。

在连续状态空间方程中，当 $t=t_0$ 时有初始条件 $x(t_0)$，则状态变量的 $x(t)$ 的通解如下：

$$\boldsymbol{x}(t)=\mathrm{e}^{A_{\mathrm{c}}(t-t_0)}\boldsymbol{x}(t_0)+\int_0^t \mathrm{e}^{A_{\mathrm{c}}(t-\tau)}\boldsymbol{B}_{\mathrm{c}}\boldsymbol{u}(\tau)d\tau,\ t>t_0 \tag{5-7}$$

设时间间隔为Δt，则离散时间序列为$0,\Delta t,2\Delta t,\cdots,(k+1)\Delta t,\cdots$，将$t=(k+1)\Delta t$，$t_0=k\Delta t$代入方程（5-7）可得

$$\boldsymbol{x}((k+1)\Delta t)=\mathrm{e}^{A_{\mathrm{c}}\Delta t}\boldsymbol{x}(k\Delta t)+\int_{k\Delta t}^{(k+1)\Delta t}\mathrm{e}^{A_{\mathrm{c}}[(k+1)\Delta t-\tau]}\boldsymbol{B}_{\mathrm{c}}\boldsymbol{u}(\tau)\mathrm{d}\tau \tag{5-8}$$

$\boldsymbol{x}_k=\boldsymbol{x}(k\Delta t)$表示由采样时刻的位移和速度向量组成的系统状态向量，$\boldsymbol{x}_{k+1}$表示在k+1时刻系统的状态向量。令$\tau'=(k+1)\Delta t-\tau$，则式（5-8）可表示为

$$\boldsymbol{x}_{k+1}=\mathrm{e}^{A_{\mathrm{c}}\Delta t}\boldsymbol{x}_k+(\int_0^{\Delta t}\mathrm{e}^{A_{\mathrm{c}}\tau'}\mathrm{d}\tau')\boldsymbol{B}_{\mathrm{c}}\boldsymbol{u}_k \tag{5-9}$$

令

$$\boldsymbol{A}=\mathrm{e}^{A_{\mathrm{c}}\Delta t},\boldsymbol{B}=(\int_0^{\Delta t}\mathrm{e}^{A_{\mathrm{c}}\tau'}\mathrm{d}\tau')\boldsymbol{B}_{\mathrm{c}} \tag{5-10}$$

则式（5-8）可表达为

$$\boldsymbol{x}_{k+1}=\boldsymbol{A}\boldsymbol{x}_k+\boldsymbol{B}\boldsymbol{u}_k,\ k=0,1,2,\cdots \tag{5-11}$$

同样，输出方程可写为

$$\boldsymbol{y}_k=\boldsymbol{C}\boldsymbol{x}_k \tag{5-12}$$

因此，一个动力学系统离散的状态空间方程可表示为

$$\begin{cases}\boldsymbol{x}_{k+1}=\boldsymbol{A}\boldsymbol{x}_k+\boldsymbol{B}\boldsymbol{u}_k\\ \boldsymbol{y}_k=\boldsymbol{C}\boldsymbol{x}_k\end{cases} \tag{5-13}$$

式中，k为采样点序号；$\boldsymbol{x}_k=\boldsymbol{x}(k\Delta t)$为在$k\Delta t$时刻系统的状态向量，$\Delta t$为离散时间间隔；$\boldsymbol{A}=\exp(\boldsymbol{A}_{\mathrm{c}}\Delta t)$是离散的系统矩阵；$\boldsymbol{B}=[\boldsymbol{A}-\boldsymbol{I}]\boldsymbol{A}_{\mathrm{c}}^{-1}\boldsymbol{B}_{\mathrm{c}}$是离散的输入矩阵；$\boldsymbol{C}=\boldsymbol{C}_{\mathrm{c}}$是离散的输出矩阵。

3. 随机状态空间方程

实际工程的测量中总是存在着系统的不确定性，即随机分量（噪声），如果将系统的不确定性分成过程噪声w_k和测量噪声v_k的话，则可得如下的离散时间随机状态空间模型：

$$\begin{cases}\boldsymbol{x}_{k+1}=\boldsymbol{A}\boldsymbol{x}_k+\boldsymbol{B}\boldsymbol{u}_k+w_k\\ \boldsymbol{y}_k=\boldsymbol{C}\boldsymbol{x}_k+v_k\end{cases} \tag{5-14}$$

实际上很难准确确定各自的过程噪声和测量噪声的特性，假定噪声为零均值的白噪声且其协方差矩阵满足：

$$E\left[\begin{pmatrix} w_p \\ v_q \end{pmatrix}\begin{pmatrix} w_q^{\mathrm{T}} & v_q^{\mathrm{T}} \end{pmatrix}\right]=\begin{pmatrix} \boldsymbol{Q} & \boldsymbol{S} \\ \boldsymbol{S}^{\mathrm{T}} & \boldsymbol{R} \end{pmatrix}\delta_{pq} \tag{5-15}$$

式中，E 是数学期望符号；δ_{pq} 是 Kronecker delta 函数，即对于 p 和 q 任意两个时间点，满足：

$$\begin{cases} p=q \Rightarrow \delta_{pq}=1 \\ p \neq q \Rightarrow \delta_{pq}=0 \end{cases} \tag{5-16}$$

在实际测量过程中，水流激励是不可测量的随机激励，而且其强度基本和噪声影响相似，因此，将式（5-14）中的输入项 u_k 和噪声 w_k、v_k 合并，从而得到纯随机输入的离散状态空间方程：

$$\begin{cases} \boldsymbol{x}_{k+1}=\boldsymbol{A}\boldsymbol{x}_k+w_k \\ \boldsymbol{y}_k=\boldsymbol{C}\boldsymbol{x}_k+v_k \end{cases} \tag{5-17}$$

式中，$\boldsymbol{A}$ 和 $\boldsymbol{C}$ 分别表示 $2N\times 2N$ 阶状态矩阵和 $m\times 2N$ 阶输出矩阵，系统的动力特性由特征矩阵 $\boldsymbol{A}$ 的特征值和特征向量表示。

5.1.2　系统的可控性与可观性

在何种条件下才能有效辨识出所需的各阶模态参数是人们所关心的问题，本节运用现代控制论中的可控性与可观性概念加以说明，系统的可控性与可观性概念早在 1960 年由 Kalman 首先提出[4]，这两个重要概念深刻地揭示了系统的内部构造关系。

1. 系统的可控性

若存在输入 $u(t)$，能在有限的时间［t_0,t_{f}］内，使系统由任意初始状态 $x(t_0)$ 变为所希望的指定状态 $x(t_{\mathrm{f}})$，则称此状态是可控的。若系统所有状态都是可控的，则称系统是完全可控的，简称系统可控，即可以完全通过输入去控制系统的每一个状态。系统的可控性由图 5-1 来说明。

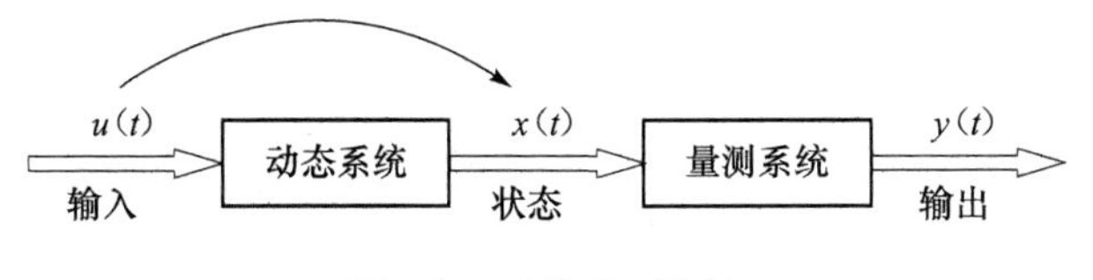

图 5-1　系统的可控性

对振动系统而言，可控性的含义是指：选择一些激励点，使系统所有各阶模态都能被激发出来。很显然，对于实模态而言，若激励点恰好位于某阶模态的节点上，则在相应信号中便不包含该阶模态的信息，无论激励力多大，从理论上讲，不能激出该阶模态，此时系统是不完全可控的。

对由状态方程所描述的 $2N$ 阶线性定常系统，其可控性的充要条件为可控性矩阵 $\boldsymbol{Q}$ 的秩为 $2N$(满秩)。$\boldsymbol{Q}$ 可写为

$$\boldsymbol{Q}=[\boldsymbol{B} \vdots \boldsymbol{AB} \vdots \boldsymbol{A}^2\boldsymbol{B}\cdots \boldsymbol{A}^{2N-1}\boldsymbol{B}] \tag{5-18}$$

即 $\mathrm{Rank}(\boldsymbol{Q})=2N$。可举例说明如下。

若已知矩阵 $\boldsymbol{A}=\begin{bmatrix}-2 & 3\\ 0 & 1\end{bmatrix}$, $\boldsymbol{B}=\begin{bmatrix}5\\ 0\end{bmatrix}$，则可控性矩阵 $\boldsymbol{Q}$ 可写为

$$\boldsymbol{Q}=[\boldsymbol{B} \vdots \boldsymbol{AB}]=\begin{bmatrix}1 & -10\\ 0 & 0\end{bmatrix} \tag{5-19}$$

显然，$\mathrm{Rank}(\boldsymbol{Q})=1\neq 2$，因此矩阵 $\boldsymbol{Q}$ 为非满秩的，因此系统是不完全可控的。

若已知矩阵 $\boldsymbol{A}=\begin{bmatrix}-1 & 1\\ 3 & 2\end{bmatrix}$, $\boldsymbol{B}=\begin{bmatrix}0\\ 2\end{bmatrix}$，则可控性矩阵 $\boldsymbol{Q}$ 可写为

$$\boldsymbol{Q}=[\boldsymbol{B} \vdots \boldsymbol{AB}]=\begin{bmatrix}0 & 2\\ 2 & 4\end{bmatrix} \tag{5-20}$$

显然，$\mathrm{Rank}(\boldsymbol{Q})=2$，矩阵 $\boldsymbol{Q}$ 为满秩的，因此系统是完全可控的。

2. 系统的可观性

如果对于任意给定的输入 $u(t)$，使得根据有限时间 $[t_0,t_{\mathrm{f}}]$ 内测得的系统的输出 $y(t)$ 能唯一确定系统在初始时刻的状态 $x(t_0)$，则称状态 $x(t_0)$ 是可观测的。若系统每一个状态都是可观测的，则称系统状态是完全可观测的，简称系统可观，即能够通过对输出量在有限时间内的测量，去辨识系统的状态。系统的可控性由图 5-2 来说明。

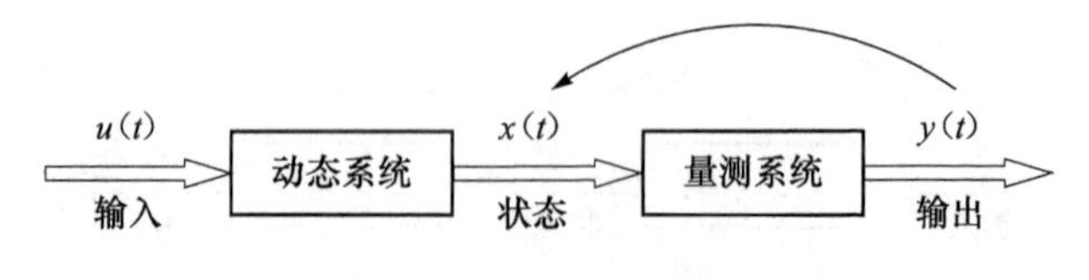

图 5-2　系统的可观性

对 $2N$ 阶线性时不变系统，可观性的充要条件为可观性矩阵 $\boldsymbol{P}$ 的秩为 $2N$

（满秩），$\boldsymbol{Q}$ 可写为

$$\boldsymbol{P}=[\boldsymbol{C}^{\mathrm{T}} \vdots \boldsymbol{A}^{\mathrm{T}}\boldsymbol{C}^{\mathrm{T}} \vdots (\boldsymbol{A}^{\mathrm{T}})^{2}\boldsymbol{C}^{\mathrm{T}} \cdots (\boldsymbol{A}^{\mathrm{T}})^{2N-1}\boldsymbol{C}^{\mathrm{T}}] \tag{5-21}$$

即 $\mathrm{Rank}(\boldsymbol{P})=2N$。

对振动系统而言，可观性的意义可理解为：选择一些测量点，并在所测得的各点输出（响应）信号中包含系统各阶模态的响应分量，从而可从测量的响应信号中获取系统的全部模态参数。当测量响应中不包含某阶模态的信息时，则不可能得到系统的全部模态参数，则系统为不可观的。

5.1.3　系统最小实现

状态空间方程中的三重矩阵［$\boldsymbol{A},\boldsymbol{B},\boldsymbol{C}$］为系统的实现，当它们的阶次为最小，系统又达到可控与可观时，则称为系统的最小实现。关于系统的最小实现更详细的介绍，可参考文献［2］～文献［4］。

5.2　基于 ERA 算法的模态参数辨识

特征系统实现算法（ERA）利用实测脉冲响应或自由振动响应数据，通过 Hankel 矩阵与奇异值分解，寻找系统的一个最小实现，并将该实现变换为特征值规范型[5-9]。因此，在系统最小实现理论的基础上发展起来的特征系统实现算法，可用于脉冲激励下或结构自由衰减的时域模态参数辨识，该算法只需响应数据，辨识所需数据短、速度快，能得到系统的最小实现，便于控制应用，与其他时域方法相比，如 ITD、STD、Prony 等，该方法有较好的精度，是目前土木工程结构环境振动模态参数辨识最先进的方法之一[10]。对一个 N 自由度的线性定常系统，结构振动的状态方程在线性离散空间内可表达为式（5-17）。

在 $k\Delta t$ 时刻，由各测量点的脉冲响应可构成系统脉冲响应函数矩阵 $\boldsymbol{h}(k)=\{h_{ij}(k)\}$，常数矩阵 $\boldsymbol{h}(k)$ 称为马可夫（Markov）参数矩阵，表达如下：

$$\boldsymbol{h}(k)=\begin{bmatrix} h_{11}(k) & h_{12}(k) & \cdots & h_{1P}(k) \\ h_{21}(k) & h_{22}(k) & \cdots & h_{2P}(k) \\ \vdots & \vdots & & \vdots \\ h_{m1}(k) & h_{m2}(k) & \cdots & h_{mP}(k) \end{bmatrix} \tag{5-22}$$

式中，$h_{ij}(k)$ 为 k 时刻激励点 j 和响应点 i 之间的脉冲响应函数值；m、P 分别为测量点和激励点的数目。

经典的 Hankel 矩阵由 Markov 参数矩阵按下列形式构成：

$$\boldsymbol{H}(k)=\begin{bmatrix} h(k) & h(k+1) & \cdots & h(k+s) \\ h(k+1) & h(k+2) & \cdots & h(k+s+1) \\ \vdots & \vdots & & \vdots \\ h(k+r) & h(k+r+1) & \cdots & h(k+r+s) \end{bmatrix} \tag{5-23}$$

对于线性定常系统脉冲响应与矩阵 $\boldsymbol{A}$、$\boldsymbol{B}$、$\boldsymbol{C}$ 之间有如下关系：

$$\boldsymbol{h}(k)=\boldsymbol{C}\boldsymbol{A}^k\boldsymbol{B},\ (m\times P) \tag{5-24}$$

上式的详细推导见文献［2］。

对上式递推可得

$$\boldsymbol{h}(k+1)=\boldsymbol{C}\boldsymbol{A}^{k+1}\boldsymbol{B}=\boldsymbol{C}\boldsymbol{A}\boldsymbol{A}^k\boldsymbol{B} \tag{5-25}$$

$$\boldsymbol{h}(k+2)=\boldsymbol{C}\boldsymbol{A}^{k+2}\boldsymbol{B}=\boldsymbol{C}\boldsymbol{A}^2\boldsymbol{A}^k\boldsymbol{B} \tag{5-26}$$

继续递推，并代入式（5-23），可得

$$\begin{aligned}\boldsymbol{H}(k)&=\begin{bmatrix} \boldsymbol{C} \\ \boldsymbol{CA} \\ \boldsymbol{CA}^2 \\ \vdots \\ \boldsymbol{CA}^{r-1} \end{bmatrix}_{mr\times 2N} \boldsymbol{A}^k[\boldsymbol{B}\vdots\boldsymbol{AB}\vdots\boldsymbol{A}^2\boldsymbol{B}\cdots\boldsymbol{A}^{s-1}\boldsymbol{B}]_{2N\times Ps} \\ &=\boldsymbol{P}\boldsymbol{A}^k\boldsymbol{Q},\quad (mr\times Ps)\end{aligned} \tag{5-27}$$

式中，$\boldsymbol{P}$ 矩阵为可观性矩阵；$\boldsymbol{Q}$ 矩阵为可控性矩阵；r、s 则称为可观、可控性指数，且

$$\frac{2N}{m}\leqslant r\leqslant 2N,\ \frac{2N}{P}\leqslant s\leqslant 2N \tag{5-28}$$

当 k=0 时，$\boldsymbol{H}(0)=\boldsymbol{PQ}$，此时，对 0 阶 Hankel 矩阵 $\boldsymbol{H}(0)$ 进行奇异值（SVD）分解，可得

$$\boldsymbol{H}(0)=\boldsymbol{P}\boldsymbol{\Sigma}\boldsymbol{Q}^{\mathrm{T}} \tag{5-29}$$

令

$$\boldsymbol{\Sigma}=\begin{bmatrix} \boldsymbol{D}_r & 0 \\ 0 & 0 \end{bmatrix} \tag{5-30}$$

式中，$\boldsymbol{H}(0)$ 为 $(r+1)\times(s+1)$ 维实矩阵；$\boldsymbol{P}$ 为 $(r+1)\times 2N$ 维正交矩阵；$\boldsymbol{Q}$ 为 $(s+1)\times 2N$ 维正交矩阵；$\boldsymbol{\Sigma}$ 为 $2N\times 2N$ 阶奇异值矩阵；$\boldsymbol{D}_r=\mathrm{diag}(d_1,d_2,\cdots,d_r)$ 为非零奇异值，且 $d_1\geqslant d_2\geqslant\cdots\geqslant d_r$；$r$=rank($\boldsymbol{H}(0)$)($r<2N$且$d_i\neq 0, i=1,2,\cdots,r$)，为

系统的阶次。

设 $\boldsymbol{P}_r$、$\boldsymbol{Q}_r$ 分别为 $\boldsymbol{P}$、$\boldsymbol{Q}$ 矩阵的前 r 列，则由系统最小实现理论可得系统矩阵为

$$\boldsymbol{A}=\boldsymbol{D}_r^{-\frac{1}{2}}\boldsymbol{P}_r^{\mathrm{T}}\boldsymbol{H}(1)\boldsymbol{Q}_r\boldsymbol{D}_r^{-\frac{1}{2}} \tag{5-31}$$

系统的模态参数可由系统矩阵 $\boldsymbol{A}$ 的特征值及特征向量来确定。对系统矩阵 $\boldsymbol{A}$ 进行特征值分解，求出特征值矩阵，然后求出特征向量矩阵：

$$\boldsymbol{\psi}^{-1}\boldsymbol{A}\boldsymbol{\psi}=\boldsymbol{Z} \tag{5-32}$$

$$\boldsymbol{Z}=\mathrm{diag}(z_1,z_2,\cdots,z_i,\cdots,z_{2N}) \tag{5-33}$$

$$\boldsymbol{\psi}=[\phi_1\ \ \phi_2\ \ \cdots\ \ \phi_{2N}] \tag{5-34}$$

式中，$\boldsymbol{Z}$ 为特征值矩阵；$\boldsymbol{\psi}$ 为特征向量矩阵。

由振动理论和状态方程的解可知：

$$z_i=\exp(-\zeta_i\omega_i T\pm \mathrm{j}\omega_i\sqrt{1-\zeta_i^2}T) \tag{5-35}$$

$$i=1,2,\cdots,n\,,\ \ s_i=\frac{\ln(z_i)}{T} \tag{5-36}$$

式中，T 为采样时间间隔；ω_i、ζ_i 分别为结构无阻尼角频率和阻尼比。由此可得

$$\omega_i=\sqrt{[\mathrm{Re}(s_i)]^2+[\mathrm{Im}(s_i)]^2} \tag{5-37}$$

$$\zeta_i=\frac{\mathrm{Re}(s_i)}{\omega_i} \tag{5-38}$$

5.3　基于 SSI 算法的模态参数辨识

基于数据驱动的随机子空间辨识（Data-Driven SSI）是基于环境振动模态参数辨识的时域方法。自 1995 年以来，随机子空间方法越来越成为国内外模态分析方面的专家和学者讨论的一个热点。基于数据驱动的随机子空间辨识方法是当前利用环境激励去进行模态参数辨识的最为精确的方法之一，它直接作用于时域数据，不必将时域数据转换为相关函数或谱，避免了计算协方差矩阵[11]，该方法采用有效的数学处理方法去辨识离散后的系统状态空间矩阵，从而得到系统的

动力学特性参数，其特征为总体辨识，有较高的辨识精度。

5.3.1　随机子空间算法

对一个 N 自由度线性定常系统，结构振动的状态方程在线性离散空间内的表达式见式（5-17）。对结构进行检测时，假定有 m 个测点，每个测点数据长度为 j。将测点响应数据组成 $2mi\times j$ 的 Hankel 矩阵，它包含 $2i$ 块的行和 j 列，每块有 m 行，根据统计序列原理，当 j/i 足够大时，可以认为 $j\to\infty$。把 Hankel 矩阵的行空间分成“过去”行空间和“将来”行空间：

$$\boldsymbol{Y}_{0|2i-1}=\frac{1}{\sqrt{j}}\begin{pmatrix} y_0 & y_1 & y_2 & \cdots & y_{j-1} \\ y_1 & y_2 & y_3 & \cdots & y_j \\ \vdots & \vdots & \vdots & & \vdots \\ y_{i-1} & y_i & y_{i+1} & \cdots & y_{i+j-2} \\ \hline y_i & y_{i+1} & y_{i+2} & \cdots & y_{i+j-1} \\ y_{i+1} & y_{i+2} & y_{i+3} & \cdots & y_{i+j} \\ \vdots & \vdots & \vdots & & \vdots \\ y_{2i-1} & y_{2i} & y_{2i+1} & \cdots & y_{2i+j-2} \end{pmatrix}=\begin{pmatrix}\boldsymbol{Y}_{0|i-1} \\ \hline \boldsymbol{Y}_{i|2i-1}\end{pmatrix}=\frac{\boldsymbol{Y}_{\mathrm{p}}}{\boldsymbol{Y}_{\mathrm{f}}} \tag{5-39}$$

式中，y_i 表示第 i 时刻所有测点的响应；下标 p 表示“过去”，下标 f 表示“将来”；$\boldsymbol{Y}_{0|i-1}$ 表示 Hankel 矩阵中第一行的下标起始时刻为 0，终点时刻为 i–1 的所有测点组成的 Hankel 矩阵的块。

实际环境振动试验中，由于采样时间一般较长，采集到的数据很庞大，即组成的 Hankel 矩阵列数很大，因此要进行数据的缩减。对 Hankel 矩阵进行 $\boldsymbol{QR}$ 分解来进行数据缩减：

$$\boldsymbol{Y}_{0|2i-1}=\frac{\boldsymbol{Y}_{\mathrm{p}}}{\boldsymbol{Y}_{\mathrm{f}}}=\boldsymbol{R}\boldsymbol{Q}^{\mathrm{T}}=\begin{pmatrix}\boldsymbol{R}_{11} & 0 & 0 \\ \boldsymbol{R}_{21} & \boldsymbol{R}_{22} & 0\end{pmatrix}\begin{pmatrix}\boldsymbol{Q}_1^{\mathrm{T}} \\ \boldsymbol{Q}_2^{\mathrm{T}} \\ \boldsymbol{Q}_3^{\mathrm{T}}\end{pmatrix}=\begin{pmatrix}\boldsymbol{R}_{11} & 0 \\ \boldsymbol{R}_{21} & \boldsymbol{R}_{22}\end{pmatrix}\begin{pmatrix}\boldsymbol{Q}_1^{\mathrm{T}} \\ \boldsymbol{Q}_2^{\mathrm{T}}\end{pmatrix} \tag{5-40}$$

式中，$\boldsymbol{R}\in\boldsymbol{R}^{2mi\times j}$ 是下三角矩阵；$\boldsymbol{Q}\in\boldsymbol{R}^{j\times j}$ 是正交矩阵，即 $\boldsymbol{Q}^{\mathrm{T}}\boldsymbol{Q}=\boldsymbol{Q}\boldsymbol{Q}^{\mathrm{T}}=\boldsymbol{I}_j$；$\boldsymbol{R}_{11}$、$\boldsymbol{R}_{21}$、$\boldsymbol{R}_{22}\in\boldsymbol{R}^{mi\times mi}$；$\boldsymbol{Q}_1^{\mathrm{T}}$、$\boldsymbol{Q}_2^{\mathrm{T}}\in\boldsymbol{R}^{mi\times j}$，$\boldsymbol{Q}_3^{\mathrm{T}}\in\boldsymbol{R}^{(j-2mi)\times j}$。

根据投影理论[12]，$\boldsymbol{Y}_{\mathrm{f}}$ 的行空间在 $\boldsymbol{Y}_{\mathrm{p}}$ 形成的行空间上的正交投影矩阵为

$$\boldsymbol{O}_i=\boldsymbol{Y}_{\mathrm{f}}/\boldsymbol{Y}_{\mathrm{p}}=\boldsymbol{Y}_{\mathrm{f}}\boldsymbol{Y}_{\mathrm{p}}^{\mathrm{T}}(\boldsymbol{Y}_{\mathrm{p}}\boldsymbol{Y}_{\mathrm{p}}^{\mathrm{T}})^{+}\boldsymbol{Y}_{\mathrm{p}}\in\boldsymbol{R}^{mi\times j} \tag{5-41}$$

式中，$(\boldsymbol{Y}_{\mathrm{p}}\boldsymbol{Y}_{\mathrm{p}}^{\mathrm{T}})^{+}$ 为矩阵的 Moore-Penrose 伪逆，因而根据过去的数据信息可以预测将来的数据信息。或利用式（5-40），投影矩阵可以用更简洁的表达式：

$$\boldsymbol{O}_i=\boldsymbol{R}_{21}\boldsymbol{Q}_1^{\mathrm{T}} \tag{5-42}$$

根据随机子空间辨识理论：投影矩阵 $\boldsymbol{O}_i$ 可以分解为可观矩阵 $\boldsymbol{\Gamma}_i$ 与卡尔曼滤波状态向量 $\hat{\boldsymbol{X}}_i$ 的乘积：

$$\boldsymbol{O}_i=\begin{pmatrix}\boldsymbol{C}\\ \boldsymbol{CA}\\ \boldsymbol{CA}^2\\ \vdots\\ \boldsymbol{CA}^{i-1}\end{pmatrix}(\hat{\boldsymbol{x}}_i \quad \hat{\boldsymbol{x}}_{i+1} \quad \cdots \quad \hat{\boldsymbol{x}}_{i+j-1})=\Gamma_i\hat{\boldsymbol{X}}_i \tag{5-43}$$

卡尔曼滤波状态序列的目的是利用已知的直到 k 时刻的输出序列、系统矩阵和噪声的协方差矩阵，得到 k+1 时刻状态向量 $\boldsymbol{x}_{k+1}$ 的最优估计，用 $\hat{\boldsymbol{x}}_{i+1}$ 表示。详见文献［13］。

为得到可观矩阵 $\boldsymbol{\Gamma}_i$ 与卡尔曼滤波状态向量 $\hat{\boldsymbol{X}}_i$，对投影矩阵 $\boldsymbol{O}_i$ 进行奇异值分解（SVD）：

$$\boldsymbol{O}_i=\boldsymbol{USV}^{\mathrm{T}}=\begin{pmatrix}\boldsymbol{U}_1 & \boldsymbol{U}_2\end{pmatrix}\begin{pmatrix}\boldsymbol{S}_1 & 0\\ 0 & \boldsymbol{S}_2\end{pmatrix}\begin{pmatrix}\boldsymbol{V}_1^{\mathrm{T}}\\ \boldsymbol{V}_2^{\mathrm{T}}\end{pmatrix}=\boldsymbol{U}_1\boldsymbol{S}_1\boldsymbol{V}_1^{\mathrm{T}} \tag{5-44}$$

式中，$\boldsymbol{U}_1\in\boldsymbol{R}^{mi\times n}$，$\boldsymbol{S}_1\in\boldsymbol{R}^{n\times n}$，$\boldsymbol{S}_2=0$，$\boldsymbol{V}_1^{\mathrm{T}}\in\boldsymbol{R}^{n\times j}$。如果系统是可观与可控的，非零奇异值的个数，即矩阵 $\boldsymbol{S}_1$ 的秩就是投影矩阵的秩。由式（5-43）和式（5-44）可得可观矩阵 $\boldsymbol{\Gamma}_i$ 与卡尔曼滤波状态向量 $\hat{\boldsymbol{X}}_i$：

$$\boldsymbol{\Gamma}_i=\boldsymbol{U}_1\boldsymbol{S}_1^{1/2} \tag{5-45a}$$

$$\hat{\boldsymbol{X}}_i=\boldsymbol{\Gamma}_i^{+}\boldsymbol{O}_i \tag{5-45b}$$

同理，由式（5-43）可以得到下一时刻的投影：

$$\boldsymbol{O}_{i-1}=\boldsymbol{Y}_{(i+1)|(2i-1)}/\boldsymbol{Y}_{0|i}=\boldsymbol{\Gamma}_{i-1}\hat{\boldsymbol{X}}_{i+1}\in\boldsymbol{R}^{m(i-1)\times j} \tag{5-46}$$

$\boldsymbol{\Gamma}_{i-1}$ 的值可以将 $\boldsymbol{\Gamma}_i$ 的最后 m 行去掉得到。相应的卡尔曼滤波状态向量为

$$\hat{\boldsymbol{X}}_{i+1}=\boldsymbol{\Gamma}_{i-1}^{+}\boldsymbol{O}_{i-1} \tag{5-47}$$

由式（5-45）和式（5-47）得到卡尔曼滤波状态向量 $\hat{\boldsymbol{X}}_i$ 和 $\hat{\boldsymbol{X}}_{i+1}$，此时的状态空间方程为

$$\begin{pmatrix}\hat{\boldsymbol{X}}_{i+1}\\ \boldsymbol{Y}_{i|i}\end{pmatrix}=\begin{pmatrix}\boldsymbol{A}\\ \boldsymbol{C}\end{pmatrix}\hat{\boldsymbol{X}}_i+\begin{pmatrix}\boldsymbol{W}_i\\ \boldsymbol{V}_i\end{pmatrix} \tag{5-48}$$

式中，$\boldsymbol{Y}_{i|i}\in\boldsymbol{R}^{m\times j}$ 是只有一个块行的 Hankel 矩阵，$\boldsymbol{W}_i$、$\boldsymbol{V}_i$ 是残差。由于卡尔曼滤波状态向量和输出已知，且残差矩阵与估计序列 $\hat{\boldsymbol{X}}_i$ 不相关，因此可以通过最小二乘求解式（5-48）线性方程组，得到系统矩阵 $\boldsymbol{A}$ 和输出矩阵 $\boldsymbol{C}$:

$$\begin{pmatrix} \boldsymbol{A} \\ \boldsymbol{C} \end{pmatrix} = \begin{pmatrix} \hat{\boldsymbol{X}}_{i+1} \\ \boldsymbol{Y}_{i|i} \end{pmatrix} \hat{\boldsymbol{X}}_i^+ \tag{5-49}$$

式中，$\hat{\boldsymbol{X}}_i^+$ 为矩阵的 Moore-Penrose 伪逆。

5.3.2 模态参数提取

对系统的状态矩阵 $\boldsymbol{A}$ 进行特征值分解：

$$\boldsymbol{A} = \boldsymbol{\psi}\boldsymbol{\Lambda}\boldsymbol{\psi}^{-1} \tag{5-50}$$

式中，$\boldsymbol{\Lambda} = \mathrm{diag}(\lambda_i) \in \boldsymbol{R}^{n\times n}$，$i = 1, 2, \cdots, n$；$\lambda_i$ 为离散时间的特征值；$\boldsymbol{\psi}$ 为系统的特征向量矩阵，$\boldsymbol{\psi} \in \boldsymbol{R}^{n\times n}$。

根据离散时间系统与连续时间系统的特征值关系：

$$\lambda_{\mathrm{c}i} = \frac{\ln \lambda_i}{\Delta t} \tag{5-51}$$

模态特征值 $\lambda_{\mathrm{c}i}$，$\lambda_{\mathrm{c}i}^*$ 与系统固有振动圆频率 ω、阻尼比 ξ 的关系：

$$\lambda_{\mathrm{c}i}, \lambda_{\mathrm{c}i}^* = -\xi_i\omega_i \pm \mathrm{j}\omega_i\sqrt{1-\xi_i^2} \tag{5-52}$$

模态振型可表示为

$$\boldsymbol{\Phi} = \boldsymbol{C}\boldsymbol{\psi} \tag{5-53}$$

由此可见，只要辨识出系统矩阵 $\boldsymbol{A}$ 和输出矩阵 $\boldsymbol{C}$ 就可以提取出结构的模态参数（频率，阻尼比和振型）。

5.4 基于奇异熵增量的系统定阶

时域系统辨识时系统的阶次是一个最重要的参数。无论是系统特征实现算法还是随机子空间辨识算法，在组成 Hankel 矩阵的过程中，需要确定 Hankel 矩阵的阶次大小，同时系统矩阵 $\boldsymbol{A}$ 的阶次也需要确定，才能最终辨识出系统的各项模态参数（频率，阻尼比，振型）。环境激励下的结构模态参数辨识，系统是未知的，真正的系统阶次究竟是多少，并不可能知道，只能用一个近似等于系统阶次的阶次来代替这个未知系统的阶次，才可以开始计算。这个近似阶次所包含的对应的特征信息应尽量多，以免丢失信息。

如前文所述，当信号不受噪声影响或信号的信噪比很高时，对矩阵 $\boldsymbol{H}(0)$ 或投影矩阵 $\boldsymbol{O}_i$ 进行奇异值分解后得到的对角矩阵 $\boldsymbol{D}$ 可以描述为

$$\boldsymbol{D}_r = \mathrm{diag}(d_1, d_2, \cdots, d_r) \tag{5-54}$$

式中，$r < 2N$ 且 $d_i \neq 0, i=1,2,\cdots,r$，因此可以认为系统的阶次为 r 阶，分界线很明显。对于实际结构，测试信号因为会受到各种噪声的影响，高阶的原本等于零的奇异值不会完全等于零，导致原本很明显的分界线变得不清晰，从而对系统矩阵进行奇异值分解后，得到的对角矩阵 $\boldsymbol{D}$ 为

$$\boldsymbol{D} = \operatorname{diag}(d_1, d_2, \cdots, d_r, \cdots, d_{2N}) \tag{5-55}$$

式中，$d_i \neq 0, i=1,2,\cdots,2N$，对角矩阵的主对角线元素 d_i 非负，并按降序排列。因为系统受噪声的干扰，按降序排列的奇异值 d_i 基本上都是非零元素，这样给系统定阶带来一定的困难。基于此，寻找一个方便、有效的方法来确定系统的阶次是非常有必要的。

5.4.1　奇异熵增量

熵（entropy）是由德国物理学家克劳修斯在 1865 年提出的，是应用范围非常广泛的一门学科理论，熵既是一个物理学概念，又是一个数学函数，也是一种自然法则。对于一个广义的系统来说，熵可作为系统状态的混乱性或无序性的度量。一般来说熵值越小，系统不稳定性、无序性和不确定性的程度就越小。目前，熵的应用已经远超热力学和统计物理的概念，在信息学、数学、天体物理、生物医药等领域也有着广泛应用。熵是系统状态不确定性的一种度量，假设系统可能处于 n 种状态，处于每种状态的概率为 $p_i(i=1,2,\cdots,n)$，则系统的熵为[14]

$$E = -\sum_{i=1}^{n} p_i \ln p_i \tag{5-56}$$

式中，$0 \leqslant p_i \leqslant 1$，$\sum_{i=1}^{n} p_i = 1$。

对系统矩阵进行奇异值分解后，对角矩阵的主对角线元素 d_i 所构成的奇异谱[15, 16]可描述为

$$\sigma_i = \ln\left(d_i \Big/ \sum_{i=1}^{2N} d_i\right),\ i \leqslant 2N \tag{5-57}$$

奇异谱表示各个状态变量在整个系统中所占能量的相对关系。为考察信号信息量随奇异谱阶次的变化规律，引入奇异熵的概念，其计算公式为

$$E_r = \sum_{i=1}^{k} \Delta E_i,\ k \leqslant 2N \tag{5-58}$$

式中，k 为奇异熵的阶次；ΔE_i 表示奇异熵在阶次 i 处的增量，可通过下式计算得到：

$$\Delta E_i = -\left(d_i \Big/ \sum_{i=1}^{2N} d_i\right) \ln\left(d_i \Big/ \sum_{i=1}^{2N} d_i\right) \tag{5-59}$$

5.4.2　系统阶次的选取准则

为了说明问题，构造如下递减函数：

$$x = 2e^{-\frac{t}{3}}\sin(3t) + 5e^{-\frac{t}{2}\pi}\sin(10t) + 10e^{-\frac{t}{3}}\sin(20t)$$

采样频率 100Hz，如图 5-3 所示。对该信号加以不同倍数标准差、均值为 0 的随机白噪声干扰，使信号具有不同的信噪比，可得到信号的奇异熵增量随奇异谱阶次的变化曲线，如图 5-4 所示。

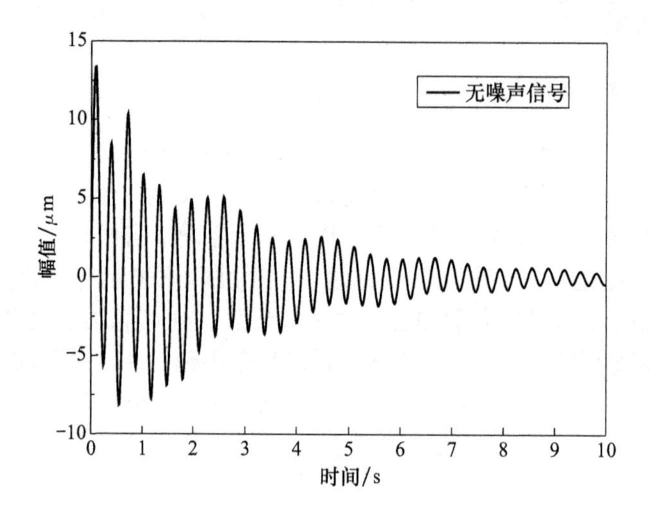

图 5-3　原始无噪音信号

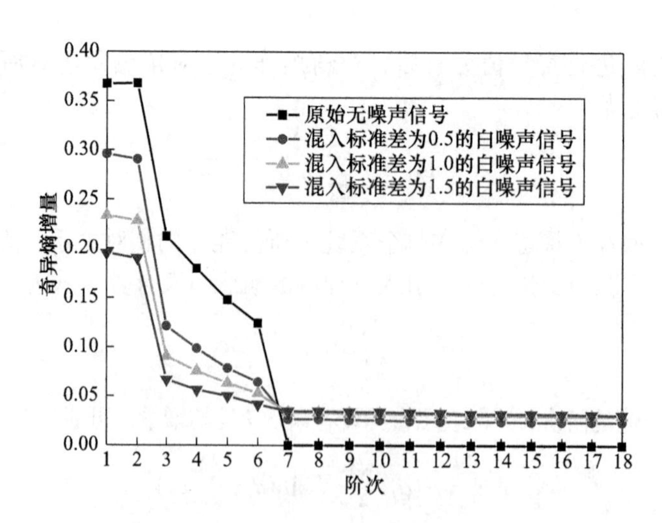

图 5-4　奇异熵增量随奇异谱阶次变化

由图 5-4 可见，信号信噪比越高，奇异熵增量的落差也就越大。当奇异熵增量开始降低到渐近值时，信号的有效特征信息量已经趋于饱和，特征信息已经基本完整，之后的奇异熵增量是因为宽频带噪声所致，完全可以不予考虑；另外，对于同一信号，无论其信噪比高低，当其有效特征信息量达到饱和，即奇异熵增量开始降低到渐近值时，对应的奇异谱阶次完全相同。这说明，无论信号受噪声干扰的严重与否，对其有效特征信息进行完整抽取所需的奇异谱阶次是一定的。

鉴于此，可以利用奇异熵增量谱来确定一个系统的阶次，当奇异熵增量趋于稳定时，所对应的奇异谱阶次可以认为是系统阶次的近似，或根据工程需要的精度，当某阶奇异熵增量 $\Delta E_i \leqslant \xi$ 时，最小整数 i 可以认为是系统的模态阶次，在该标准中，ξ 为某个小参数。剔除系统的非模态项（非共轭根）和共轭项（重复项）之后，系统的真实阶次为 $i/2$ 沿零方向取整，详细论述见文献［17］。

5.5　噪声模态的剔除及算法流程

时域法面临的主要问题是抗噪声干扰，分辨和剔除由噪声引起的虚假模态以及模型的定阶等问题，模型定阶的处理由前述的奇异熵增量来完成本节主要探讨噪声模态的剔除问题。模态参数辨识中产生虚假模态的原因是多方面的，有算法本身的原因也有测试的原因。针对上述的两种模态参数辨识方法的特点，分别采用不同的噪声模态剔除方法。

5.5.1　ERA 算法噪声模态剔除及算法流程

当测量噪声和观测数据的确定性都不够高时，在系统定阶之后仍有可能包含噪声模态，为此根据模态置信因子 MAC 指标进行判别，计算公式[18]如下：

$$\mathrm{MAC}_{rs} = \frac{[\boldsymbol{\varphi}_r^{\mathrm{T}}\ \boldsymbol{\varphi}_s]^2}{(\boldsymbol{\varphi}_r^{\mathrm{T}}\ \boldsymbol{\varphi}_r)(\boldsymbol{\varphi}_s^{\mathrm{T}}\ \boldsymbol{\varphi}_s)} \tag{5-60}$$

式中，$\boldsymbol{\varphi}_s$ 和 $\boldsymbol{\varphi}_r$ 为振型的估计。

MAC 是从相位角度区分噪声模态，它们的值介于 0～1，系统的真实模态可能为实模态或复模态。若为实模态，即当 $\boldsymbol{\varphi}_s$ 和 $\boldsymbol{\varphi}_r$ 为同一振型的估计时，各点间相位差为 0°或 180°，$\mathrm{MAC} \to 1$；若为复模态，经过相位处理后，$\mathrm{MAC} \to 1$。当为噪声模态时，其振型各点相位是杂乱无章的，$\mathrm{MAC} \to 0$。

在获取泄流激励下水工结构动力响应后，首先对信号进行降噪，再利用 NExT 法计算泄流结构系统脉冲响应函数参数矩阵，通过构造 Hankel 矩阵及利用奇异熵定阶技术，利用特征系统实现法（ERA）寻找系统的一个最小实现，得出最小阶次的系统矩阵，对系统矩阵进行特征值分解并剔除虚假模态，即得结构最终的模态参数，其基本步骤如下。

（1）获得结构测点的动力响应数据 $\boldsymbol{X}$，利用小波降噪等技术进行噪声剔除，得到重构信号 $\tilde{\boldsymbol{X}}$。

（2）利用 NExT 法计算结构测点的脉冲响应函数。

（3）利用脉冲响应函数构造 Hankel 矩阵 $\boldsymbol{H}(0)$、$\boldsymbol{H}(1)$，并对 $\boldsymbol{H}(0)$ 进行奇异值分解。

（4）计算矩阵 $\boldsymbol{H}(0)$ 奇异值分解后的奇异熵，并确定奇异谱阶次，也即结构系统的阶次。

（5）最后根据已确定的阶次确定系统矩阵 $\boldsymbol{A}$，输入矩阵 $\boldsymbol{B}$ 和输出矩阵 $\boldsymbol{C}$。

（6）求解系统矩阵 $\boldsymbol{A}$ 的特征值问题，并进行噪声模态的剔除，从而确定系统的模态参数。

信号处理与模态参数辨识的流程如图 5-5 所示。

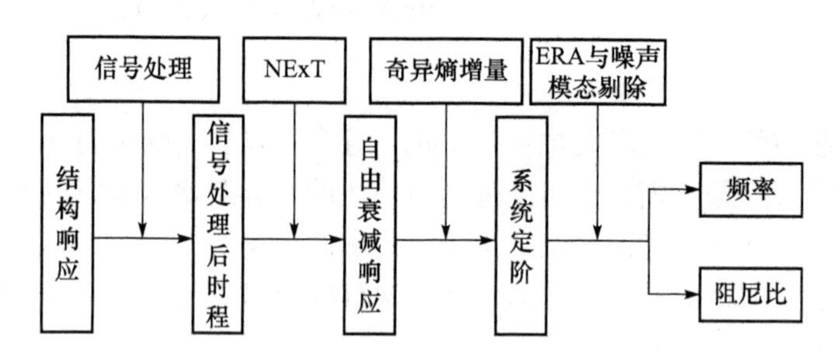

图 5-5　模态参数辨识的流程图

5.5.2　SSI 算法噪声模态剔除及算法流程

基于虚假模态对不同参数模型比较敏感易变的原则，通过考察一些不同的参数模型，那些同时出现次数最多的、稳定的模态可以认为是系统的真实模态[19]。针对 SSI 算法，对泄流激励下的水工结构的模态参数辨识借助于稳定图法对噪声模态进行剔除，有关文献[18]认为把系统的阶次由 $n_{\min}$ 增加到 $n_{\max}$，把计算得到的结果画到二维坐标图中（横坐标为频率值，纵坐标为阶次），便可得到稳定图，这样虽然可以得到系统的模态参数，但没有考虑 Hankel 矩阵的行空间数据变化对结果的影响，从而参数辨识的精度不高且无法得到系统的阶次。

针对 SSI 具有 Hankel 矩阵的维数较难确定，可能丢失模态或产生虚假模态的缺点，本节内容对稳定图剔除噪声模态的方法进行如下改进。

（1）在利用奇异熵增量谱确定系统的模态阶次后，把 Hankel 矩阵的行空间数据由 $i_{\min}$ 增加到 $i_{\max}$ 时（$i_{\max}$ 是个相对的较大值，要满足 j/i 足够大），把计算得到的结果画到二维坐标图中（横坐标为频率值，纵坐标为 Hankel 矩阵的行块数），从而得到模态参数的稳定图。

（2）在稳定图中若相邻两点的频率和阻尼比在容许误差范围内，则认为是相同的。

（3）可以根据所测试结构的具体情况加入阻尼比的判据准则，例如，当结构阻尼比值通常大于 10% 或小于 1% 时，可以认为是虚假模态。

（4）为了得到更为精确的辨识结果，利用模态置信因子 MAC 指标进行虚假模态的判别。

经过以上四步改进，得到更为精确的稳定图。在此，提出“三步法”对水工结构的模态参数进行精确辨识，步骤如下。

第一步，用奇异熵增量对系统进行定阶，使得定阶的界限更加清晰和稳定；第二步，在系统阶次明确的前提下，利用改进的稳定图对虚假模态进行剔除，使得参数辨识的结果更为准确可靠；第三步，将各阶模态参数辨识结果进行平均处理，最终得到更为精确的辨识结果。模态参数辨识流程如图 5-6 所示。

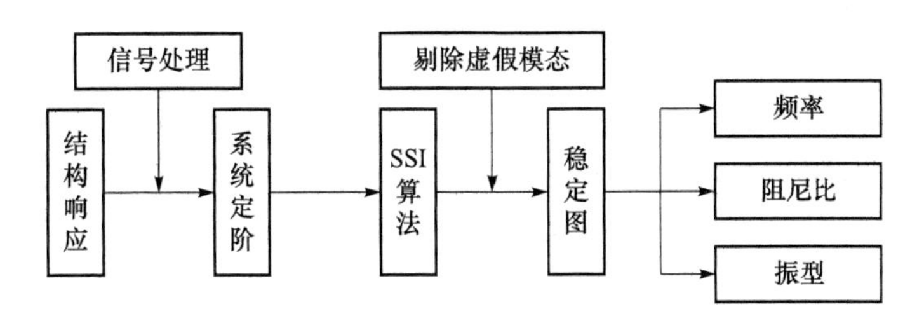

图 5-6 模态参数辨识流程

5.5.3 仿真实例

以 5.4.2 节中仿真信号为例，当混入标准差为 1.5 倍的白噪声时，系统的奇异谱阶次为 i=7 阶，见图 5-4，剔除系统的非模态项（非共轭根）和共轭项（重复项）之后，系统的阶次为［i/2］=3 阶。含噪声辨识与消噪后辨识结果如表 5-1 所示。

表 5-1 含噪声与消噪后模态参数辨识结果

模态阶数	理论值		含噪声辨识结果		消噪后辨识结果		含噪声辨识误差		消噪后辨识误差	
	频率/Hz	阻尼比/%	频率/Hz	阻尼比/%	频率/Hz	阻尼比/%	频率/%	阻尼比/%	频率/%	阻尼比/%
1	0.477	11.1	0.502	11.24	0.481	11.16	5.30	1.26	0.77	0.05
2	1.591	15.7	1.537	17.85	1.566	16.10	3.41	13.7	0.16	0.25
3	3.183	1.67	3.181	1.71	3.182	1.68	0.04	2.39	0.01	0.06

注：$\frac{|f_{识别}-f_{理论}|}{f_{理论}}\times100\%$和$\frac{|\zeta_{识别}-\zeta_{理论}|}{\zeta_{理论}}\times100\%$分别为频率误差和阻尼比误差

从辨识结果可以看出，在该仿真信号混入标准差为 σ=1.5 的白噪声情况下，频率辨识误差基本上在 5% 以内，阻尼比误差除了第二阶误差较大外，其余两阶辨识精度较好；对该污染信号进行小波消噪处理之后，辨识结果与理论值非常接近，辨识误差均在 1% 以内，具有很好的辨识精度。对比辨识结果，说明该算法具有很好的抗噪声能力，从而使之具有良好的工程应用适应性。同时，引入奇异熵增量后，系统定阶的界限更加清晰、准确、稳定，避免了系统定阶的盲目性，不用试算，提高了数据处理和模态参数辨识的速度。

5.6　ERA 算法与 SSI 算法的异同

针对上述两种模态参数辨识方法，本书对二者的异同点进行总结。

二者的共同点如下。

（1）模态参数辨识方法的基础是状态空间模型，模态参数能否辨识的基础是系统的可观性与可控性。

（2）环境激励为白噪声激励，结构在白噪声荷载激励作用下的脉冲响应函数或自由振动响应可由自然激励技术（NExT 法）或随机减量法提取。

（3）模态参数的辨识均为总体辨识，而非局部辨识。参数辨识过程中，由于同时利用多点的响应作为输入，使得辨识的模态参数具有整体统一性，并扩大了参数估计的信息量，提高了辨识精度。

（4）采用了比较有效的数学处理方法，如用奇异值分解（SVD）剔除噪声（噪声用高阶的奇异值表示）来辨识离散后的系统状态空间矩阵。

二者的不同点如下。

（1）算法实现原理不同。特征系统实现算法利用实测脉冲响应或自由振动响应数据，通过 Hankel 矩阵与奇异值分解，寻找系统的一个最小实现，并将该实现变换为特征值规范型；数据驱动随机子空间辨识方法的核心是把“将来”输出的行空间投影到“过去”输出的行空间上，投影的结果是保留了“过去”的全部信息，并用此预测“未来”。

（2）数据输入类型不同。特征系统实现算法利用实测脉冲响应或自由振动响应数据作为输入，进而构造 Hankel 矩阵；随机子空间算法直接作用于时域数据，不必将时域数据转换为相关函数或谱，避免了计算协方差矩阵。

（3）应用范围不同。在一些非白噪声激励下，如利用机组甩负荷所产生的瞬时冲击来进行水电站结构的自振特性检测；利用吊车桥机横向或纵向急刹车方式来产生冲击激振力，进而对水电站厂房上部结构动态特性进行检测，此时，在冲击荷载作用下所测到的结构自由振动响应，经过信号滤波后可以直接利用特征系统实现算法进行结构模态参数辨识，而无法应用于随机子空间算法。

（4）整体辨识的效果不同。特征系统实现算法实质上选用了结构上的两点响应数据，进行互相计算后，作为数据输入；随机子空间算法则可以采用实际所测到的各点响应数据作为算法输入，辨识的模态参数更具有整体统一性，丰富了参数估计的信息量。

（5）数学处理方法不同。随机子空间算法采用了比较有效的数学处理方法如矩阵的 QR 分解和奇异值分解（SVD）以及最小二乘等来辨识离散后的系统状态空间矩阵，其中，QR 分解可导致大量的数据减缩，而 SVD 则用于剔除噪声。

5.7　高坝泄流结构的水流荷载特点

基于泄流激励的结构模态参数识别的输入激励为泄流水流脉动荷载，而在进行结构模态参数辨识时通常假定激励为环境白噪声，因此，研究泄流诱发结构流激振动的激励源荷载特性（即水流脉动压力特点）对研究激励泄流激励的结构模态参数识别具有指导意义。

5.7.1　高拱坝泄流脉动荷载特点

高拱坝泄洪水流脉动荷载是复杂多样的，引起高拱坝振动的振源主要有三个：①水流流经孔口时，水流脉动作用在固壁边界会导致坝体振动，即泄流孔口脉动压力；②水舌射入水垫塘的水体，通过水流的强烈紊动进行消能，从而使水垫塘的底部及侧墙存在比较剧烈的紊流动水压强脉动，通过基础传递给坝体，导致坝身产生振动，即泄流冲击水垫塘底板产生的冲击压力；③水垫塘内的波动对坝身产生的振动，即涌浪荷载。以上三类振源都是引起坝体振动的重要因素，三种荷载源的作用位置、大小、方向都不同，各自对坝体振动响应的贡献也不相同。

（1）冲击荷载特性。高拱坝泄流时，冲击水垫塘的水流由于水头高、流量大，积累了很大的动能，其对水垫塘底板的冲击由基础传给坝体从而引起坝体振动，是重要的振源之一。作用于水垫塘底板上的冲击荷载属于大涡旋紊流情况下的脉动壁压，脉动壁压的主要影响因素为自由流区的大涡旋紊动的惯性作用，反映到边壁的脉动压强上为随机性的。研究表明：冲击水流的脉动压力（压强与荷载）大都具有正态分布的特性；跌落水舌冲击水垫塘实际脉动压力的瞬时值变幅都很大，但由于均化作用，就对一定面积上的荷载作用来说，其平均脉动压强随承压面积的增大而衰减，但是在水垫深度较大的情况下，又常和一定面积无关。

在脉动荷载的频率特征方面，不管下游水深如何，冲击水流的脉动荷载都具有明显的“优势”频率，而且优势频率值随下游水深减小而增加，即水越浅，能量越向低频域集中，随水深增加，脉动的漩涡特性才变得明显，冲击荷载的等效荷载谱图见图 5-7（a）。

（2）涌浪荷载特性。高拱坝泄流冲击水垫扩散后形成的对下游坝面上的涌浪荷载，实际上是水流冲击水垫塘后能量的一种转换形式，涌浪荷载成因也属于大涡旋紊流情况下的脉动壁压。水流脉动荷载的主要能量集中在低频区，有明显的“优势”频率存在，其值对二滩原型来说约在 1Hz 以内，涌浪荷载的等效荷载谱图见图 5-7（b）。作用于下游坝面上的涌浪荷载，虽然其作用点位置较低，但由于该荷载直接作用于坝体，所以它对坝体的整体振动贡献较大。

（3）孔口荷载特性。拱坝泄洪时孔口荷载产生机制主要是紊流边界层内区的垂直于边壁的脉动分速度。由于内区的水流结构主要由小的和较小的涡旋组成，这些小涡旋的紊动频率高，而且是随机性的，因此其反映到边壁上，就使得所产生的脉动壁压频率高、幅值小。研究表明：相对于冲击荷载、涌浪荷载来说，孔口荷载作用位置位于结构的约束远端，孔口过流产生的脉动压力是引起大坝振动的最主要因素，其动荷载为随机性的脉动压力，除了在低频区有一定的能量外，在其他频段也有一定的宽度，且能量较大，孔口荷载的等效荷载谱图见图 5-7（c）。

可见，拱坝泄洪振动不同振源的谱密度对应着一种水流内部结构和能量的分布形式。对于孔口脉动荷载而言，孔口附近流速大，紊流边界层充分发展，水流中大尺度漩涡大多解体为中小尺度漩涡，荷载谱密度呈现有限宽带噪声谱性质；对于下游涌浪荷载以及水垫塘冲击荷载而言，由于冲击射流的作用，流速沿水深

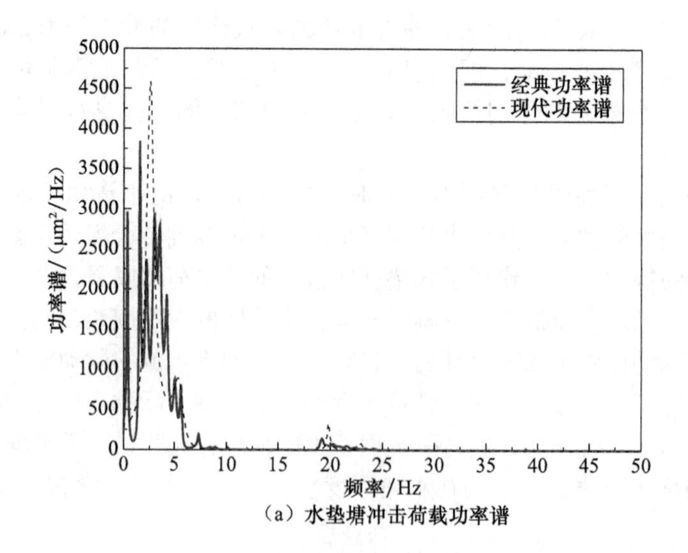

（a）水垫塘冲击荷载功率谱

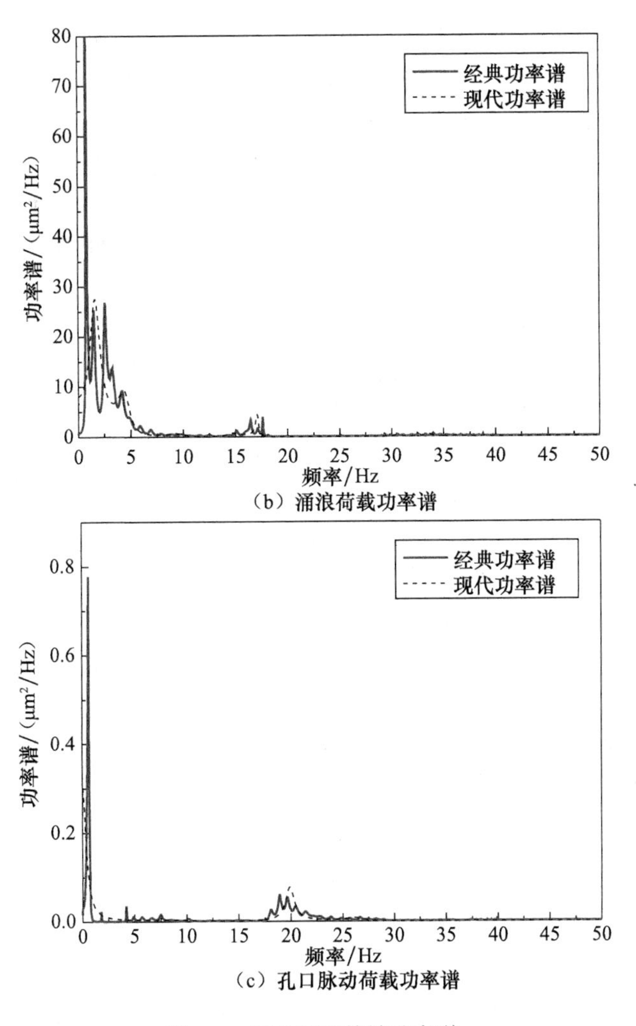

(b) 涌浪荷载功率谱

(c) 孔口脉动荷载功率谱

图 5-7　三种振源等效功率谱

重新分布，水流内部脉动结构发生变化，中小尺度脉动结构迅速减弱，低频大尺度脉动结构起主导作用，谱密度表现为低频宽带噪声谱性质。

5.7.2　溢流坝泄流脉动荷载特点

泄流产生的水流脉动压力对泄水建筑物主要产生三种不利影响：①增大了建筑物的瞬时荷载，提高了对建筑物的强度要求，若设计荷载不考虑脉动壁压的影响，则可能导致建筑物的破坏事故，特别是建筑物基础或岩石裂隙处产生的脉动壁压，会使动水荷载加大，导致消力池隔（导）墙倒塌，基础底板掀动冲走等；②可能引起建筑物的振动，由于脉动压强值的周期胜变化，当脉动频率与建筑物的自振频率相接近时，可能引起建筑物特别是轻型结构物的强迫振动，轻则引起运行管理不便，重则造成破坏事故；③增加了发生空蚀的可能性，脉动压强的负值将使瞬时压强大大降低，虽然时均压强不是很低，但仍有发生空蚀的可能性，由于泄流时产生的脉动荷载一般具有随机特性，脉动压力的幅值分布一般符合正态分布假设，就其频域特性（或谱特性）而言，脉动压力可以设想由许多具有一定能量的频率分量组成，谱密度即表征组成这些频率分量所具有的平均能量大小。

文献［20］对脉动压力的谱密度及其类型以及谱密度与水流内部结构的关系进行了归纳总结，利用水流经溢流坝面下泄过程中溢流面上脉动压力谱密度类型的沿程变化说明谱密度与水流内部结构及流态间的密切，水流在下泄过程中其内部结构沿程发生变化，水流脉动压力特性也随之沿程变化，如图 5-8 所示，距堰顶较近处（如 A、B 点），紊流边界层在该处刚形成，水流在该处受大尺度低频脉动结构支配，该处脉动压力谱密度则为低频窄带噪声谱；位于下游的直线段溢流面上（如 C 点），在该处水流流速大、紊流边界层进一步发展、水流中出现了大量具有较强脉动能量的中小尺度旋涡，该处脉动压力的谱密度为具有低频优势分量的宽带噪声谱；而对于溢流面直线段侧（如 D 点），该处位于紊流边界层充分发展区，水流中大尺度旋涡大多解体为中小尺度旋涡，其脉动压力谱密度呈现宽带噪声谱性质，水流中几乎不包含大尺度低频脉动成分；当泄流进入反弧段（E 点），因离心力作用，流速沿水深重新分布、且变得均匀，水流内部脉动结构这时又发生相反变化，中小尺度脉动结构迅速减小或消弱，低频大尺度脉动结构又起主导作用，此时脉动压力的谱密度又变为低频窄带噪声谱。可见，溢流坝泄

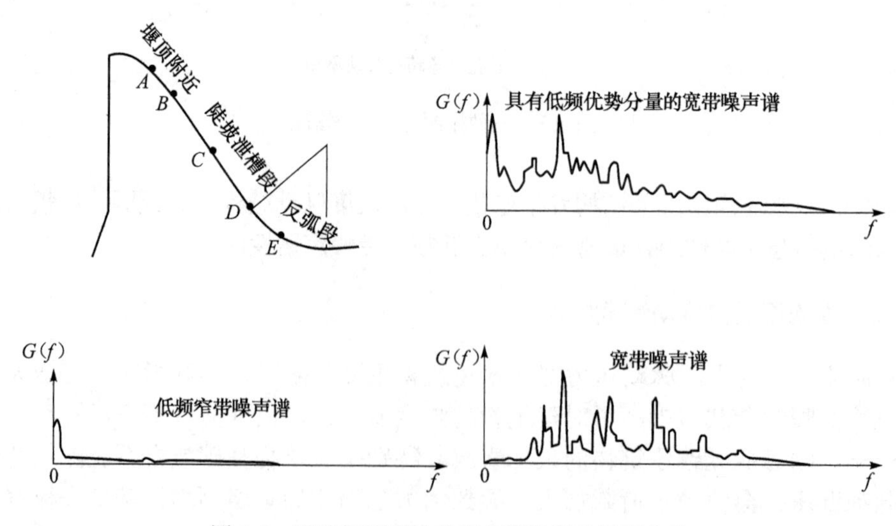

图 5-8　溢流坝坝面脉动压力谱密度的沿程变化

流荷载谱特性随着位置不同而表现出不同的带宽噪声谱性质，但总体上而言，泄流荷载谱特性表现为具有一定带宽的有色白噪声谱的性质，根据这一性质，可作为泄流荷载输入为白噪声假定（即输入荷载的功率谱矩阵为常数 C）进行模态参数识别，表明将泄流荷载近似认为白噪声激励的假定是合理有效的。

通过上述高拱坝和溢流坝泄流水流脉动特性分析表明，高坝泄流水流脉动荷载谱特性表现为具有一定带宽的有色白噪声谱的性质，根据这一性质，可将泄流荷载输入认为是一种有色白噪声荷载。因此，对高坝泄流结构进行模态参数辨识时假定为环境白噪声激励是合理可行的。

5.8　工程实例 1——拉西瓦拱坝水弹性模型模态参数辨识

以拉西瓦拱坝水弹性模型试验为研究对象，分别用上述两种方法进行结构模态参数辨识。拉西瓦拱坝介绍、测点布置和采集系统介绍见第 2.5.5 节，此处不再一一赘述。

5.8.1　基于 ERA 算法的拱坝模态参数辨识

选取位移响应较小的临近坝肩测点为参考点，将其他测点响应与参考点位移响应经 db6 小波函数 4 层分解后，得到相应的小波分解系数，再对分解得到的细节系数进行阈值处理，小波系数进行重构后得到去噪后的信号，根据各测点去噪后响应数据求响应的互功率谱，对互功率谱进行逆 Fourier 变换得到互相关函数。

坝体 A-0 测点消噪后的典型位移时程如图 5-9 所示，A-0 测点和 A-5 测点去

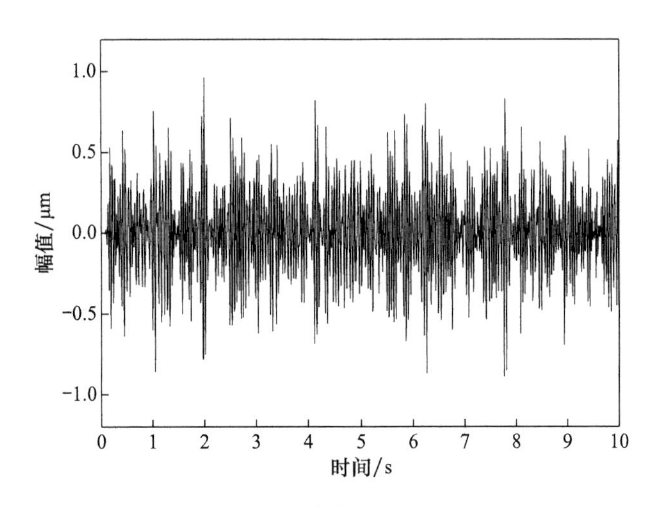

图 5-9　A-0 测点坝体振动时程线

噪后的水平方向位移响应互相关函数曲线如图 5-10 所示。根据 NExT 技术，将互相关函数作为结构的自由衰减响应，对其模态参数进行辨识。模态阶次的确定由图 5-11 可知，当奇异熵增量 $\Delta E_i \leqslant 0.08$，即系统阶次 i=9 时，奇异熵增量就开始缓慢增长，并趋于平稳，说明信号的有效特征信息量已经趋于饱和，特征信息已经基本完整，之后的奇异熵增量可认为是宽频带噪声所致，可以不予考虑。根据复模态理论，剔除系统的非模态项（非共轭根）和共轭项（重复项）之后，系统的模态阶次为［i/2］=4 阶，用模态置信因子剔除噪声引起的虚假模态影响，最终辨识出结构的前三阶固有频率。

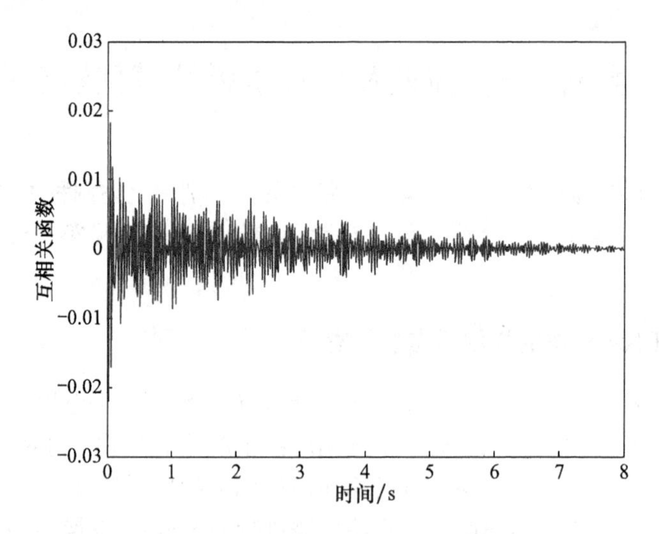

图 5-10　A-0 测点与 A-5 测点间的互相关函数

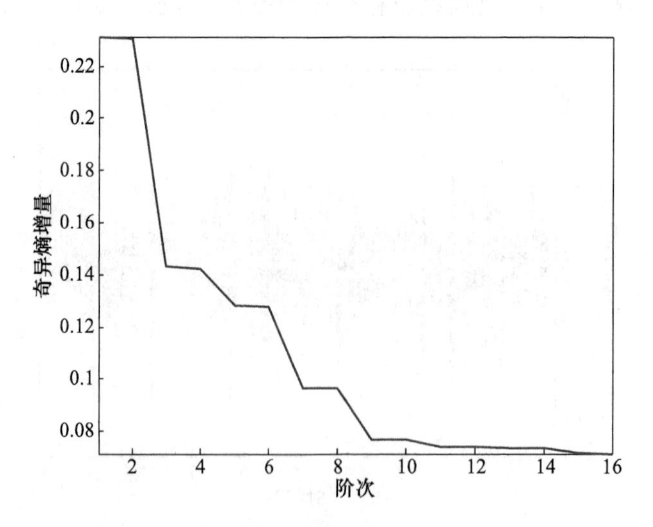

图 5-11　奇异熵增量随奇异谱阶次变化曲线

为检验 ERA 方法辨识结果的有效性和准确性，同时采用冲击锤击振方法，对满库工况下拱坝进行单点激振、多点拾振的频域测试。选取 D-1 点为激振点，对获得的激励和响应信号进行分析处理，通过传递函数的曲线拟合辨识出水弹性模型的模态参数。记方式Ⅰ为冲击锤击振下辨识模态参数，方式Ⅱ为泄洪激励下辨识模态参数，两种方法辨识结果见表 5-2。

表 5-2　频域辨识与 ERA 参数辨识结果对比

<table>
<tr><th rowspan="3">模态阶数</th><th colspan="3">频域辨识Ⅰ</th><th colspan="2">ERA 辨识Ⅱ</th><th>辨识误差</th></tr>
<tr><th colspan="2">频率 /Hz</th><th rowspan="2">阻尼比 /%</th><th rowspan="2">频率 /Hz</th><th rowspan="2">阻尼比 /%</th><th rowspan="2">频率 /%</th></tr>
<tr><th>模型</th><th>原型</th></tr>
<tr><td>1</td><td>15.24</td><td>1.52</td><td>5.44</td><td>14.919</td><td>5.55</td><td>2.11</td></tr>
<tr><td>2</td><td>17.27</td><td>1.73</td><td>8.96</td><td>17.084</td><td>5.17</td><td>1.08</td></tr>
<tr><td>3</td><td>21.91</td><td>2.19</td><td>1.36</td><td>22.435</td><td>1.05</td><td>2.40</td></tr>
</table>

注：$\frac{|f_{\mathrm{II}}-f_{\mathrm{I}}|}{f_{\mathrm{I}}}\times 100\%$ 为频率误差

从辨识结果可以看出，二者频率结构非常接近，频率辨识误差均在 3% 以内，满足工程要求精度。模型结构的第 1、2 阶自振频率非常接近，仅相差 2Hz，这说明该算法具有辨识密频模态的能力。

5.8.2　基于 SSI 算法的拱坝模态参数辨识

试验时的测试工况为表深孔联合泄洪工况，上游库水位为 2457.0m，采样频率为 100Hz。以坝顶所测到的 13 个点的时程作为算法的输入，此时观测信号 $\{y_i\}$ 包含 13 个通道，即所构成的 Hankel 矩阵行块中，每一块包含 13 行数据，对该拱坝进行模态参数辨识。

结构模态阶次的确定由图 5-12 所示的奇异熵增量谱可知，可见当奇异熵增量 $\Delta E_i \leqslant 0.05$，即系统阶次 i=16 时，奇异熵增量就已经缓慢增长，并趋于平稳，说明信号的有效特征信息量已经趋于饱和，特征信息已经基本完整，之后的奇异熵增量可认为是宽频带噪声所致，可以不予考虑。根据复模态理论，剔除系统的非模态项（非共轭根）和共轭项（重复项）之后，系统的模态阶次为［$i/2$］=8 阶，利用前述的改进稳定图方法剔除噪声引起的虚假模态影响，最终辨识出该拱坝结构前 5 阶模态频率、阻尼比和振型，频率稳定图如图 5-13 所示。

由图 5-13 的稳定图可知，辨识频率随着行空间行数的增加而有所浮动，对所有各阶模态频率进行均值处理后，得到稳定的辨识结果；同理，对阻尼比和振型的辨识也进行均值后得到各阶稳定的阻尼比和振型。为检验随机子空间方法辨识结果的有效性和准确性，采用冲击锤击振方法对满库工况下拱坝进行单点激振、多点拾振的频域测试。选取 D-1 点为激振点，对获得的激励和响应信号进行分析处理，通过传递函数的曲线拟合辨识出水弹性模型的模态参数。记方式 I 为冲击锤击振下模态参数辨识，方式 II 为泄洪激励下模态参数辨识，频率、阻尼比及模态振型辨识结果见表 5-3，振型辨识结果对比见图 5-14。

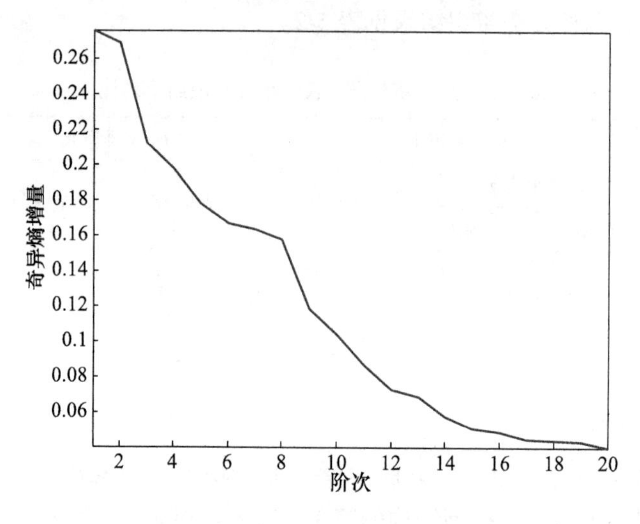

图 5-12　奇异熵增量谱

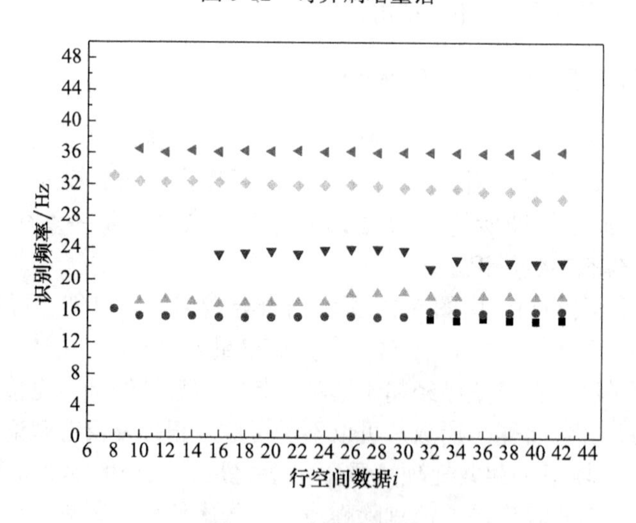

图 5-13　频率稳定图

从辨识结果可以看出，二者频率辨识结果非常接近，误差均在 5% 以内，低阶模态频率辨识结果更为精确，满足工程要求精度；阻尼比的偏差值在某些情况下要达到 40% 以上，这主要是因为目前人们对阻尼的认识还不够彻底，还存在很多模糊的地方，在计算和理论分析时，只是采用了几种假定的阻尼形式；振型的辨识结果比较理想，两种方法的辨识结果基本趋于一致。

表 5-3　频域辨识与随机子空间频率与阻尼比辨识结果对比

模态阶数	频域辨识Ⅰ				SSI 辨识Ⅱ			辨识误差	
	频率 /Hz		阻尼比 /%	模态振型	频率 /Hz	阻尼比 /%	模态振型	频率 /%	阻尼比 /%
	模型	原型							
1	15.24	1.52	5.44	反对称	15.21	5.51	反对称	0.20	1.29
2	17.27	1.73	8.96	正对称	17.57	7.66	正对称	1.74	14.51
3	21.91	2.19	1.36	正对称	22.95	2.88	正对称	4.75	52.78
4	30.10	3.01	4.54	反对称	31.60	6.01	反对称	4.98	32.38
5	35.62	3.56	5.96	反对称	36.13	4.23	反对称	1.43	29.03

注：$\frac{|f_{\text{II}}-f_{\text{I}}|}{f_{\text{I}}}\times 100\%$ 为频率误差，$\frac{|\xi_{\text{II}}-\xi_{\text{I}}|}{\xi_{\text{I}}}\times 100\%$ 为阻尼比误差

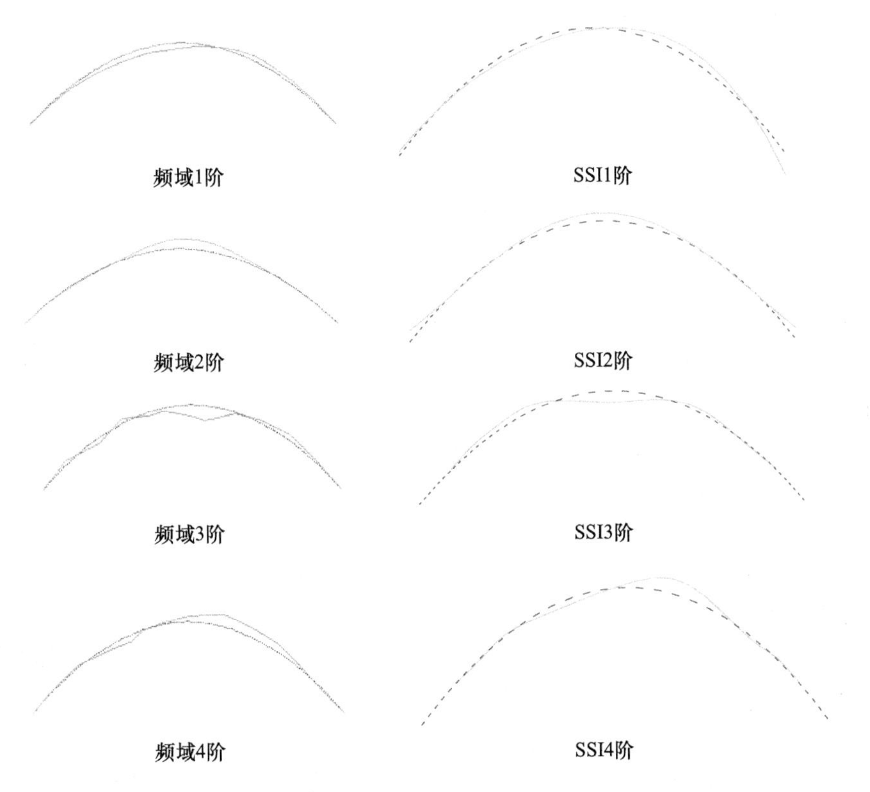

图 5-14　频域、SSI 振型辨识结果对比

图中实线为振型振动位置，虚线为平衡位置

5.8.3 辨识结果分析

针对拉西瓦拱坝水弹性模型，分别采用 ERA 算法与 SSI 算法对其进行模态参数的时域辨识，辨识结果进行如下分析。

（1）SSI 算法采用的数据输入为设置在坝顶的 13 个测点动位移时程，ERA 算法采用坝顶上 A-0 测点和 A-5 测点响应的互相关函数作为输入，由于 SSI 算法在参数辨识过程中，同时利用多点的响应作为输入，使得辨识的模态参数更具有整体统一性，并扩大了参数估计的信息量，提高了辨识精度，同时辨识的模态阶数多于 ERA 算法辨识的结果。

（2）随着输入数据点数的减少，采用 SSI 算法的辨识结果精度逐渐降低，当在输入数据点数较少时（如采用两个点的响应作为输入），其辨识精度不如 ERA 算法辨识的结果。

（3）SSI 算法同时利用多点的响应作为输入，从而可以得到结构的振型。

（4）SSI 算法利用改进的稳定图对虚假模态进行剔除，使得参数辨识的结果更为准确可靠；将各阶模态参数辨识结果进行平均处理，最终得到的辨识结果更为准确。

（5）二者均具有辨识密频模态的能力。

5.9 工程实例 2——三峡溢流坝及左导墙工作模态参数辨识

三峡工程位于湖北省宜昌市，具有防洪、发电、航运等巨大的综合利用效益。三峡水库正常蓄水位为 175m，总库容为 393 亿 m^3，电站装机 26 台，单机容量 70 万 kW，总装机容量为 1820 万 kW，保证出力 499 万 kW，多年平均发电量 847 亿 kW · h，在电力系统中将承担调峰、调频任务。三峡电厂由左岸电厂（装机 14 台）、右岸电厂（装机 12 台）、地下电厂（规划，装机 6 台）组成。

三峡水利枢纽在其泄洪坝段与厂房坝段之间设有左导墙和右导墙（纵向围堰），向下游延伸的导水隔墙将泄洪区与电厂尾水区分开，以稳定流态，并调整水流尽快归槽，如图 5-15 所示。导墙使泄洪、发电、航运等方面有较稳定的水流条件，其作用是十分重要的。特别是左导墙位于原河床深槽处，最大墙高达 95m，顶部设有排漂孔 10m × 12m（宽 × 高）。由于导墙溢流坝侧是挑流消能区，水流紊动激烈，流态十分复杂，脉动压力幅值变化和作用面积都较大，而且作用点偏高，再加上导墙两侧水位差、水压力的不平衡作用等，这些因素综合作用是导墙结构疲劳破坏的主要原因；此外导墙及溢流坝作为永久建筑物，受破坏后几乎无法修复，加上三峡工程的泄洪是经常性的，持续时间长，因此，对三峡溢流坝及左导墙的泄洪工作性态进行评估是十分必要的。

图 5-15　三峡左导墙及溢流坝

5.9.1　三峡溢流坝及左导墙振动测试

为了测量三峡工程泄洪发电时部分溢流坝段及左导墙墙顶上的振动动位移，对三峡溢流坝 1 号及 5 号坝段、左导墙进行了动位移测试，信号采集系统连接及传感器布置示意图如图 5-16 所示。

图 5-16　三峡溢流坝及左导墙原型振动测试

（1）1 号溢流坝段测点布置。

测点布置于坝顶（高程 185.00m），上游侧布置 1 #、2 # 测点，下游侧布置 3 #、4 # 测点。其中 1 #、2 # 测点距离上游坝顶防浪墙 3.6m 左右，3 #、4 # 测点距离下游坝顶走廊内侧 1.8m 左右。1 # 及 3 # 测点布置水平向及垂向动位移传感器，其他测点仅布置水平向动位移传感器。1 #、2 #、3 #、4 # 测点的水平向动位移传感器试验通道号分别为 1、2、3、4。1 #、3 # 测点的垂向动位移传感器试验通道号分别为 5、6，如图 5-17 所示。

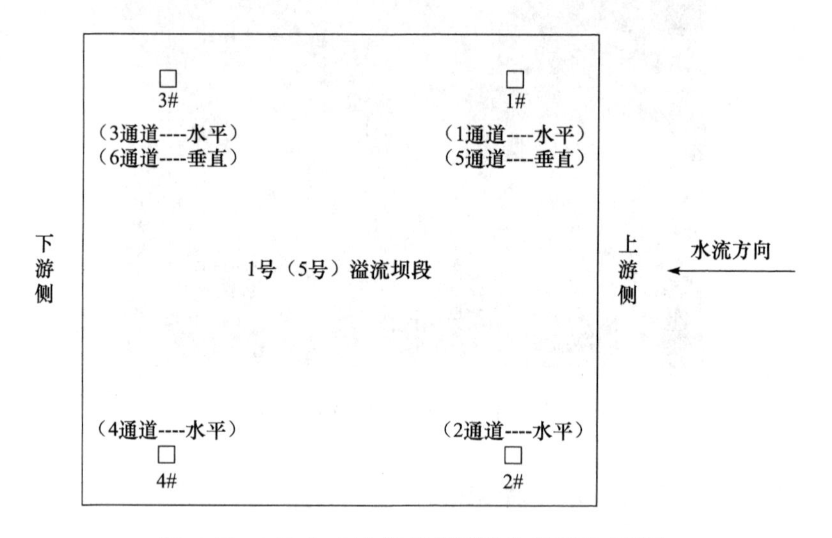

图 5-17　1 号（5 号）泄洪坝段测点布置图示意图

（2）5 号溢流坝段测点布置。

测点布置情况与 1 号坝段基本相同（图 5-17）。测点布置于坝顶（高程 185.00m），上游测布置 1 #、2 # 测点，下游测布置 3 #、4 # 测点。其中 1 #、2 # 测点距离上游坝顶防浪墙 0.02m 左右，3 #、4 # 测点距离下游坝顶走廊内侧 1.0m 左右。1 # 及 3 # 测点布置水平向及垂向动位移传感器，其他测点仅布置水平向动位移传感器。1 #、2 #、3 #、4 # 测点的水平向动位移传感器试验通道号分别为 1、2、3、4。1 #、3 # 测点的垂向动位移传感器试验通道号分别为 5、6。

（3）左导墙泄洪振动测试测点布置。

导墙测点布置于导墙顶部左侧（靠近厂房），每个导墙段沿长度方向布置 2 个测点（1 # 和 2 # 测点），其中 1 # 测点布置水平向动位移传感器、2 # 测点布置水平向和垂向动位移传感器，如图 5-18 所示。

（4）测试工况。

动位移传感器采用清华大学精密仪器及机械学系精密仪器量测教研组研制的

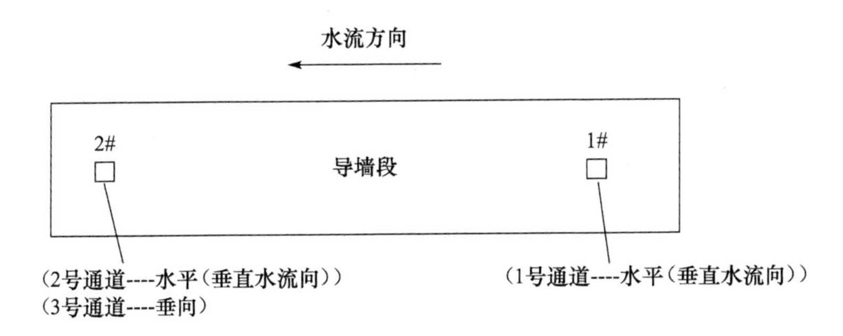

图 5-18　左导墙测点布置示意图

DP 型地震低频振动传感器，采用 DASP 进行分析与采集。

试验工况见表 5-4，表中的水位、流量等数据均由三峡水枢纽梯级调度通信中心提供（2007 年 8 月 7 日整点水情发布），启用的泄洪设备见表中备注。对溢流坝段及左导墙每个坝段的测点分别用 50Hz、100Hz 的两种频率进行现场数据采（集）样，本次现场采样的工作时间段为 09 时～19 时（6～7 号导墙坝段由于泄洪雾化降雨较大，无法测量）。

表 5-4　三峡溢流坝及左岸导墙振动观测泄洪工况

时间	风皇山上游库水位 /m	三斗平下游河水位 /m	出库流量 /（m^3/s）	入库流量 /（m^3/s）	深孔泄量 /（m^3/s）	备注
08-07 08 时	144.43	67.67	27600	27000	10900	此时段 10 时～12 时测量 1、5 号溢流坝振动，泄洪深孔开启为：1#、5#、9#、13#、21#；排漂孔开启
08-07 09 时	144.56	67.31	—	—	—	
08-07 10 时	144.62	67.47	25300	—	8490	
08-07 11 时	144.70	67.60	—	—	—	
08-07 14 时	144.88	67.79	24700	26200	8620	
08-07 15 时	144.85	68.05	—	—	—	此时段 15 时～19 时测量左导墙泄洪振动，开启深孔为：1#、3#、5#、9#、13#、15#；排漂孔开启
08-07 16 时	144.87	68.12	26000	—	9870	
08-07 17 时	144.86	68.12	—	—	—	
08-07 18 时	144.86	68.14	26000	—	9870	
08-07 19 时	144.86	68.15	—	—	—	

5.9.2　溢流坝及左导墙工作模态参数辨识

利用本章提出的基于泄流激励的结构模态参数辨识方法对结构振动信号进行辨识，得到三峡溢流坝及导墙结构工作模态阶数分别为 4 阶和 5 阶，与有限元计算结果的比较见表 5-5、表 5-6。溢流坝及左导墙有限元模型如图 5-19 所示。为

表 5-5　三峡溢流坝频率辨识值与计算值表

阶次	辨识结果	有限元计算结果
	频率 /Hz	频率 /Hz
1	2.43	2.60
2	2.96	2.99
3	4.0	3.78
4	5.84	5.87

表 5-6　左导墙辨识与整体有限元计算结果

阶次	辨识结果	有限元计算结果
	频率 /Hz	频率 /Hz
1	3.70	3.60
2	5.66	5.56
3	7.20	7.28
4	14.3	14.0
5	15.1	14.8

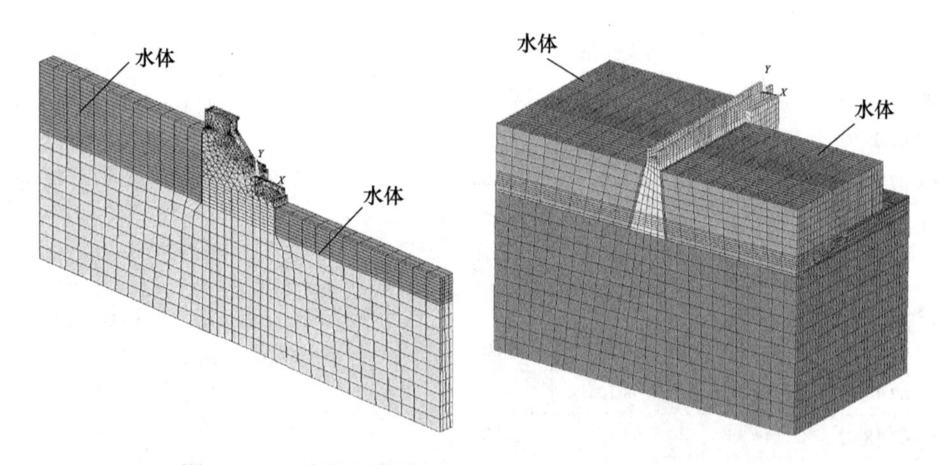

图 5-19　三峡溢流坝及左导墙—地基—水体有限元模型图

考虑左导墙结构横缝对结构的影响，模态计算共分两种情况：①考虑横缝对各导墙坝段间的黏结作用，将各坝段视为整体动力计算；②不考虑横缝的黏结作用，将各导墙坝段分别进行动力计算。综合辨识结果与计算结果可以得出：①独立溢流坝段的计算结果与辨识结果基本相同，说明各溢流坝坝段间相互独立、结构完好；②左导墙整体计算结果与辨识结果基本相同，说明左导墙在泄流情况下的振动表现为 1 号～7 号导墙结构的整体性振动，而非各个导墙段的单独振动，这可能是由于测试期间正处于三峡大坝库区温度最高时期，受混凝土膨胀的影响，左导墙各段由于温升膨胀相互挤压而使导墙结构表现出整体性。

5.9.3 对比分析与验证

为检验该方法的有效性和准确性，利用第 2 章提到的奇异值分解与改进的经验模态分解联合辨识溢流坝段的模态参数，进一步进行对比验证。为保证 EMD 分解不存在能量泄漏且具有严密性，要求分解得到的 IMF 分量应满足完备性和正交性，即 IMF 分量应能重构原信号且各阶 IMF 之间具有正交性。对 EMD 分解得到的各阶 IMF 分量进行正交化处理即为改进的经验模态分解。

结合 SVD 和正交化 EMD 的降噪特点，进行 SVD- 改进 EMD 联合辨识。限于篇幅，仅叙述水平向通道 1 的数据处理过程。首先，构造相应的 Hankel 矩阵进行奇异值分解，得到奇异熵增量曲线如图 5-20 所示。从图 5-20 中可以看出在 25 阶之后，奇异熵增量的值趋于稳定且均小于 0.03，根据奇异熵增量理论，可认为前 25 阶奇异值足以包含信号的特征信息，25 阶之后的奇异值是由噪声引起的，保留前 25 阶奇异值，通过 SVD 重构得到降噪后的信号；然后对 SVD 降噪后信号进行正交化 EMD 分解，得到 6 阶完全正交的 IMF 分量 $c1$～$c6$ 及余项 $c7$，并对 $c1$ ～ $c7$ 进行频谱转换，结果如图 5-21 所示。频率在 1Hz 以下属于低频水流噪声，应当滤除，即保留第一阶的 IMF，由时空滤波器重构得到 SVD- 改进 EMD 降噪后的信号，对信号进行现代功率谱处理，得到较为光滑且反映信号优势频率的频谱图。水平向通道 1 的处理结果如图 5-22 所示。垂直向通道 5 的处理结果如图 5-23 所示。

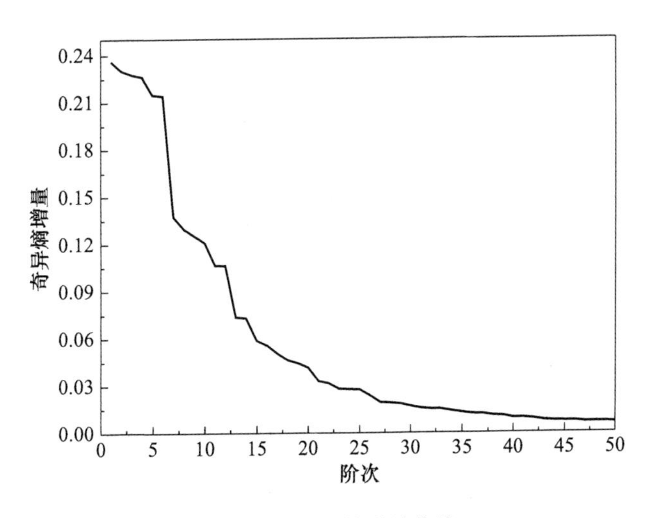

图 5-20　奇异熵增量曲线

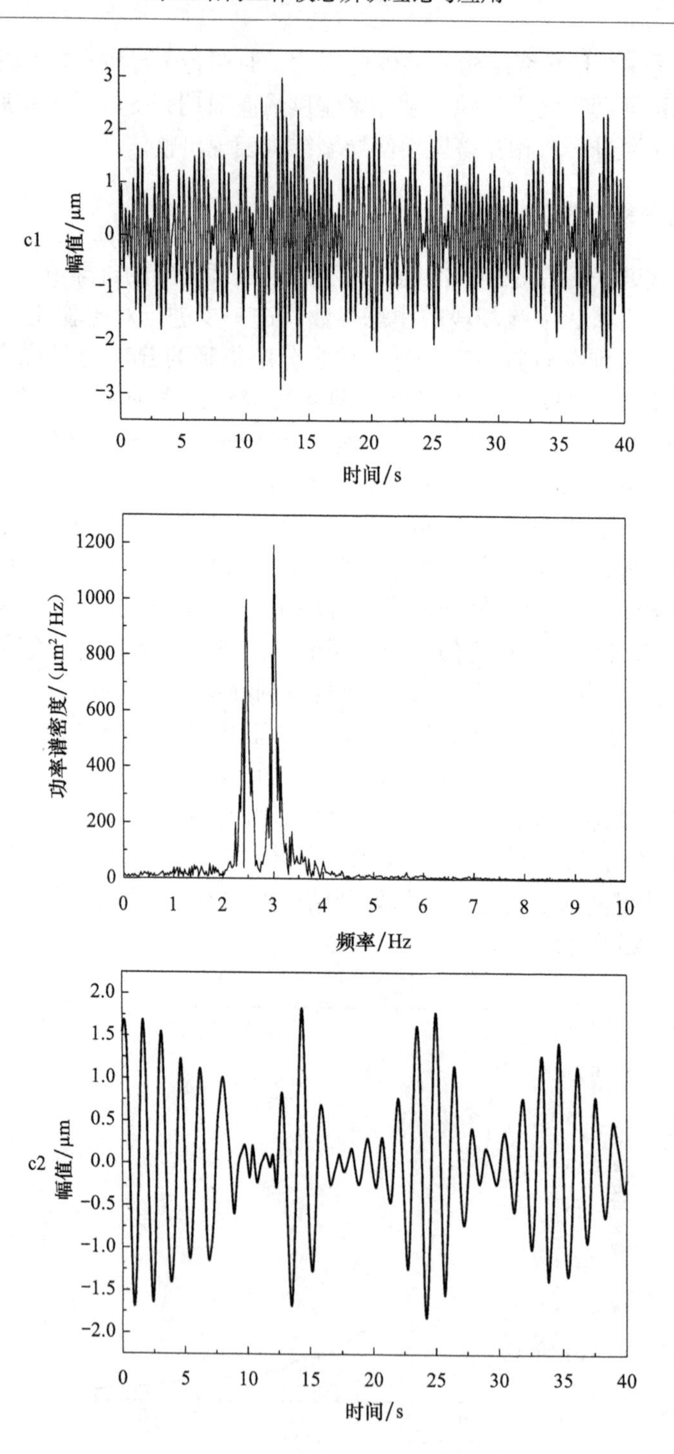
c1
幅值/μm
时间/s
功率谱密度/（μm²/Hz）
频率/Hz
c2
幅值/μm
时间/s

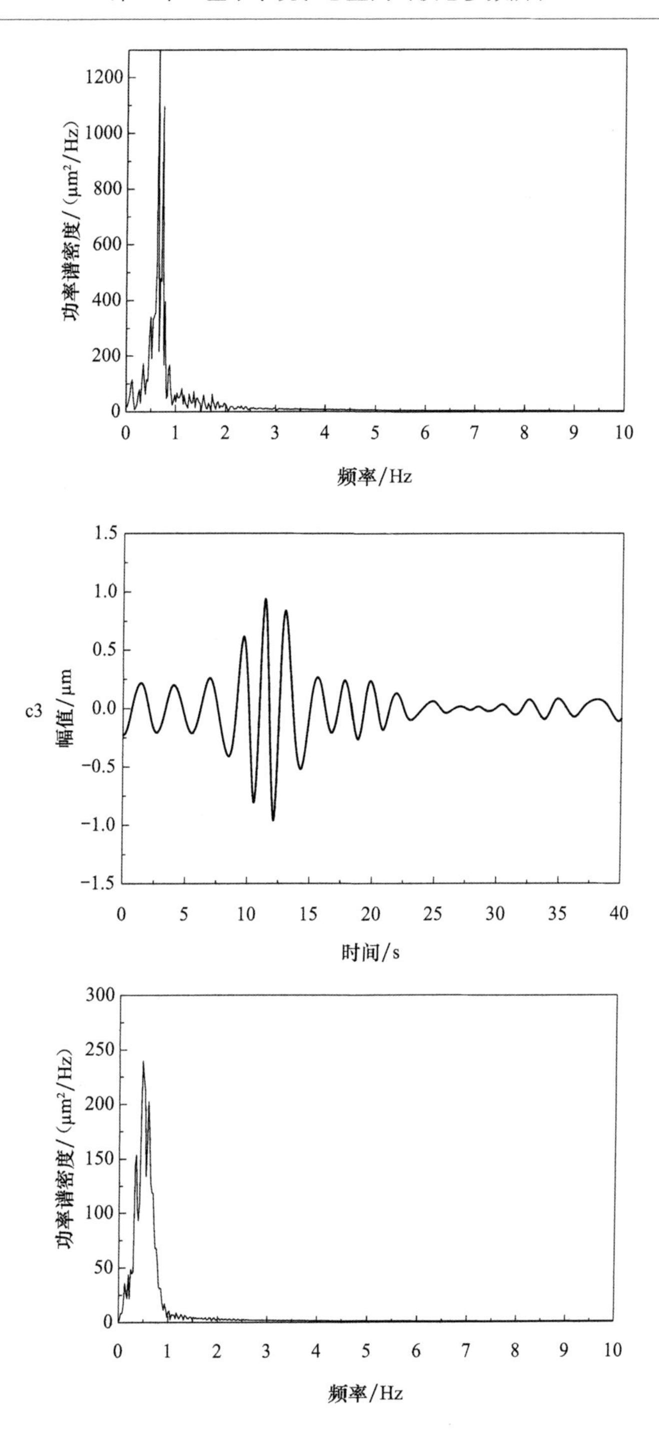
功率谱密度/(μm²/Hz)
1200
1000
800
600
400
200
0
0 1 2 3 4 5 6 7 8 9 10
频率/Hz
c3
幅值/μm
1.5
1.0
0.5
0.0
-0.5
-1.0
-1.5
0 5 10 15 20 25 30 35 40
时间/s
功率谱密度/(μm²/Hz)
300
250
200
150
100
50
0
0 1 2 3 4 5 6 7 8 9 10
频率/Hz

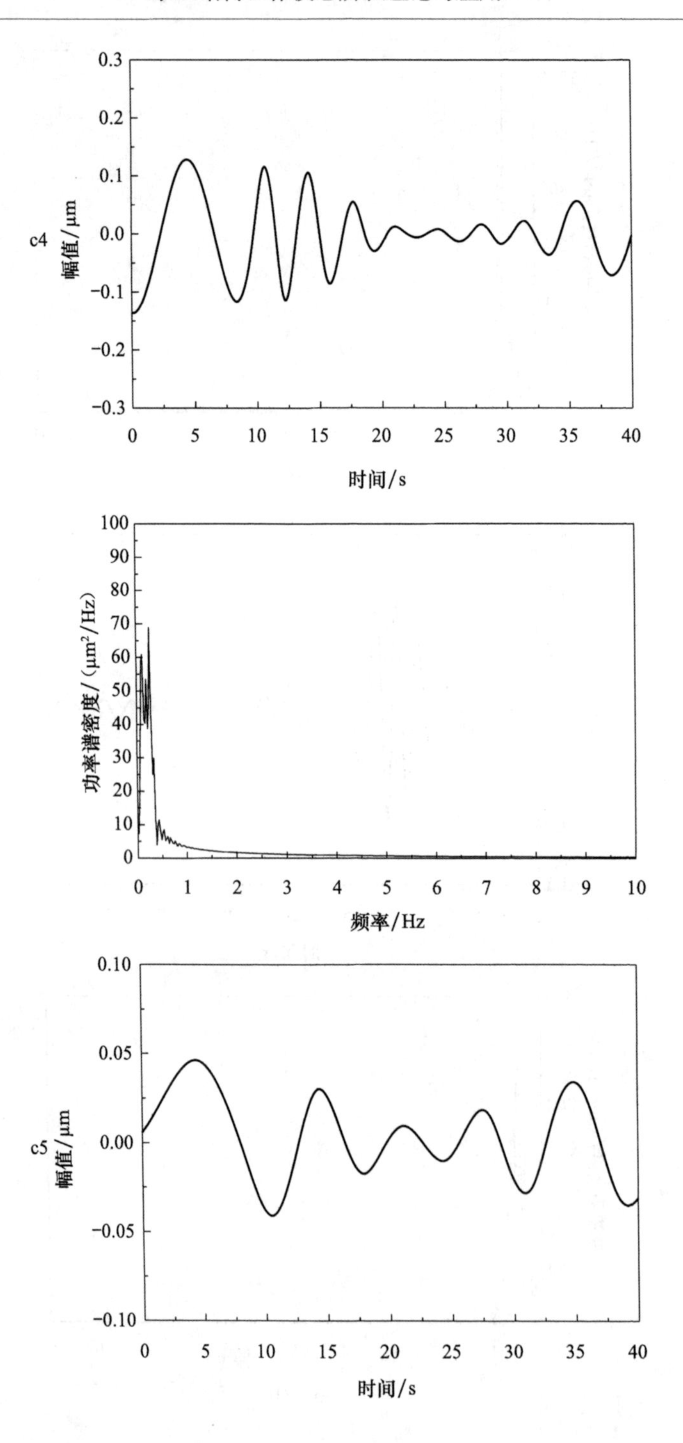
c4
幅值/μm
0.3
0.2
0.1
0.0
−0.1
−0.2
−0.3
0 5 10 15 20 25 30 35 40
时间/s
功率谱密度/(μm²/Hz)
100 90 80 70 60 50 40 30 20 10 0
0 1 2 3 4 5 6 7 8 9 10
频率/Hz
c5
幅值/μm
0.10
0.05
0.00
−0.05
−0.10
0 5 10 15 20 25 30 35 40
时间/s

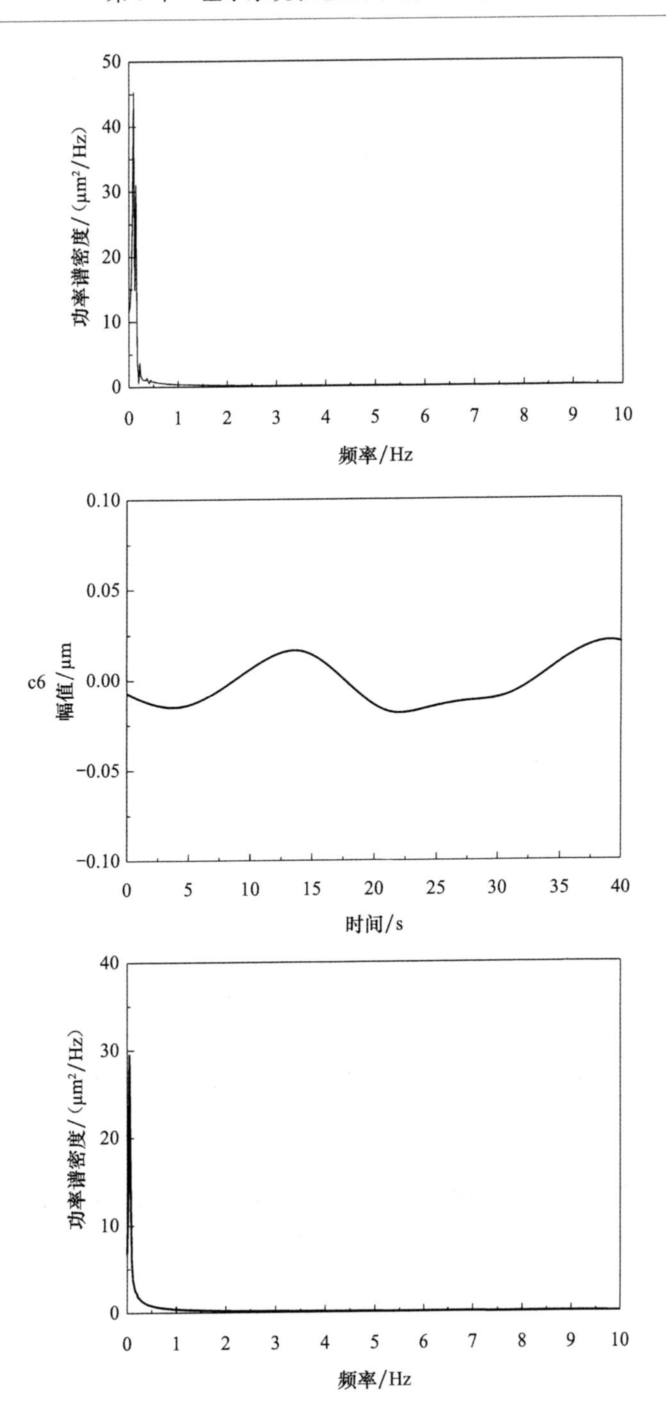
50
40
30
20
10
0
功率谱密度/(μm²/Hz)
0 1 2 3 4 5 6 7 8 9 10
频率/Hz
0.10
0.05
0.00
−0.05
−0.10
c6
幅值/μm
0 5 10 15 20 25 30 35 40
时间/s
40
30
20
10
0
功率谱密度/(μm²/Hz)
0 1 2 3 4 5 6 7 8 9 10
频率/Hz

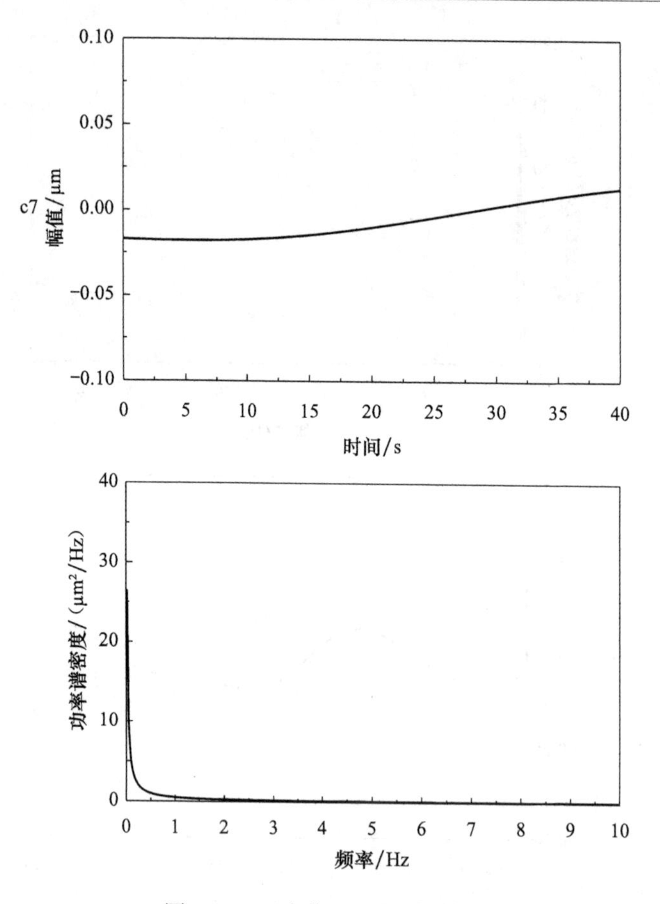

图 5-21　正交化 EMD 分解结果

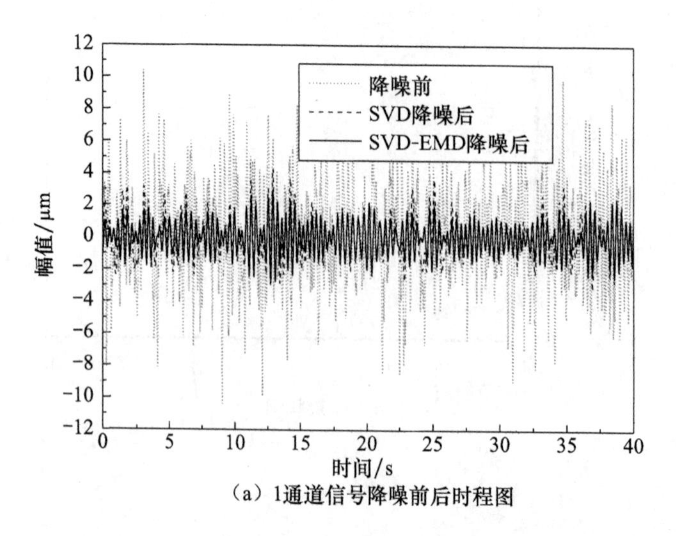

(a) 1通道信号降噪前后时程图

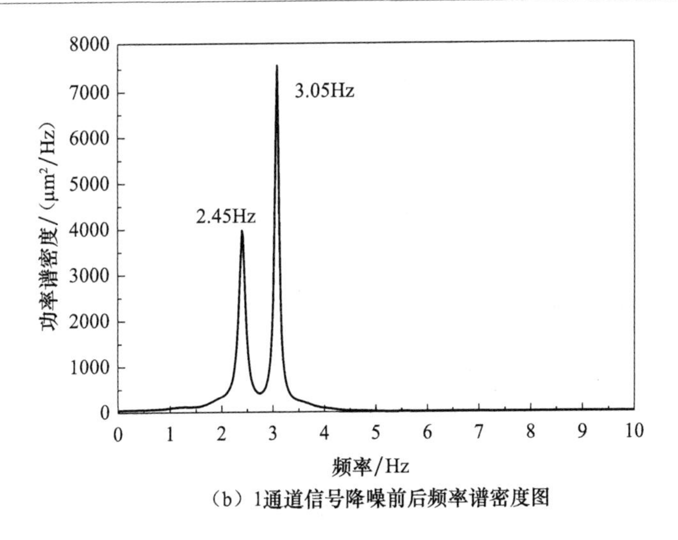

（b）1通道信号降噪前后频率谱密度图

图 5-22　1 通道信号处理结果图

由图 5-22 可以很明显得到水平向的振动频率为 2.45Hz 和 3.05Hz；图 5-23 中垂直向的振动频率主要集中在 3.05Hz，另外 2.45Hz、3.75Hz 和 4.0Hz 处也出现一定的峰值，但远没有水平向的振动频率那么明显，说明该溢流坝段的振动以水平向振动为主。分析可知，SVD- 改进 EMD 辨识结果与 ERA 方法辨识的结果（表 5-5）误差控制在 5% 以内，表明两种方法均能精确辨识泄流结构工作特性，具有良好的工程应用性。

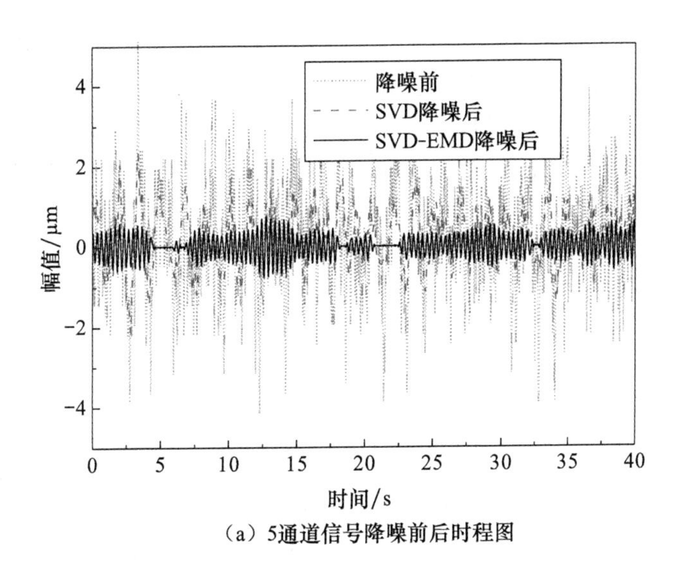

（a）5通道信号降噪前后时程图

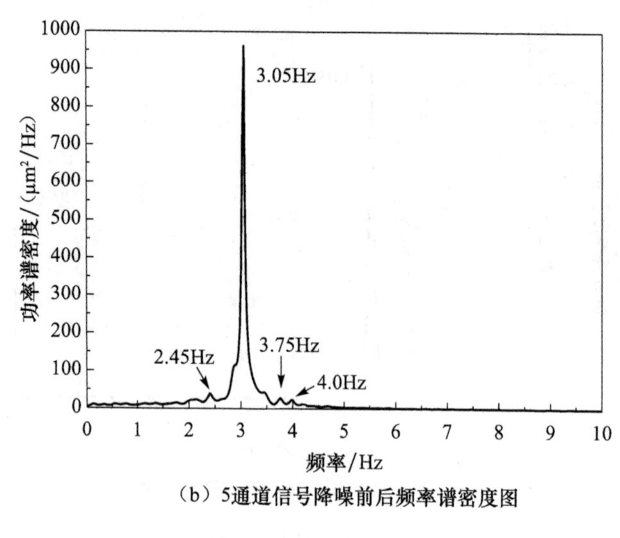

（b）5通道信号降噪前后频率谱密度图

图 5-23　5 通道信号处理结果图

5.10　高坝泄洪振动的状态监测系统实现

高水头、高流速、大流量是高坝的一个特点，随着高强度建筑材料的开发和应用，工程结构越来越趋于轻型化，水流诱发的振动问题也越来越突出。在大坝泄洪时，为了严密监控其状态变化情况，希望检测系统能够给出模态参数的变化过程。因此，可以在以上算法的基础上，确定一个以一定步长向前移动的时间窗，对窗内数据进行辨识，并且将辨识结果作为窗口终点时刻的模态参数。取窗口移动的步长小于窗口的长度，则相邻两次辨识的时间窗相互重叠形成了对模态参数时间历程的平滑作用，可以进一步消除某些短时非平稳激励因素的影响。随着窗口等步长的移动，可以得到模态参数的时间历程，它反映了高坝在水流激励下的状态特性变化趋势，从而实现对高坝振动状态的长期在线监测。

5.11　本章小结

本章在系统特征实现算法（ERA 法）与随机子空间算法（SSI 法）的基础上，提出了一种基于奇异熵增量对系统进行定阶的方法，解决了系统特征矩阵定阶难的问题；提出用“三步法”对水工结构的模态参数进行精确辨识的方法，进而揭示水工结构在泄流工作状态下的模态特性。经模拟信号、水弹性模型以及原型观测试验验证，该套方法精度较好，抗噪性强，且能辨识密频模态。具体得到了以下几点结论。

（1）对于同一脉冲响应信号而言，无论信号受噪声干扰的严重程度如何，对其有效特征信息进行完整抽取所需的奇异谱阶次是一定的（即系统的阶次是一定的），选取奇异熵增量开始降低到渐近值时的阶次作为系统结构的阶次是非常合理的。

（2）利用改进的稳定图方法可以更有效地剔除噪声模态，提出的“三步法”辨识方法，可以对水工结构的模态参数进行更为精确的辨识。

（3）经模拟信号验证，系统定阶后，该方法能较精确地辨识模拟信号的模态参数，在无噪声干扰情况下无论辨识频率还是阻尼比，辨识误差在 1% 以内；在不同噪声干扰程度下，频率和阻尼比误差在 5% 以内。

（4）建立在状态空间模型基础上的 ERA 法与 SSI 法，二者均为模态参数的整体辨识方法，具有较好的精度，是目前土木工程结构环境振动模态参数辨识较为先进的方法，应用到水工结构的模态参数辨识工程中，具有广阔的应用前景。

（5）通过拉西瓦拱坝泄洪振动水弹性模型试验表明，运用 ERA、SSI 方法以及 SVD- 改进 EMD 辨识方法，仅利用拱坝泄洪振动响应能准确辨识拱坝结构模态参数，与通过人工激励计算传递函数得到的结构模态参数相比，频率辨识误差均在 5% 以内，且该方法具有辨识密频模态的能力。

（6）环境激励是一种天然的激励方式，无需贵重的激励设备，不打断结构的正常使用，直接从结构的工作状态下辨识出的模态参数更符合实际情况和边界条件。

（7）基于模态参数的高坝在线监测方法，为结构的安全评估提供了依据。

参考文献

[1] 曹树谦，张文德，萧龙翔．振动结构模态分析理论、试验与应用［M］．天津：天津大学出版社，2000．

[2] 傅志方，华宏星．模态分析理论与应用［M］．上海：上海交通大学出版社，2000．

[3] 王济，胡晓．MATLAB 在振动信号处理中的应用［M］．北京：中国水利水电出版社，2006．

[4] 张莲，胡晓倩，王士彬，等．现代控制理论［M］．北京：清华大学出版社，2008．

[5] James G H, Carne T G, Lauffer J P. The Natural Excitation Technique for Modal Parameter Extraction from Operating Wind Turbines［R］. No. SAND 92-166,UC-261. Sandia: Sandia National Laboratories, 1993.

[6] 张辉东，周颖，练继建．一种水电厂房振动模态参数识别方法［J］．振动与冲击，

2007，26（5）：115-118.

[7] Mohanty P, Rixen D J. Modified ERA method for operational modal analysis in the presence of harmonic excitations [J]. Mechanical Systems and Processing, 2006, 20: 114-130.

[8] 樊江玲，张志谊，华宏星．从响应信号辨识斜拉桥模型的模态参数［J］．振动与冲击，2004，23（4）：91-94.

[9] 杨和振，李华军，黄维平．海洋平台结构环境激励的实验模态分析［J］．振动与冲击，2005，24（2）：129-132.

[10] 李德葆，陆秋海．试验模态分析及其应用［M］．北京：科学出版社，2001.

[11] 张笑华，任伟新，禹丹江．结构模态参数辨识的随机子空间法［J］．福州大学学报（自然科学版），2005，33（10）：46-49.

[12] Overschee P V, De Moor B. Subspace algorithms for the stochastic identification problem [C] //Proceedings of the 30th Conference on Decision and Control. Brighton, 1991: 1321-1326.

[13] Overschee P V, De Moor B. Subspace Identification for Linear Systems: Theory, Implementation, Applications [M]. Dordrecht, the Netherlands: Kluwer Academic Publishers, 1996.

[14] 王安丽，史志富，张安．基于熵的空中目标辨识模型及应用［J］．火力与指挥控制，2005，30（2）：110-112.

[15] 杨文献，任兴民，姜节胜．基于奇异熵的信号降噪技术研究［J］．西北工业大学学报，2001，19（3）：368-371.

[16] 孙增寿．基于小波的土木工程结构损伤辨识方法研究［D］．福州：福州大学，2006.

[17] 练继建，张建伟，李大坤，等．泄洪激励下高拱坝模态参数识别研究［J］．振动与冲击，2007，26（12）：101-105.

[18] 常军，张启伟，孙利民．基于随机子空间结合稳定图的拱桥模态参数辨识方法［J］．建筑科学与工程学报，2007，24（1）：21-25.

[19] 李松辉，练继建．基于支持向量机及模态参数辨识的导墙结构损伤诊断研究［J］．水利学报，2008，39（6）：652-657.

[20] 李火坤，张建伟，练继建，等．泄流条件下的溢流坝结构原型动力测试［J］．中国农村水利水电，2009，（12）：99-102.

第6章　基于HHT变换的模态参数辨识

近年来随着计算机技术、信号分析技术和试验手段的进步，基于振动的模态参数辨识研究得到了长足进展，研究对象已从单一较小线性不变结构向大型多相耦合非线性动力时变体系过渡，研究方法从经典的频域方法发展到现代时—频联合分析方法和人工智能方法，激励方式由简单的脉冲方式发展到复杂的环境随机激励，研究结构所处的背景环境由无干扰噪声到强干扰、强耦合、多特征条件下的随机噪声[1, 2]。

水利工程中高坝等泄流结构具有高水头、大流量、超高流速的工作特点，振动信号通常为低信噪比、非平稳随机信号，其有效信息往往被低频水流噪声所湮没。为得到泄流结构振动特征，本章主要介绍一种基于HHT变换的模态参数辨识。该方法通过对泄流振动数据进行预处理，提取结构振动有效信息，同时结合系统定阶和模态验证，精确辨识泄流结构的工作模态参数，为辨识高坝泄流结构的工作模态参数提供捷径。

6.1　HHT变换基本理论

Hilbert-Huang变换（HHT）是由美国华裔科学家Huang等于1998年提出的一种新型而先进的时间序列信号分析方法，该方法由经验模态分解（EMD）和希尔伯特变换（HT）两部分组成，EMD方法作为其核心，依据数据本身的时间尺度特征进行分解，因此，HHT方法与建立在先验性谐波基函数上的傅里叶变换和建立在小波基函数上的小波变换不同，是一种更适合于处理非线性、非稳态信号的分析技术。该方法一经提出就在工程振动信号处理、模态参数辨识、健康监测与损伤检测、故障诊断中得到广泛应用，是当前国际上公认的最新的时频局部化分析方法之一。

6.1.1　EMD算法

EMD是HHT变换的关键，该算法主要作用为去除叠加波和使信号波形更加对称。Huang等认为：任何复杂信号都是由一系列简单的、相互不同的、并非正弦函数的固有模态函数（intrinsic mode function，IMF）叠加而成。首先，定义满足下面两个条件的函数为固有模态函数：整个数据序列中，极值点的数量与过零点数量相等或至多相差 1；信号上任意一点，由局部极大值点确定的包络线和由局部极小值点确定的包络线的均值为 0，即信号关于时间轴局部对称。常见的振动信号通常是由多个 IMF 组成的复杂信号，通过对原始振动信号进行经验模态分解（EMD），便可以获得组成原始信号的一组 IMF 分量，EMD 的分解过程详见第 2.5.1 节。

6.1.2 Hilbert 变换

Hilbert 变换是一种线性变换，它强调局部性质，由其得到的瞬时频率是最好的定义，避免了傅里叶变换产生的许多事实上不存在的高低频成分，具有直观的物理意义。

对原始信号经 EMD 分解后得到的 IMF 分量进行 Hilbert 变换：

$$\hat{c}_i(t)=H\left[c_i(t)\right]=\frac{1}{\pi}\mathrm{PV}\int_{-\infty}^{+\infty}\frac{c_i(\tau)}{t-\tau}\mathrm{d}\tau \tag{6-1}$$

式中，PV 代表柯西主值，构造解析信号 $z(t)$：

$$z_i(t)=c_i(t)+\mathrm{j}\hat{c}_i(t)=A_i(t)\mathrm{e}^{\mathrm{j}\theta_i(t)} \tag{6-2}$$

式中，$\mathrm{j}=\sqrt{-1}$ 为虚数，$A_i(t)$ 为幅值函数，$\theta_i(t)$ 为相位函数。

$$A_i(t)=\sqrt{c_i^2(t)+\hat{c}_i^2(t)} \tag{6-3}$$

$$\theta_i(t)=\arctan\left[\frac{\hat{c}_i(t)}{c_i(t)}\right] \tag{6-4}$$

式（6-3）和式（6-4）明确表达了振幅和相位随时间的变化关系，反映了 IMF 分量的瞬时特性。

在式（6-4）的基础上定义瞬时频率为

$$\omega_i(t)=\frac{\mathrm{d}\theta_i(t)}{\mathrm{d}t} \tag{6-5}$$

式（6-5）表明 HHT 方法定义的瞬时频率是关于某时刻局部频率关于时间 t 的函数，它表征了 t 时刻信号能量在频域分布的量度，这与经典的波形理论关于频率的定义是一致的。

令 i=1，2,⋯,n，Re 代表取实部，忽略残余分量的影响，信号 $x(t)$ 可以表示为

$$x(t)=\sum_{i=1}^{n}c_i(t)=\mathrm{Re}\sum_{i=1}^{n}z_i(t)=\mathrm{Re}\sum_{i=1}^{n}A_i(t)\mathrm{e}^{\mathrm{j}\theta_i(t)} \tag{6-6}$$

由式（6-5）可知，$\theta_i(t)=\int\omega_i(t)\mathrm{d}t$，并将其代入式（6-6）中：

$$x(t)=\mathrm{Re}\sum_{i=1}^{n}A_i(t)\mathrm{e}^{\mathrm{j}\theta_i(t)}=\mathrm{Re}\sum_{i=1}^{n}A_i(t)\mathrm{e}^{\mathrm{j}\int\omega_i(t)\mathrm{d}t} \tag{6-7}$$

由式（6-7）可知，HHT 变换突破了基于 FFT 分析时固定幅度和频率的限制，给出信号 $x(t)$ 的一个可变幅度和可变频率的描述方法。可变的幅度与瞬时频率大大改进了信号分解的效率，使这种分解方法也可以处理非平稳信号，突破了固定幅度与固定频率的傅里叶变换的限制，使得 HHT 法能够成功应用于非线性、非平稳信号的处理。

6.1.3 Hilbert 谱

Hilbert 时频谱是把信号幅度表示为时间—频率平面上的等高线，即在空间中将信号幅度表达成时间与瞬时频率的函数，简称 Hilbert 谱，其表达形式有灰度图形式、等高线形式或者三维空间图形。Hilbert 谱的表达式为

$$H(\omega,t)=\mathrm{Re}\sum_{i=1}^{n}A_i(t)\mathrm{e}^{\int\omega_i(t)\mathrm{d}t} \tag{6-8}$$

将式（6-8）对时间积分，得到 Hilbert 边际谱：

$$h(\omega)=\int_0^T H(\omega,t)\mathrm{d}t \tag{6-9}$$

Hilbert 边际谱表示每个频率在全局上的能量（或幅度），代表了其在统计意义上的全部累加幅度。边际谱中某一频率仅代表有这样频率的信号存在的可能性。通过边际谱定义 Hilbert 瞬时能量如下：

$$\mathrm{IE}(t)=\int_0^T H^2(\omega,t)\mathrm{d}\omega \tag{6-10}$$

式（6-10）表示了信号能量随时间的变化情况。对振幅的平方沿时间积分，得到 Hilbert 能量谱：

$$\mathrm{ES}(\omega)=\int_0^T H^2(\omega,t)\mathrm{d}t \tag{6-11}$$

Hilbert 能量谱表示了在整个时间区域内，每个频率上所积累的能量，能清晰地刻画出信号能量随时间、频率的分布。

6.2 HHT 模态参数辨识原理

基于 HHT 的信号时频分析过程如下：滤除信号中混入的噪声；计算振动信号两点响应之间的互相关函数；通过 EMD 将互相关函数分解为一系列 IMF 分量

和残量的和；利用基于奇异熵增量的方法对模态定阶，从 IMF 分量中提取出属于结构共振响应的部分；最后，对选取的各阶 IMF 分量应用 Hilbert 变换，获取各阶频率和阻尼比等模态参数。

为得到振动信号两点响应之间的互相关函数，可采用前述的 NExT 方法。NExT 法的基本思想是：线性系统在白噪声激励下两点响应的互相关函数和脉冲响应函数的数学表达式完全一致。对于泄流结构，以振动量较小的测点为参考点，则其他测点与参考点之间的互相关函数即为各测点的脉冲响应函数[3, 4]。

将脉冲响应函数进行 EMD 分解，得到各阶 IMF 分量，即为结构的各阶自由衰减响应，其表达式可写为[5]

$$x(t)=\mathrm{e}^{-\xi\omega_0 t}\left[x_0\cos(\omega_{\mathrm{d}}t)+\frac{\dot{x}_0+\xi\omega_0 x_0}{\omega_{\mathrm{d}}}\sin(\omega_{\mathrm{d}}t)\right] \tag{6-12}$$

式中，ω_0 为系统的固有频率；ξ 为相对阻尼系数；x_0、$\dot{x}_0$ 为初始位移和初始速度；$\omega_{\mathrm{d}}=\omega_0\sqrt{1-\xi^2}$ 为有阻尼固有频率。式（6-12）还可以表示为

$$x(t)=A_0\mathrm{e}^{-\xi\omega_0 t}[x_0\cos(\omega_{\mathrm{d}}t+\phi_0)] \tag{6-13}$$

式中，A_0 是与激励荷载强度、结构质量和频率特性有关的常数，对式（6-13）应用 Hilbert 变换，得到 $x(t)$ 的解析信号为

$$z(t)=x(t)+\mathrm{j}H(x(t))=A(t)\mathrm{e}^{-\mathrm{j}\theta(t)} \tag{6-14}$$

当系统中的阻尼较小时，式（6-14）中的幅值 $A(t)$ 和相位 $\theta(t)$ 可表示为

$$A(t)=A_0\mathrm{e}^{-\xi\omega_0(t)} \tag{6-15}$$

$$\theta(t)=\omega_{\mathrm{d}}t+\phi_0 \tag{6-16}$$

应用对数和微分算子分别对式（6-15）、式（6-16）的幅值和相位函数进行分析，得

$$\ln A(t)=-\xi\omega_0 t+\ln A_0 \tag{6-17}$$

$$\omega(t)=\frac{\mathrm{d}\theta(t)}{\mathrm{d}t}=\omega_{\mathrm{d}} \tag{6-18}$$

式（6-17）的斜率即为 $\xi\omega_0$，而 ω_{d} 可由式（6-18）求得，因此，系统的固有频率 ω_0 和阻尼比 ξ 可以通过 $\omega_{\mathrm{d}}=\omega_0\sqrt{\ -\xi}$ 的关系获得。

基于 HHT 的泄流结构工作模态辨识方法的步骤为：①对结构振动信号进行滤波降噪，以振动量较小的测点为参考点求同工况不同测点振动信号之间的互相关函数；②利用脉冲响应函数构造 Hankel 矩阵并进行奇异值分解；计算 Hankel 矩阵奇异值分解后的奇异熵，并确定奇异谱的阶次（即结构系统阶次），剔除非

模态项（非共轭根）和共轭项（重复项），获得结构实际阶次；③对脉冲响应信号进行 EMD 分解得到的结构各阶自由衰减响应分量，进行 Hilbert 变换，求出幅值对数时间函数及相位时间函数，得到各阶分量的固有频率和阻尼比；④针对已确定的脉冲响应函数实际阶次，结合模态置信度验证模态，得到系统各阶模态参数。基于 HHT 变换的工作模态分析流程如图 6-1 所示。

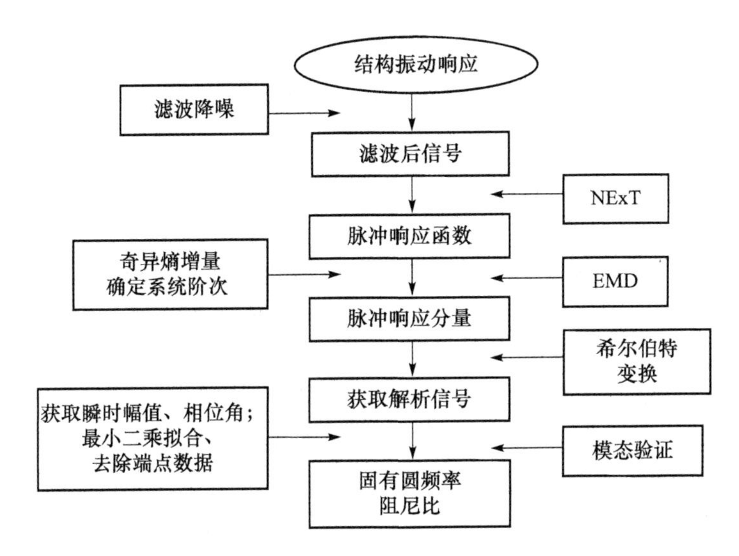

图 6-1　HHT 工作模态分析流程图

6.3　HHT 法的优越性

HHT 方法在模态参数辨识领域具有诸多优越性[6]。

（1）相对于依赖先验函数基的傅里叶及小波等分析方法，HHT 方法是一种更具适应性的时频局部化分析方法，它没有固定的先验基底，是自适应性的。因此，HHT 方法更适合处理非线性、非平稳的实际信号。

（2）HHT 方法突破了传统的将幅值不变的简谐信号定义为基底的局限，定义 IMF 并指出其幅值是可变的，使信号分析更加灵活。

（3）得到的每个 IMF 可以看作信号中的固有振动模态，通过 Hilbert 变换得到的瞬时频率表征信号的局部特性，具有明确的物理意义。

（4）Hilbert 能量谱能清晰地刻画出信号能量随时间、频率的分布，HHT 方法能够精确地作出时间—频率图，而其他信号分析方法无法做到。

（5）结合奇异熵增量系统模态定阶，HHT 工作模态参数辨识方法能够直接确定系统阶数并准确辨识出泄流结构模态参数，能够有效避免模态分解中的频率混杂，具有较强的鲁棒性以及较高的辨识精度。

6.4 仿真实例

为检验 HHT 法辨识工作模态的有效性，构造模拟信号 $x(t)$ 和 $x_1(t)$ 进行检验，其中 $x_1(t)$ 为加入低频噪声和高频白噪声的信号，表达式如下：

$$x(t)=10\mathrm{e}^{-t\pi/2}\sin(15\times t)+5\mathrm{e}^{-t/3}\sin(20\times t)$$

$$x_1(t)=8\mathrm{e}^{-t/3}\sin(3\times t)+x(t)+3\mathrm{randn}(m)$$

式中，t 为时间，采样频率为 100Hz，采样时间为 10s；randn(m) 为均值为零、标准差为 1 的标准正态分布的白噪声；m 为样本个数，假定振动幅值单位为微米（μm），构造信号时程曲线如图 6-2 所示。

针对小波阈值 -EMD 联合滤波方法对含噪信号 $x_1(t)$ 进行降噪分析。小波阈值降噪采用 db 小波，根据白化检验自适应法确定分解层数为 5 层；EMD 方法根据各阶 IMF 频谱图判断含真实信号的固态模量并对含真实信号的固态模量进行重构得到消噪后信号；信号 $x_1(t)$ 消噪前后时程和功率谱密度图如图 6-3、图 6-4 所示。

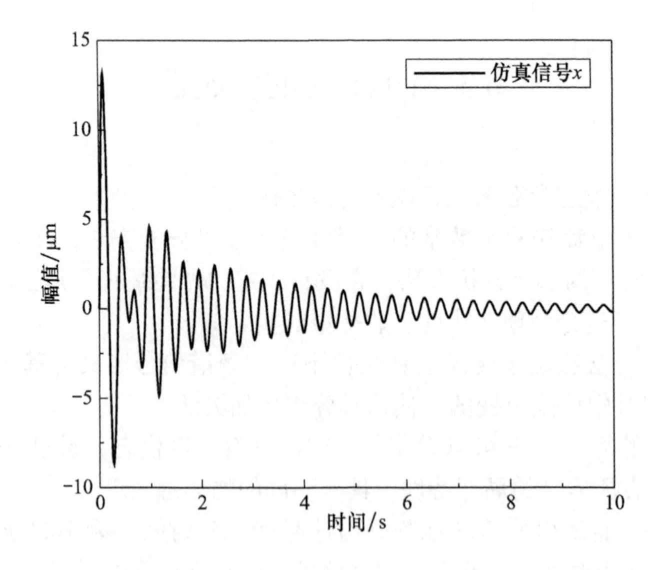

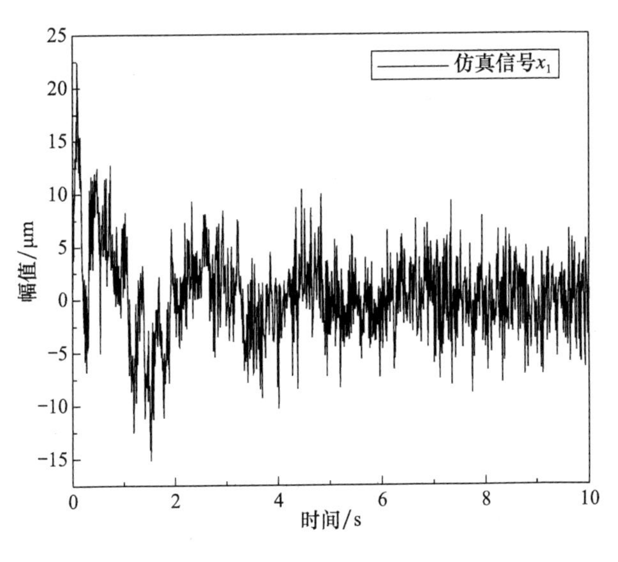

图 6-2　构造信号时程曲线

由图 6-4 可知，当信号中噪声能量很大时，有用特征信息往往被噪声湮没（如泄流结构振动信息被水流脉动和高频白噪声湮没），尤其低频脉冲噪声已经湮没了真实信号的优势频率，经过小波阈值 -EMD 联合滤波，含噪信号中的噪声成分已基本滤除，所保留信息能很好地反映原始信号特征。

将滤波后信号作一时间延迟，求得二者之间的互相关函数，如图 6-5 所示。

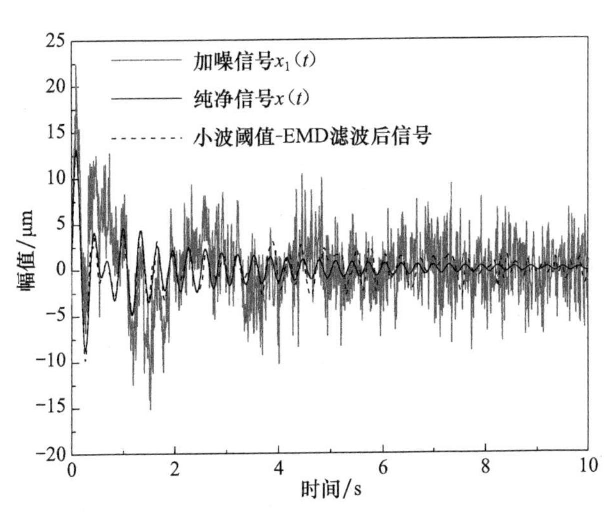

图 6-3　信号 x_1 消噪前后对比图

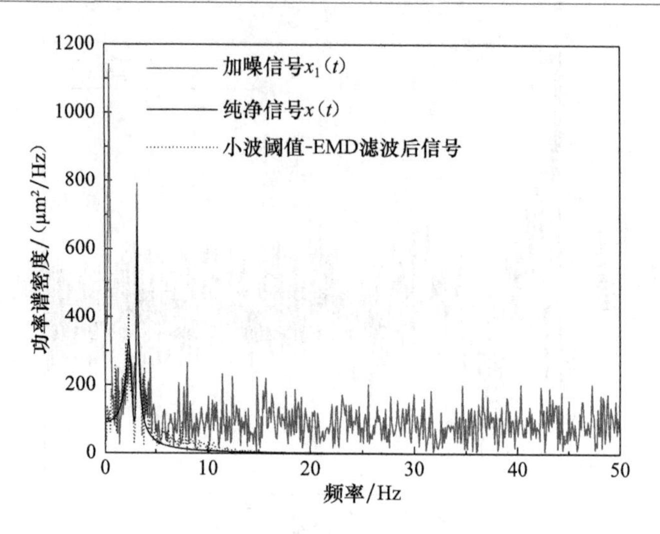

图 6-4　信号 x_1 消噪前后功率谱密度对比图

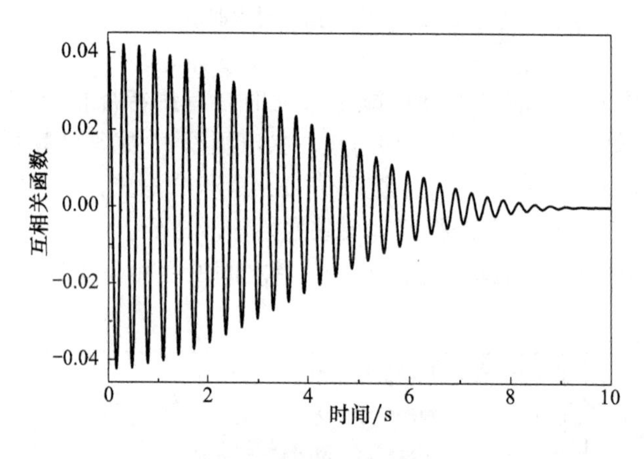

图 6-5　互相关函数曲线

将之作为脉冲响应函数进行模态辨识，结合奇异熵增量随奇异谱阶次变化曲线对结构系统进行定阶，奇异熵定阶结果如图 6-6 所示，当系统奇异谱阶次为 5 阶时，对应的奇异熵增量开始缓慢增长并逐渐趋于平稳，根据复模态理论，剔除系统非模态项（非共轭根）和共轭项（重复项）之后，系统的模态阶次为［5/2］=2 阶。

对脉冲响应函数进行 EMD 分解时，适时剔除序列两端数据以抑制端点效应，保证所得包络的失真度达到最小，提高分解质量。之后将各阶分量进行 Hilbert 变换，求出幅值对数曲线及相位函数曲线，对中间部分数据用最小二乘拟合得出固有频率和阻尼比。各阶分量模态辨识过程见图 6-7，辨识结果见表 6-1。

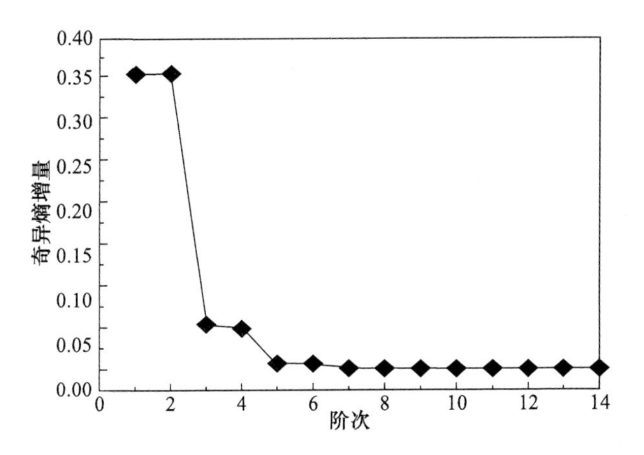

图 6-6　奇异熵增量随奇异谱阶次变化曲线

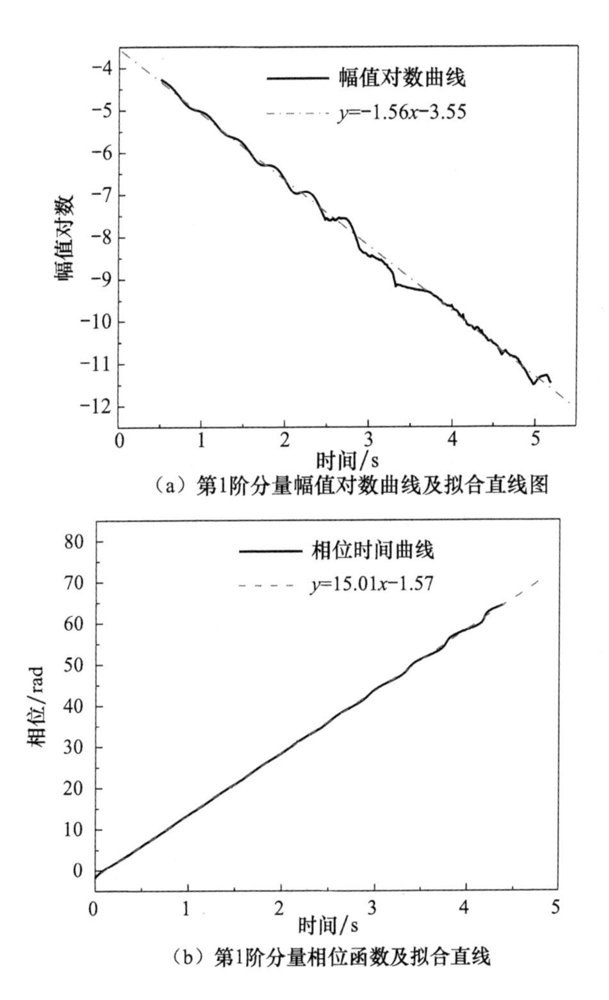

（a）第1阶分量幅值对数曲线及拟合直线图

（b）第1阶分量相位函数及拟合直线

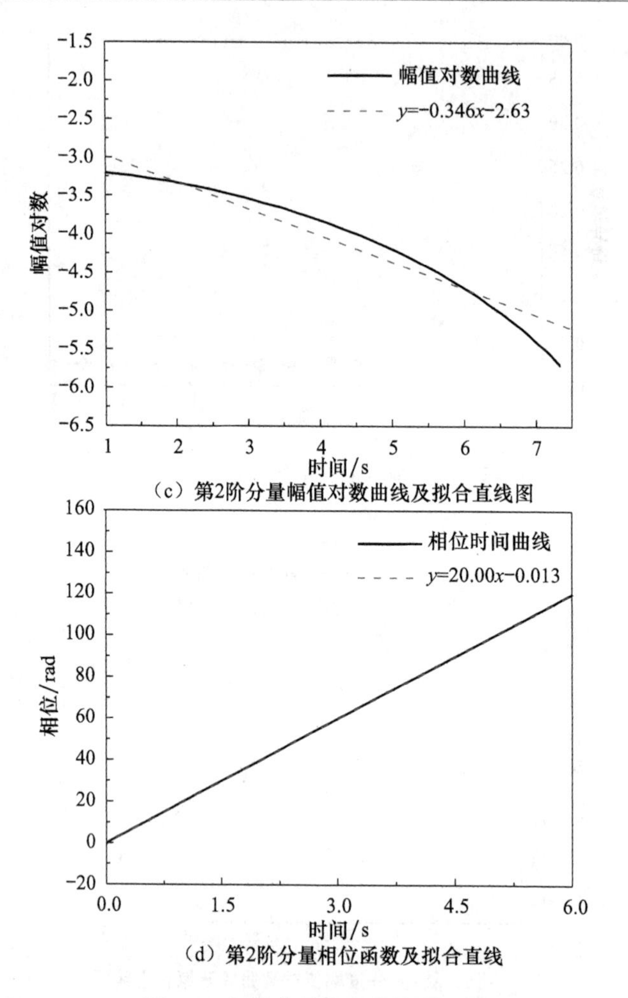

(c) 第2阶分量幅值对数曲线及拟合直线图

(d) 第2阶分量相位函数及拟合直线

图 6-7　各阶分量模态参数辨识过程

表 6-1　模态参数辨识结果

模态阶数	理论值		辨识结果		辨识误差	
	圆频率 /Hz	阻尼比 /%	圆频率 /Hz	阻尼比 /%	圆频率 /%	阻尼比 /%
1	15	10.41	15.01	10.34	0.06	0.67
2	20	1.67	20.00	1.73	0.00	3.59

由表 6-1 可知：仿真信号辨识误差在 5% 以内，证明该方法的正确性及有效性。

6.5 工程实例

6.5.1 三峡重力坝

以三峡 5 号溢流坝段为研究对象进行 HHT 模态参数辨识，三峡 5 号溢流坝段简介和测点布置图见第 5.9 节。测试采样频率 100Hz，采样时间 40s，选择 1# 和 3# 测点数据（即 1、3、5、6 通道）对该坝段进行工作模态参数辨识，限于篇幅，仅列第 5 阶模态参数辨识过程（图 6-8），模态参数辨识结果见表 6-2。为说明 HHT 方法的实用性，与文献［7］中的 ERA 方法辨识结果进行对比，其中

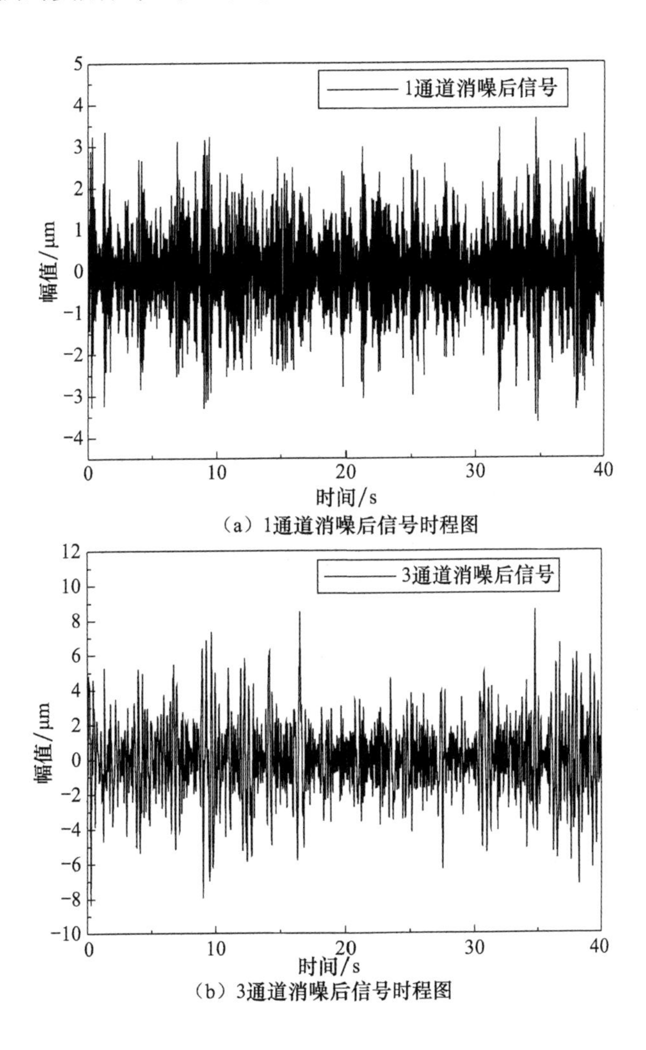

（a）1通道消噪后信号时程图

（b）3通道消噪后信号时程图

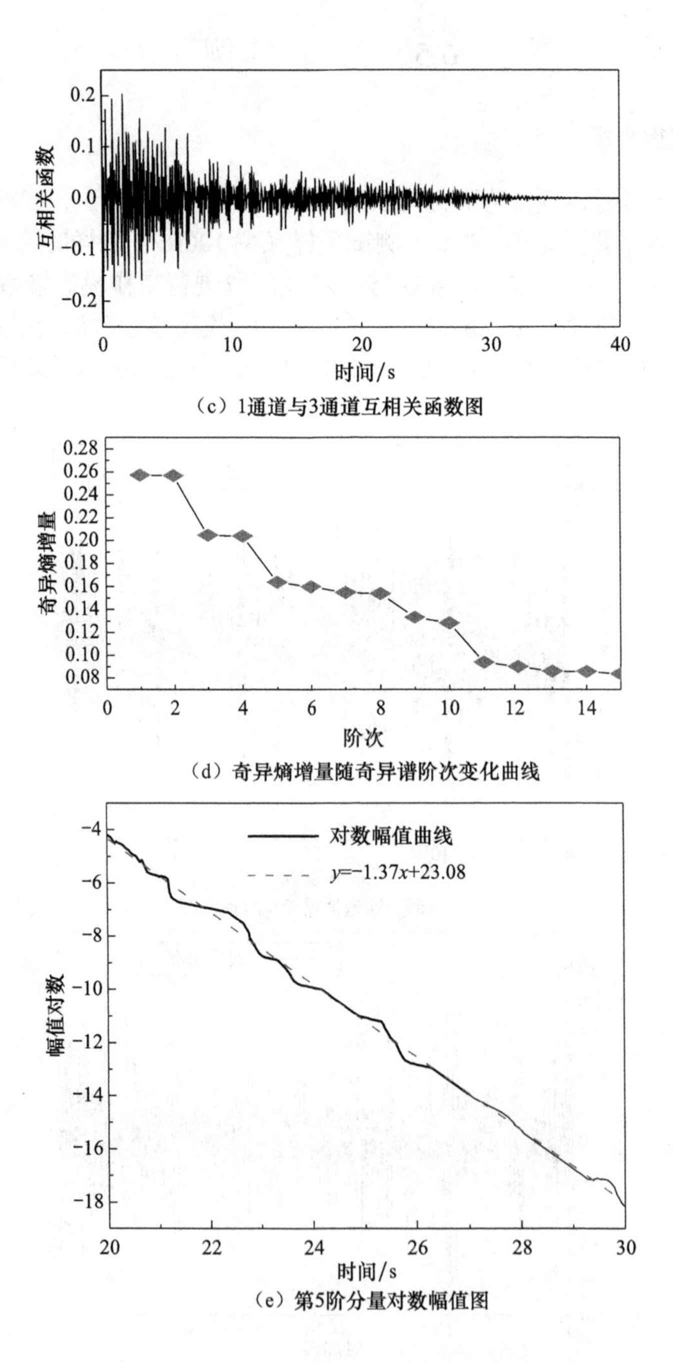

（c）1通道与3通道互相关函数图

（d）奇异熵增量随奇异谱阶次变化曲线

（e）第5阶分量对数幅值图

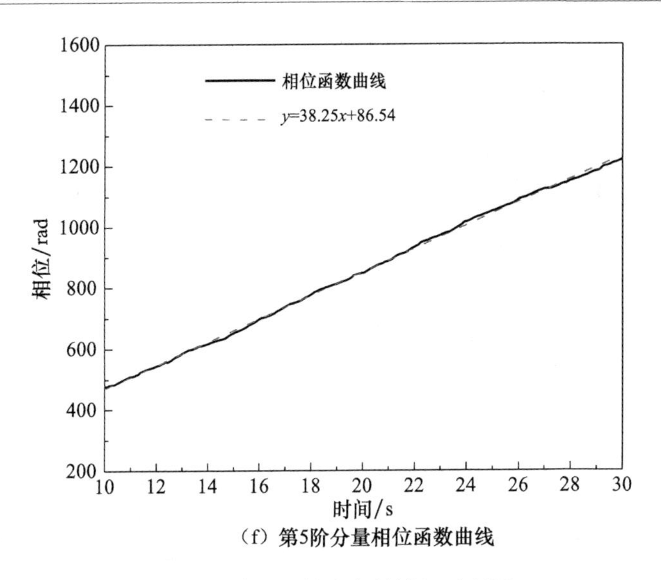

（f）第5阶分量相位函数曲线

图 6-8　第 5 阶模态参数辨识过程图

ERA 方法辨识精度高、能够用于辨识密频结构，并且与本方法辨识的模态参数具有相同的参数估计信息量和整体统一性。分析可知，HHT 方法在辨识阶数及辨识精度上优于 ERA 方法的辨识结果，并且具有辨识密频模态的能力[8]。

表 6-2　三峡 5 号溢流坝段模态参数辨识结果

HHT 方法					文献［7］ERA 方法
模态阶数	圆频率 /Hz	频率 /Hz	阻尼比 /%	振型	频率 /Hz
1	14.14	2.25	7.85	顺河向	2.43
2	17.78	2.83	7.01	顺河向	2.96
3	23.87	3.80	4.86	顺河向	4.0
4	32.48	5.17	3.89	垂向	—
5	38.25	6.08	3.58	顺河向	5.84
6	48.38	7.70	2.93	垂向	—

6.5.2　景电工程渡槽

甘肃景泰川电力提灌工程（以下简称景电工程）是一项高扬程、大流量、多梯级电力提水灌溉工程。以二期三泵站输水渡槽工作模态辨识为研究内容，选取与出水塔相邻的第一跨渡槽为具体试验对象，该渡槽为大型钢筋混凝土 U 形薄壁结构，槽身纵向为单跨简支梁结构，单跨长 12m，排架高度为 13.5m。槽体混凝土采用 C40，排架混凝土采用 C30，排架基础混凝土采用 C25，渡槽全景和测点布置如图 6-9 所示。

（a）渡槽全景图

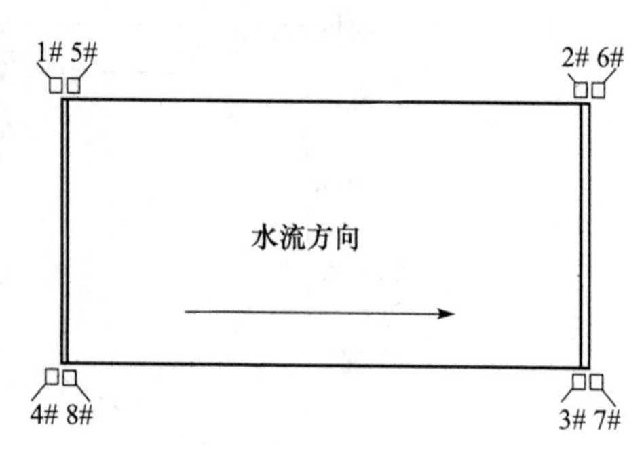

（b）测点布置平面图

（c）测点布置实况图

（d）位移传感器

图 6-9　渡槽全景图和测点布置图

1#～4# 为水平方向测点，5#～8# 为竖直方向测点

试验时采用耐冲击的 DP 型地震式低频振动传感器，在一跨渡槽上布置 8 个动位移响应测点。水平方向依次为 1#、2#、3#、4#，竖直方向依次为 5#、6#、7#、8#（图 6-9（b））。现场测试时渡槽处于正常输水工况，采样频率为 50Hz，测试时间 1200s。选取 1# 和 7# 测点的实测响应信号数据进行模态分析。

采用小波阈值与 EMD 结合的二次滤波方法处理 1# 测点实测数据，滤除测试信号中的干扰强噪声，降噪前后信号时程线如图 6-10（a）所示。选择同工况下振动较小的 7# 测点作为参考点，对 7# 测点进行同样降噪处理，7# 测点降噪前后时程线如图 6-10（b）所示。利用 1# 测点和 7# 测点消噪后数据求出两点间互相关函数，如图 6-10（c）所示。根据 NExT 理论，将互相关函数作为脉冲响应函数进行模态辨识。奇异熵增量理论对结构系统进行定阶，奇异熵定阶结果如图 6 -11 所示，其系统奇异谱阶次为 10 阶时，对应的奇异熵增量增长缓慢并逐渐趋于平稳。根据复模态理论，剔除系统非模态项和共轭项，最终系统模态阶次为［10/2］=5 阶[9]。

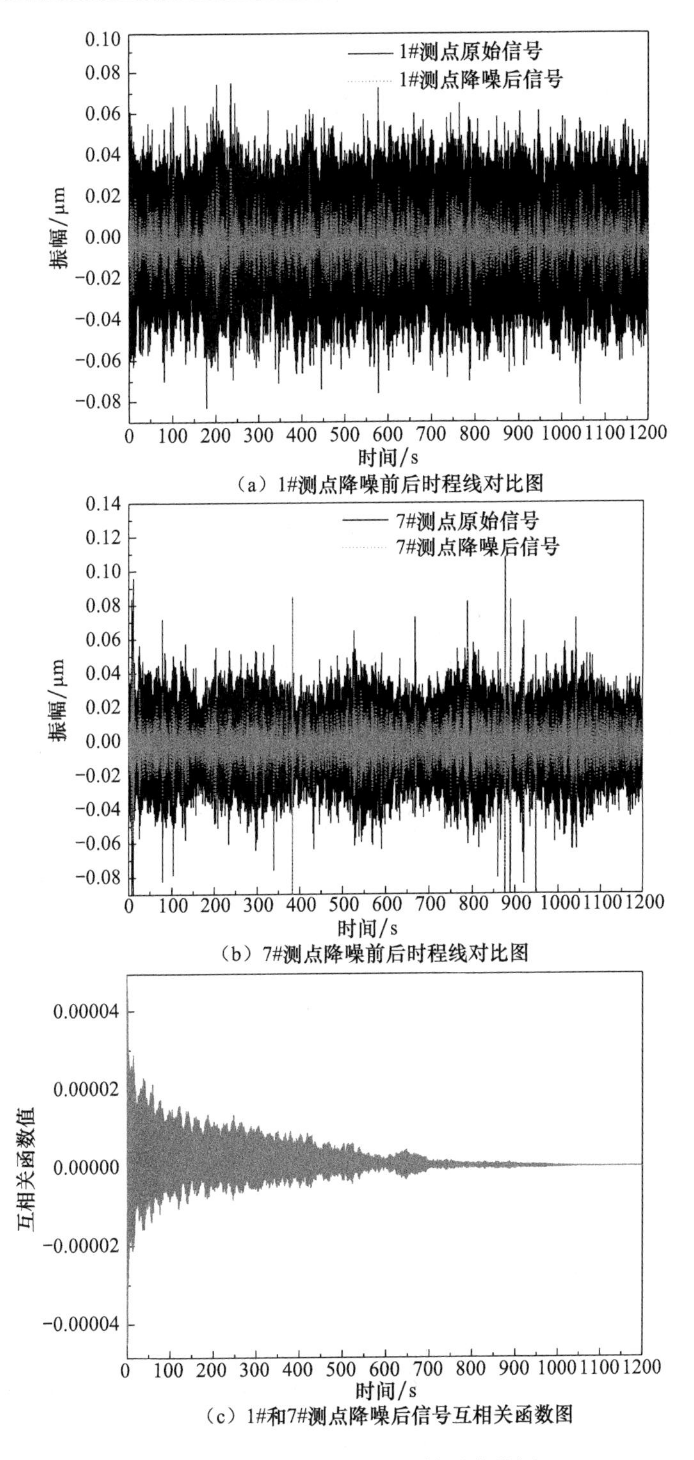

（a）1#测点降噪前后时程线对比图

（b）7#测点降噪前后时程线对比图

（c）1#和7#测点降噪后信号互相关函数图

图 6-10　1# 和 7# 数据处理结果曲线图

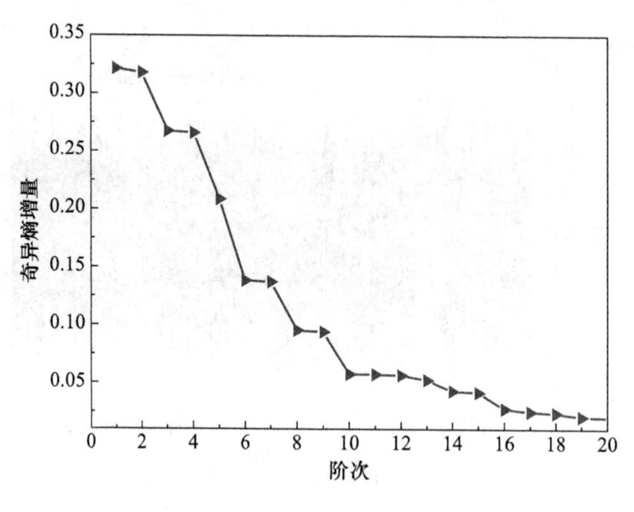

图 6-11　奇异熵增量谱

系统阶次确定后，对脉冲响应函数进行 EMD 分解，为保证所得包络的失真度达到最小，提高分解质量，剔除序列两端数据以控制端点效应。之后将各阶分量进行 Hilbert 变换，求出相位函数曲线，对中间部分数据用最小二乘拟合得出结构固有频率。限于篇幅，本章仅给出前两阶模态相位函数曲线，如图 6-12 所示，频率辨识结果见表 6-3。

渡槽在工作状态下的动力学问题实质是流固耦合（fluid-solid interactions, FSI）动力学问题，其特点是水体与槽体相互作用。假定水体无黏、可压缩和小扰动，水体表面运动为小波动，固体为线弹性，采用 FSI 系统的有限元理论

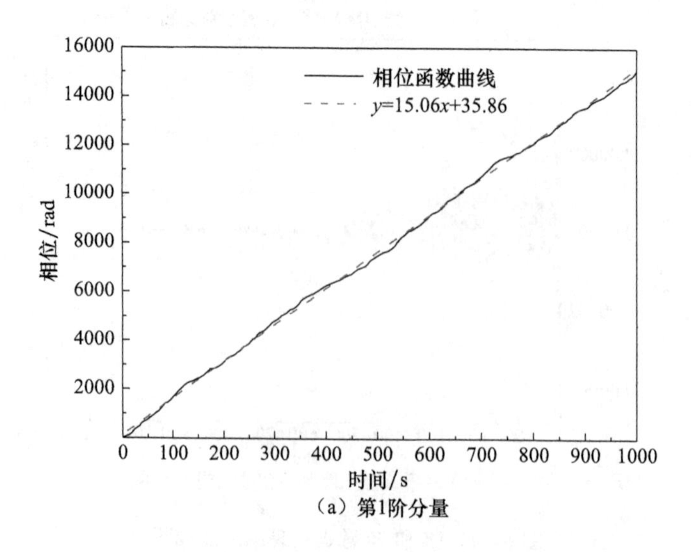

（a）第1阶分量

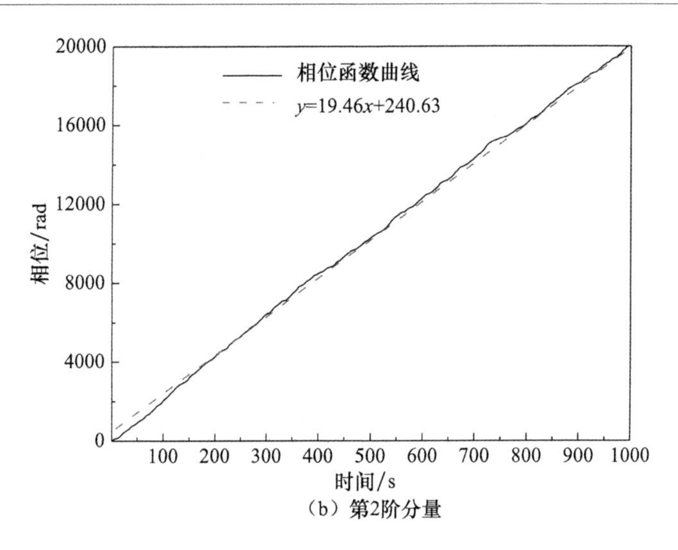

（b）第2阶分量

图 6-12　相位函数曲线图及拟合直线

表 6-3　HHT 方法模态辨识结果

阶数	1	2	3	4	5
频率 /Hz	2.398	3.100	4.328	10.262	12.930

建立槽体—水体—排架—基础—地基为一体的三维有限元动力模型，如图 6-13 所示。

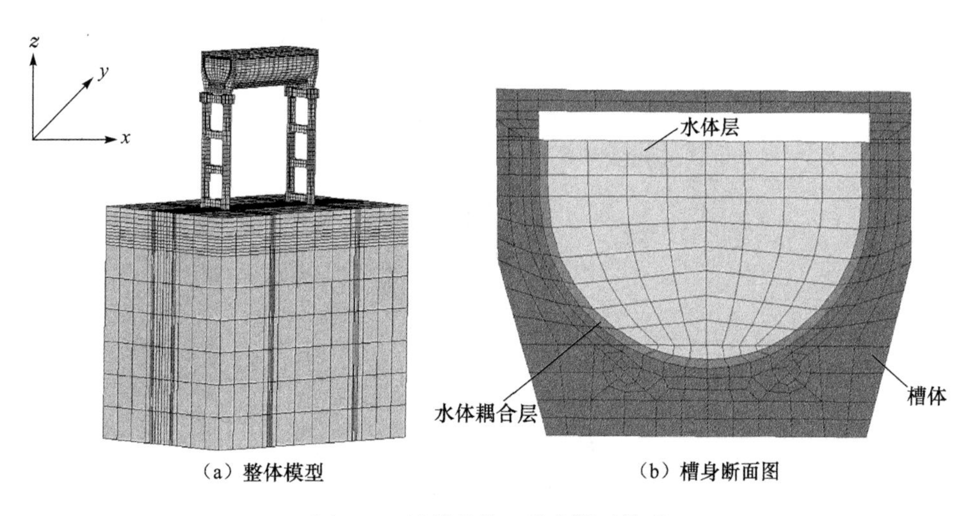

（a）整体模型　（b）槽身断面图

图 6-13　渡槽结构三维有限元模型

U 形渡槽动力系统中共有 14366 个单元，其中渡槽结构有 2952 个单元，水体单元有 2862 个单元。根据设计与地勘资料，渡槽和地基材料参数如表 6-4 所示。前 5 阶振型如图 6-14 所示。

表 6-4　有限元建模材料参数

参数	槽体	排架	排架基础	地基
混凝土型号	C40	C30	C25	—
密度	2500	2500	2500	234
弹性模量	3.25×10^4	3.0×10^4	2.8×10^4	0.7×10^3
泊松比	0.167	0.167	0.167	0.237

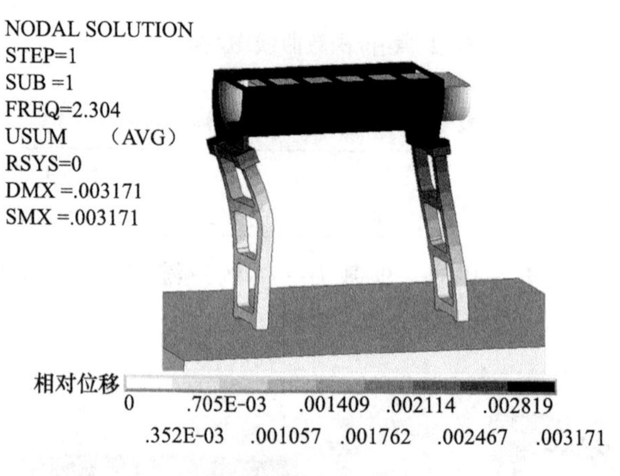

（a）第1阶（f=2.304Hz）

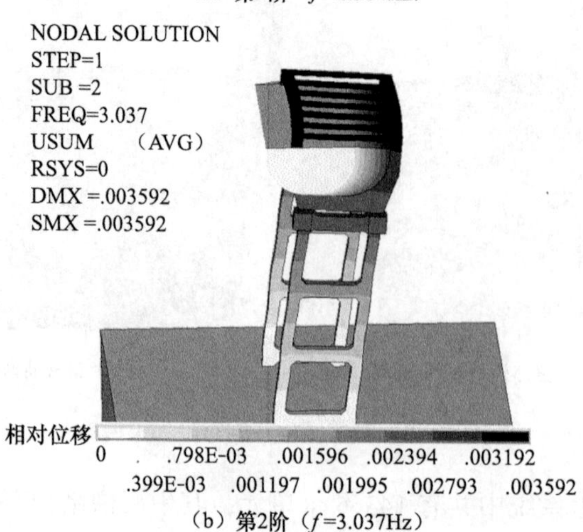

（b）第2阶（f=3.037Hz）

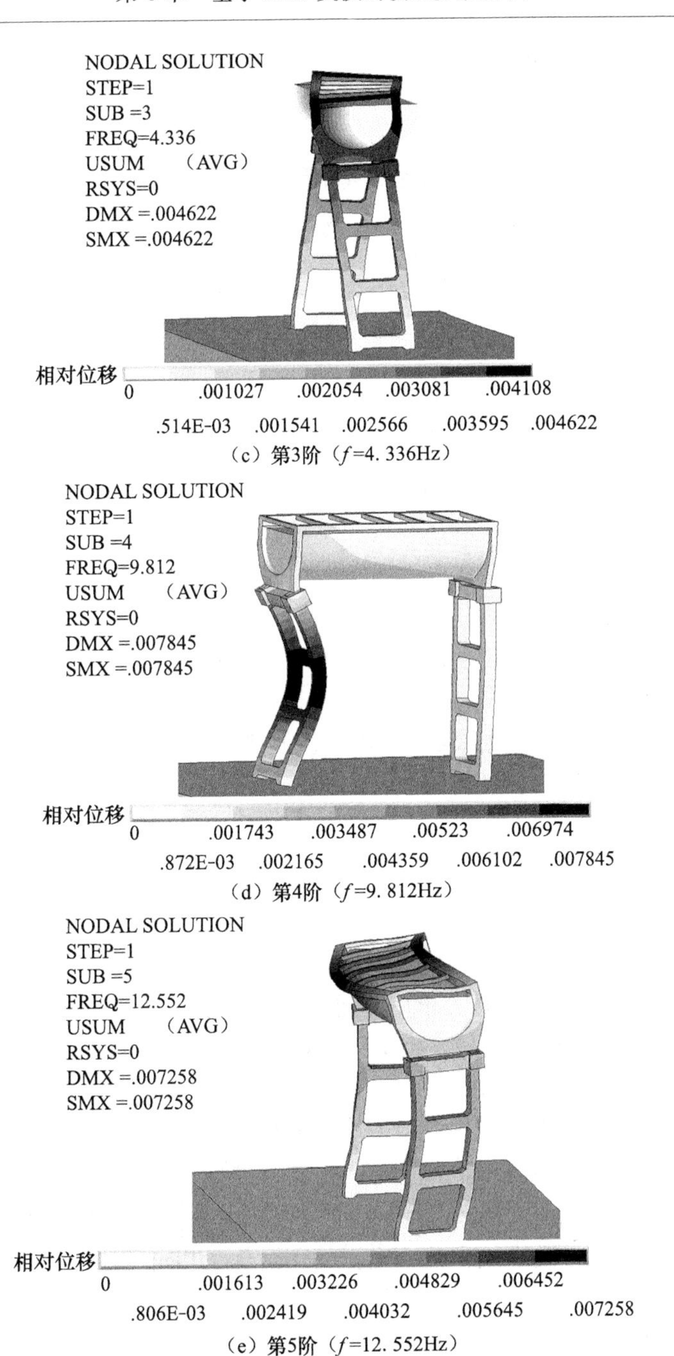

（c）第3阶（f=4. 336Hz）

（d）第4阶（f=9. 812Hz）

（e）第5阶（f=12. 552Hz）

图 6-14　有限元模型辨识结果

STEP 为荷载步，SUB 为振型图序列，FREQ 为频率，RSYS 为采用笛卡儿坐标系，DMX 为最大位移，SMX 为查看项解的最大值

为验证该方法的可行性，将模态辨识结果与有限元计算结果进行对比，见表 6-5。

表 6-5　HHT 模态辨识结果与有限元计算结果对比

阶次	频率		误差 /%
	HHT	有限元分析	
1	2.389	2.304	3.6
2	3.100	3.037	2.1
3	4.328	4.336	0.2
4	10.262	9.812	4.4
5	12.930	12.552	3.0

由表 6-5 可知，HHT 模态参数辨识结果与有限元计算结果接近，最大误差为 4.4%，对低信噪比信号模态辨识结果比较理想，信号经二次滤波后强噪声基本被滤除，有效避免了后期 HHT 模态辨识中模态混叠现象。这表明：基于二次滤波的 HHT 模态参数辨识方法可准确辨识渡槽工作状态下模态参数，抗噪性强，提高结构振动参数辨识精度。

6.6　本章小结

本章主要介绍基于 HHT 法的结构模态参数辨识方法，介绍了 HHT 的基本概念以及 HHT 技术进行模态参数辨识的原理及辨识步骤，通过仿真实例和工程实例详细介绍了辨识模态参数的过程，即运用前面章节介绍的降噪方法对动力响应数据 $x(t)$ 进行滤波降噪，利用 NExT 法提取结构上不同测点响应信号的脉冲响应函数，通过模态定阶技术及利用 EMD 方法，对脉冲响应函数进行分解，得到对应模态响应分量的 IMF 分量并进行 Hilbert 变换，拟合出幅值及相位随时间变化的直线方程，进而计算求到结构的无阻尼固有频率和阻尼比。

本章将 HHT 法运用于结构的工作模态参数辨识，为水工结构的参数辨识提取提供了新的思路，取得了一定的成果，具有很好的应用前景。该方法能够有效避免模态分解中的频率混杂，具有较强的鲁棒性以及较高的辨识精度；是一种整体的模态参数辨识方法，具有辨识密频模态的能力。随着研究的深入和完善，HHT 法将会在模态参数辨识领域得到广泛的应用和推广。

参 考 文 献

[1]　张建伟，李火坤，练继建，等．基于环境激励的厂房结构损伤诊断与安全评价［J］．振动、测试与诊断，2012，32（4）：670-674．

[2]　张建伟，张翌娜，赵瑜．泄流激励下水工结构应变模态参数时域辨识研究［J］．水力发电学报，2012，31（3）：199-203．

[3]　练继建，李火坤，张建伟．基于奇异熵定阶降噪的水工结构振动模态 ERA 辨识方法［J］．中国科学，2008，38（9）：1398-1413．

[4]　韩建平，李达文．基于 Hilbert-Huang 变换和自然激励技术的模态参数辨识［J］．工程力学，2010，27（8）：54-59．

[5]　李成业．泄流结构水力拍振机理及动态健康监测技术研究［D］．天津：天津大学，2013．

[6]　李夕兵，凌同华，张义平．爆破震动信号分析理论与技术［M］．北京：科学出版社，2009．

[7]　张建伟．基于泄流激励的水工结构动力学反问题研究［D］．天津：天津大学，2008．

[8]　张建伟，朱良欢，江琦，等．基于 HHT 的高坝泄流结构工作模态参数辨识［J］．振动、测试与诊断，2015，35（4）：777-783．

[9]　张建伟，江琦，曹克磊，等．基于二次滤波的 HHT 渡槽模态参数辨识方法［J］．农业工程学报，2015，31（15）：65-71．

第7章　基于独立分量分析的模态参数辨识

传统的模态分析方法是建立在系统输入、输出数据均已知的基础上，利用完整的激励和响应信息进行参数辨识。然而，实际工程中水工结构实际尺寸的限制、人工激励成本的高昂及其对结构运行的影响，使得结构完整输入激励信息难以准确获得，导致传统方法在实际工程中的应用受到限制，近年来随着计算机技术、信号分析技术和试验手段的进步，仅利用实测数据进行模态参数辨识的研究得到了长足进展。其中，作为一种经典的盲源分离技术的独立分量分析（independent component analysis, ICA）受到较多的关注。

独立分量分析是20世纪90年代后期发展起来的一种统计数据分析和信号处理方法，是一种经典的盲源分离技术。其工作原理是：在源信号未知的情况下，假设信号相互独立，从多维数据中寻找具有统计独立和非高斯的成分，进而分离出独立的源信号分量，实现对多信号重叠情况的分解提取工作。由于其操作方便、计算快速、分解结果优于传统的信号分析技术，独立分量分析在通信工程、神经科学、图像处理等[1]多个领域得到广泛应用。

7.1　独立分量基本理论

独立分量分析是盲源分离技术的一种经典方法，盲分离是指在源信号与混合通道参数均未知的条件下，仅通过传感器观测信号来估计源信号和未知混合通道参数的一种新兴信号处理新方法。1994年，法国学者Comon提出盲源分离的独立分量分析方法，对ICA的概念进行了系统的叙述，指出独立分量分析是主成分分析方法的扩展和推广[2]。后来，国内外的学者通过研究发现独立分量技术是一种简单、高效的算法，独立分量技术也逐渐引起更多人的关注和研究。在ICA研究领域内，国际上比较著名且取得较多领先成果的科研院所有美国索尔克研究所计算神经生物学实验室、芬兰赫尔辛基理工大学神经网络研究中心、日本Riken脑科学研究所脑信号处理实验室等。另外，自1999年开始的每年一度的国际ICA年会已经成为ICA研究领域的一项重要学术活动[3]。独立分量被应用于许多领域，其中在生物医学信号与图像分析中的应用较为广泛；一些学者将其应用于信号分析、故障诊断及损伤辨识等诸多领域也取得了较为理想的效果，由于独立分量技术并不要求信源的先验知识，独立分量分析在这些领域具有广阔的应用前景。

7.1.1　独立分量的问题描述

假定 n 个未知的相互统计独立的信源信号组成 n 维源信号矢量 $\boldsymbol{s}(t)=[s_1(t), s_2(t),\cdots,s_n(t)]^{\mathrm{T}}$，经过未知的信号通道传输，被 m 个传感器接收，接收的信号即 m 维观测矢量 $\boldsymbol{x}(t)=[x_1(t),x_2(t),\cdots,x_m(t)]^{\mathrm{T}}$，$\boldsymbol{x}(t)$ 和 $\boldsymbol{s}(t)$ 满足下列等式：

$$\boldsymbol{x}(t)=\boldsymbol{A}\boldsymbol{s}(t) \tag{7-1}$$

式中，$\boldsymbol{A}\in \boldsymbol{R}^{m\times n}$ 是未知的混叠矩阵。

为了最大限度得到源信号的最优估计，需对接收的混合信号 $\boldsymbol{x}(t)$ 进行处理，找到合适的分离矩阵 $\boldsymbol{W}$，通过分离矩阵将各独立信号从混合信号中提取分离。当 $\boldsymbol{W}$ 和 $\boldsymbol{A}$ 互为逆矩阵，即 $\boldsymbol{WA}=\boldsymbol{E}$（$\boldsymbol{E}$ 为单位矩阵）时，ICA 分离结束，即

$$\boldsymbol{y}(t)=\boldsymbol{W}\boldsymbol{x}(t) \tag{7-2}$$

式中，$\boldsymbol{y}(t)=[y_1(t),y_2(t),\cdots,y_n(t)]^{\mathrm{T}}$ 为源信号矢量 $\boldsymbol{s}(t)$ 的估计。

7.1.2　独立分量的基本假设

在源信号和系统特性均未知的情况下，如果缺少其他相关的假设条件，仅依靠观测信号很难得到 ICA 分离问题的期望解。为了使问题可解，对输入的源信号和混合矩阵作出以下的几点假设[4]。

（1）混合矩阵 $\boldsymbol{A}$ 为非奇异矩阵（即 $\boldsymbol{A}^{-1}$ 存在）。

（2）源信号的分量个数 n 小于或者等于观测信号的个数 m，通常假定 $m=n$。

（3）源信号矢量 $\boldsymbol{x}(t)$ 的各分量 $x_i(t)$ 均为零均值的平稳随机信号，且分量间满足统计独立性。

（4）多个高斯信号的混合仍服从一个无法分离的高斯分布，所以假设源信号分量之中最多只有一个服从高斯分布。

即使对 ICA 作了如上基本假设，ICA 分离中还是存在一些不确定性[4]，即 ICA 尚无法确定独立分量的顺序，得到的源信号只是对真实信号的最优估计。但这些不确定性并不影响对信号有用信息的辨识，在实际应用中是可以接受的。

7.1.3　独立分量的预处理

在独立分量的实际应用中，为使复杂问题变简单，有必要在分析数据前对数据进行预处理。一般地，信号的预处理包括两个方面：一是信号的中心化处理，即去均值；二是白化处理，信号经白化处理后稳定性更好。

1. 中心化处理

中心化处理是对观测数据预处理当中最基本的一步，信号通过中心化处理，可简化 ICA 的计算。中心化处理的步骤：先计算观测数据的均值 $\boldsymbol{E}[\boldsymbol{x}(t)]$，然后把均值从每个观测数据 $\boldsymbol{x}(t)$ 中减去，得到的新数据 $\boldsymbol{X}(t)$ 的均值就等于 0，满足上述的第三条基本假设。

原始观测信号 $\boldsymbol{x}(t)$ 的中心化为

$$\boldsymbol{X}(t)=\boldsymbol{x}(t)-\boldsymbol{E}[\boldsymbol{x}(t)] \tag{7-3}$$

这样各独立源信号也同时变为零均值的矢量，通过对数据进行中心化预处理，矩阵 $\boldsymbol{A}$ 保持不变，不影响 ICA 模型估计的结果。在实际中，由于观测数据信号的长度 N 是有限的，可通过求得样本数据的平均值代替该数据的数学期望，即

$$\boldsymbol{E}[\boldsymbol{x}(t)]=\frac{1}{N}\sum_{t=0}^{N}\boldsymbol{x}(t) \tag{7-4}$$

2. 白化处理

白化处理在信号预处理的作用主要是消除原始信号之间的相关性，得到具有单位方差的信号，这个过程使独立分量的提取得到了简化，也是 ICA 中常用的预处理手段之一。最常用的白化方法是通过对随机向量 $\boldsymbol{x}$ 的协方差矩阵进行奇异值分解进行，即

$$\boldsymbol{E}\{\boldsymbol{x}\boldsymbol{x}^{\mathrm{T}}\}=\boldsymbol{U}\boldsymbol{\Lambda}\boldsymbol{U}^{\mathrm{T}} \tag{7-5}$$

然后由下式计算得到白化矢量 $\tilde{\boldsymbol{x}}$：

$$\tilde{\boldsymbol{x}}=\boldsymbol{U}\boldsymbol{\Lambda}^{-\frac{1}{2}}\boldsymbol{U}^{\mathrm{T}}\boldsymbol{x} \tag{7-6}$$

白化处理的过程把 ICA 模型中的混合矩阵 $\boldsymbol{A}$ 转换为一个新的矩阵 $\tilde{\boldsymbol{A}}$，即

$$\tilde{\boldsymbol{x}}=\boldsymbol{U}\boldsymbol{\Lambda}^{-\frac{1}{2}}\boldsymbol{U}^{\mathrm{T}}\boldsymbol{x}=\boldsymbol{U}\boldsymbol{\Lambda}^{-\frac{1}{2}}\boldsymbol{U}^{\mathrm{T}}\boldsymbol{A}\boldsymbol{s}=\tilde{\boldsymbol{A}}\boldsymbol{s} \tag{7-7}$$

而且，新的矩阵 $\tilde{\boldsymbol{A}}$ 是正交的：

$$\boldsymbol{E}\{\tilde{\boldsymbol{x}}\tilde{\boldsymbol{x}}^{\mathrm{T}}\}=\tilde{\boldsymbol{A}}\boldsymbol{E}\{\boldsymbol{s}\boldsymbol{s}^{\mathrm{T}}\}\tilde{\boldsymbol{A}}^{\mathrm{T}}=\tilde{\boldsymbol{A}}\tilde{\boldsymbol{A}}^{\mathrm{T}}=\boldsymbol{I} \tag{7-8}$$

也就是说，在实际运算中可以把混合矩阵的搜索范围限制到正交矩阵的空间中，只需要寻找合适的 $\tilde{\boldsymbol{A}}$ 即可。因此，白化过程实际上减少了 ICA 需要估计的参数，从而简化计算过程[5]。

7.1.4　独立分量的独立性判据

前面章节已经介绍了独立分量的问题描述、基本假设及其预处理方法，独立分量的另外一个关键问题是建立一个能够度量分离结果独立性的判决准则和相应的分离算法。当前估计 ICA 模型的方法很多，这些方法依据不同的指标进行判别，其中常用的主要有非高斯最大化、互信息最小化及最大似然估计法等。

1. 非高斯最大判据

根据中心极值定理，非高斯随机变量之和比原变量更接近高斯变量。对 ICA 模型来说，观测信号是多个独立源信号的线性混合，故观测信号较各独立源信号更接近高斯分布，或者说前者较后者的高斯性强（或非高斯性弱）。因此可以通过对分离结果的非高斯性度量来监测分离结果之间的相互独立性，当各分离结果的非高斯性达到最强时，表明已完成对各独立分量的分离[5]。峭度是用来度量信号非高斯性判据的一种指标，非高斯性可由峭度的绝对值来度量，也可使用峭度的平方。现介绍峭度的相关知识如下。

随机变量 x 的均值为零，假设它的概率密度为 $p_x(x)$，则 x 的第一特征函数 $\varphi(\omega)$ 定义为 $p_x(x)$ 的连续 Fourier 变换：

$$\varphi(\omega)=E\{\exp(\mathrm{j}\omega x)\}=\int_{-\infty}^{+\infty}\exp(\mathrm{j}\omega x)p_x(x)\,\mathrm{d}x \tag{7-9}$$

式中，ω 是对应于 x 的变换变量，且 $\mathrm{j}=\sqrt{-1}$。而第一特征函数 $\varphi(\omega)$ 的 Taylor 展开为

$$\varphi(\omega)=\int_{-\infty}^{+\infty}\left(\sum_{k=0}^{+\infty}\frac{x^k(\mathrm{j}\omega)^k}{k!}\right)p_x(x)\,\mathrm{d}x=\sum_{k=0}^{+\infty}E\{x^k\}\frac{(\mathrm{j}\omega)^k}{k!} \tag{7-10}$$

此展开式中的系数项 $E\{x^k\}$ 为 x 的 k 阶矩。因此，$\varphi(\omega)$ 又被叫作矩生成函数。

随机变量 x 第二特征函数是第一特征函数的自然对数，即

$$\phi(\omega)=\mathrm{In}(\varphi(\omega))=\mathrm{In}(E\{\exp(\mathrm{j}\omega x)\}) \tag{7-11}$$

x 的 k 阶累积量 K_k 定义为它的第二特征函数 $\phi(\omega)$ 的 k 阶导数在原点的值，即

$$K_k=(-\mathrm{j})^k\frac{\mathrm{d}^k\phi(\omega)}{\mathrm{d}\omega^k}\Big|_{\omega=0} \tag{7-12}$$

因此，$\phi(\omega)$ 也被叫作累积量的生成函数。随机变量 x，如果均值为零，那么前 4 阶累积量分别为

$$K_1=0,K_2=E\{x^2\},K_3=E\{x^3\},K_4=E\{x^4\}-3(E\{x^2\})^2 \tag{7-13}$$

可以看出，前 3 阶的累积量与相应的矩是相等的。而 4 阶的累积量与 4 阶矩不同，4 阶的累积量也叫峭度，经过归一化后，峭度则变成：

$$\mathrm{kurt}(x)=\frac{E(x^4)}{[E\{x^2\}]^2}-3 \tag{7-14}$$

如果随机变量 x 和 y，它们相互独立，β 是任意的常数，那么对于峭度来说，就具有以下 3 个方面的性质。

（1）$\mathrm{kurt}(x+y)=\mathrm{kurt}(x)+\mathrm{kurt}(y)$。

（2）$\mathrm{kurt}(\beta x)=\beta^4\mathrm{kurt}(x)$。

（3）如果 x 是高斯分布的，$\mathrm{kurt}(x)=0$。

性质（1）和（2）体现了峭度理论分析的线性特点，性质（3）表明峭度可以用来度量随机变量的非高斯性。峭度的值可正可负，当峭度值为正时，信号为超高斯信号；当峭度值为负时，信号为亚高斯信号；高斯信号的峭度值为 0，信号的非高斯性越强，峭度值与 0 的距离就越远。

2. 互信息最小化判据

假设多变量 $X=[x_1, x_2,\cdots,x_N]$，它的联合概率密度为 $p(X)$，$p(x_i)$ 是其各分量的边缘概率密度。当每个分量间相互独立时有 $p(X)=\prod_{i=1}^{N}p(x_i)$，否则上述等式不成立。当两者不相等时它们 KL 散度即为互信息：

$$I(X)=\mathrm{KL}[p(X),\prod_{i=1}^{N}p(x_i)]=\int p(X)\ln\frac{p(X)}{\prod_{i=1}^{N}p(x_i)}\mathrm{d}x \tag{7-15}$$

互信息有这样一个性质：KL 散度大于等于 0，即 $I(X)\geqslant 0$，当且仅当 X 中的各分量相互独立时，有 $I(X)=0$。这是互信息进行独立程度度量的依据。

3. 极大似然判据

极大似然估计也是进行独立分量分析的一种常用方法。根据 ICA 模型 $\boldsymbol{x}=\boldsymbol{As}$，即观测信号 $\boldsymbol{x}$ 是由源信号、经过混合矩阵 $\boldsymbol{A}$ 得到的，则观测数据 $\boldsymbol{x}$ 的似然函数定义为

$$L(\boldsymbol{A})=E\{\ln\hat{p}(x)\}=\int p(x)\ln p(\boldsymbol{A}^{-1}\boldsymbol{x})\mathrm{d}x-\ln|\det(\boldsymbol{A})| \tag{7-16}$$

式中，$\hat{p}(x)$ 是对观测信号 $\boldsymbol{x}$ 的概率密度 $p(x)$ 的估计，并且 $\hat{p}(x)$ 与源信号概率密度 $p(s)$ 之间满足 $\hat{p}(x)=p(\boldsymbol{A}^{-1}\boldsymbol{x})/|\det(\boldsymbol{A})|$。$L(\boldsymbol{A})$ 是关于混合矩阵 $\boldsymbol{A}$ 的函数，当分离矩阵 $\boldsymbol{W}=\boldsymbol{A}^{-1}$ 时，对数似然函数为

$$L(\boldsymbol{W}) \approx \frac{1}{n}\sum_{i=1}^{n}\{\ln p(\boldsymbol{W}\boldsymbol{x})\} + \ln|\det(\boldsymbol{W})| \tag{7-17}$$

式中，n 为独立同分布观测数据的样本数 。显然，最大化此似然函数就可获得分离矩阵 $\boldsymbol{W}$ 的最佳估计，进而得到独立源 $\boldsymbol{s}$ 的最佳估计。

从信息论的角度出发，极大似然估计和互信息最小化的判据是基本一致的，$L(\boldsymbol{W})$ 的最大化也就意味着互信息的最小化[5]。

7.1.5　一种重要的 ICA 算法 -FASTICA 算法

目前线性 ICA 已得到广大学者的深入研究，并已形成众多有效的实用算法；相比而言，有关非线性 ICA 理论和算法方面的研究还比较少。显然，实现非线性 ICA 难度更大，但可能具有更大的应用价值。这里给出一种经典 ICA 算法：基于固定点迭代的快速神经算法 -FASTICA。

FASTICA 算法是由芬兰赫尔辛基工业大学计算机与信息科学实验室的 Hyvarnen 及其合作者提出来的一种固定点批处理 ICA 算法，该算法不需要设置学习速率，收敛速度快，是 ICA 算法中最典型的算法之一。FASTICA 算法的核心部分就是代价函数的建立，在代价函数的优化方法相同的条件下，算法的整体性能取决于代价函数中的非线性函数[6]。不少学者通过选用新的非线性函数来改进 FASTICA 算法，使 FASTICA 算法硬件上更容易实现，而且算法的最佳稳健性基本不变。

FASTICA 的算法过程综述如下。

（1）对数据进行中心化使其均值为 0。

（2）对数据进行白化处理。

（3）任意选择一个具有单位范数的初始化向量 $\boldsymbol{W}$。

（4）根据固定点迭代公式更新 $\boldsymbol{W}$。

（5）对 $\boldsymbol{W}$ 进行标准化、正交化处理。

（6）如果尚未收敛，返回步骤（4）。

7.2　独立分量技术辨识模态参数

N 自由度系统的运动方程的物理坐标表达式为

$$\boldsymbol{M}\ddot{\boldsymbol{x}}(t) + \boldsymbol{C}\dot{\boldsymbol{x}}(t) + \boldsymbol{K}\boldsymbol{x}(t) = \boldsymbol{f}(t) \tag{7-18}$$

式中，$\boldsymbol{M}$、$\boldsymbol{C}$ 和 $\boldsymbol{K}$ 分别表示系统的质量矩阵、阻尼矩阵和刚度矩阵；$\ddot{\boldsymbol{x}}(t)$、$\dot{\boldsymbol{x}}(t)$ 和 $\boldsymbol{x}(t)$ 代表加速度、速度和位移向量；$\boldsymbol{f}(t)$ 代表系统的外荷载向量。

假设阻尼矩阵 $\boldsymbol{C}$ 为比例阻尼矩阵，即

$$C = \alpha M + \beta K \tag{7-19}$$

式中，α 和 β 为比例阻尼系数。

采用振型分解法，将物理坐标转为模态坐标，使方程解耦成为一组由模态坐标和模态参数表达的独立方程，进而求出结构相应的模态参数。系统响应按振型展开为

$$\boldsymbol{x}(t) = \sum_{i=1}^{N} \phi_i a_i \,\mathrm{e}^{-\xi_i \omega_{ni} t} \sin(\omega_{Di} t + \varphi_i) \tag{7-20}$$

式中，$\boldsymbol{x}(t) = [x_1(t), x_2(t), \cdots, x_N(t)]^{\mathrm{T}}$ 为系统响应；ω_{ni} 为固有频率；ξ_i 为阻尼比；$\omega_{Di} = \omega_{ni}\sqrt{1-\xi_i^2}$ 为有阻尼的固有频率；φ_i 为初始相位角，ϕ_i 和 a_i 为常数项。

公式（7-20）可以用矩阵形式表达为

$$\boldsymbol{x}(t) = \boldsymbol{\Phi} \boldsymbol{q}(t) \tag{7-21}$$

式中，$\boldsymbol{\Phi}$ 为振型矩阵，$\boldsymbol{q}(t) = a_i \,\mathrm{e}^{-\xi_i \omega_{ni} t} \sin(\omega_{Di} t + \varphi_i)$ 为结构正则坐标向量。对比式（7-1）和式（7-21），正则坐标向量可以看作 ICA 问题中的源信号矢量，且已经满足 ICA 中关于源信号各分量不相关的假定条件。运用 ICA 分离思想，从振型分解的响应信号中估计出结构输入信号和分离矩阵 $\boldsymbol{W}=\boldsymbol{A}^{-1}$，而振型向量 $\boldsymbol{\Phi}=\boldsymbol{A}=\boldsymbol{W}^{-1}$。再利用傅里叶变换（FT）、希尔伯特 - 黄变换（HHT）等从分离信号 $\boldsymbol{q}(t)$ 辨识出结构的频率。因此，ICA 技术可以应用于结构模态参数辨识。

7.3　模型试验

7.3.1　试验概况

试验以泄流激励下悬臂梁结构为研究对象，以水流作为外部环境激励源，悬臂梁底部用 AB 胶固结于有一定重量和厚度的钢板上，钢板与水槽底部用橡皮泥固定，以防止水流激励把模型掀翻而导致试验失败。悬臂梁材料弹模 E=155MPa，密度 ρ=2321kg/m^3，结构尺寸 6cm × 4cm × 40cm（长 × 宽 × 高）。在其背水面和一个侧面等间距地各布置 5 个应变传感器，背水面测点编号自顶部测点记为测点 1，底部测点记为测点 5，侧向测点编号从顶部记为测点 6，侧向底部记为测点 10，测点布置如图 7-1 所示，悬臂梁流激振动试验如图 7-2 所示。

本试验所用的振动测试系统采用 DASP 智能数据采集和信号分析系统。试验时，将模型放置于水槽中，控制上下游水位，以保证不同试验工况下能在相同流速下进行，即确保各工况下激励源能量近似相同。为降低试验环境中温度等因素对应变片测试结果造成影响，在同一环境中布置温度补偿片。水流激励

的特点是近似于低频段的白噪声激励，且水流激励的激励源及能量无法测量，因而不能应用传统的模态参数辨识方法，只能借助于时域辨识方法进行结构工作模态参数辨识。

图 7-1　测点布置图及温度补偿片布置图

图 7-2　悬臂梁流激振动试验

7.3.2　独立分量技术辨识模态参数

试验目的旨在设置不同的工况，通过采集泄流激励下悬臂梁的动应变响应数据，运用 ICA 对其进行模态参数辨识；由于应变模态相比其他模态参数对损伤有更高的敏感度，根据 ICA 辨识出来的应变模态的差异能够有效辨识结构的局部损伤，因此，通过对比不同工况下的应变振型，可达到结构损伤辨识的效果[7]。

试验的工况分为完好情况和损伤情况，其中损伤情况为结构在测点 3 迎水面处发生 20mm 的损伤。应变传感器的采样频率 f_s=300Hz，观测信号 $\{x_i\}$ 包含 10 个通道，对信号 $\{x_i\}$ 进行小波预处理，小波分解层数为 5 层，采用 db6 小波进行分解，经改进阈值函数处理后的小波系数通过小波重构得到降噪后的信号 $\{x_i'\}$。在此仅给出损伤工况下测点 2 和测点 3 滤波前后的时程图，结果如图 7-3 和图 7-4 所示。测点 2 和测点 3 的互相关函数降噪前后对比图如图 7-5 所示。

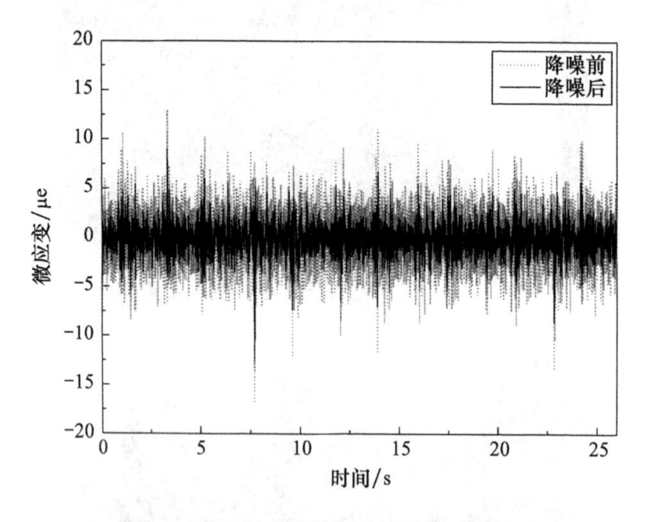

图 7-3　测点 2 降噪前后时程线对比图

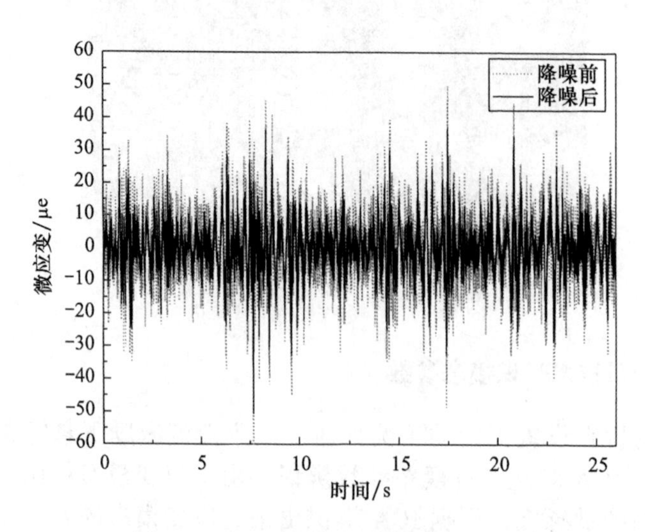

图 7-4　测点 3 降噪前后时程线对比图

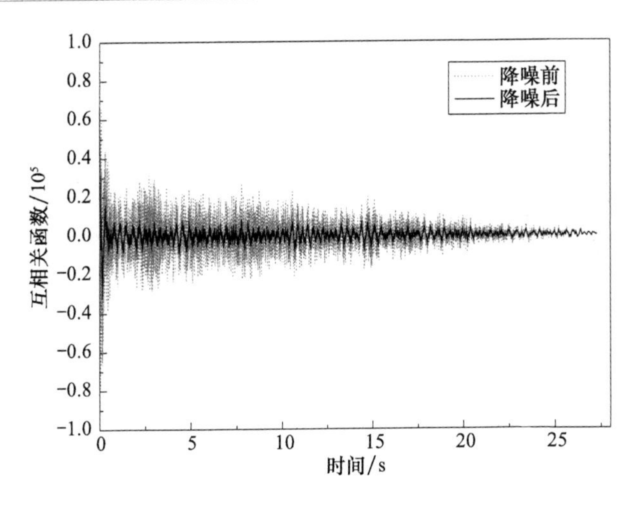

图 7-5　测点 2、测点 3 的互相关函数降噪前后对比图

由图 7-5 可得：降噪后测点 2 和测点 3 的互相关函数明显减小，信号间的相关性降低，水流噪声对信号的影响大大降低，有利于 ICA 对结构模态参数的辨识。

运用 ICA 方法分别对完好情况和损伤情况下背水面测点 1～测点 5 降噪后的数据进行分析，得到包含模态振型信息的振型矩阵 $\boldsymbol{\Phi}$ 和包含频率信息的分离信号 $q(t)$；从 $q(t)$ 辨识出不同工况下的第一阶时程图如图 7-6 所示，利用现代功率谱对图 7-6 的数据变换得到结构频谱图，如图 7-7 所示。对矩阵 $\boldsymbol{\Phi}$ 中列向量进行归一化处理，得到结构模态振型，如图 7-8 所示。

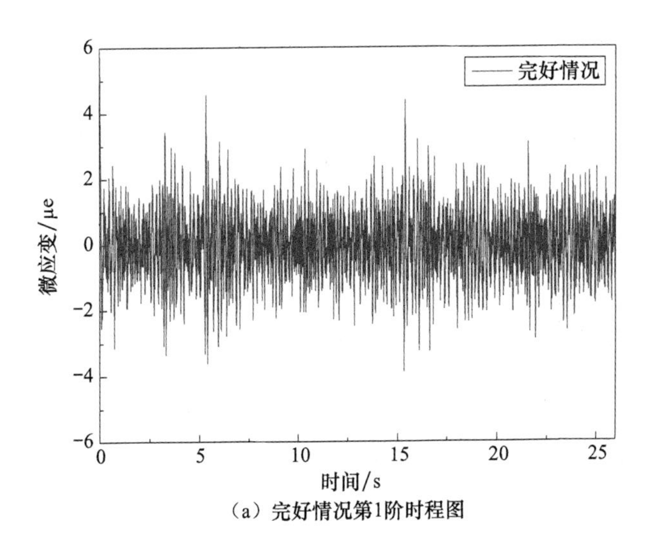

（a）完好情况第1阶时程图

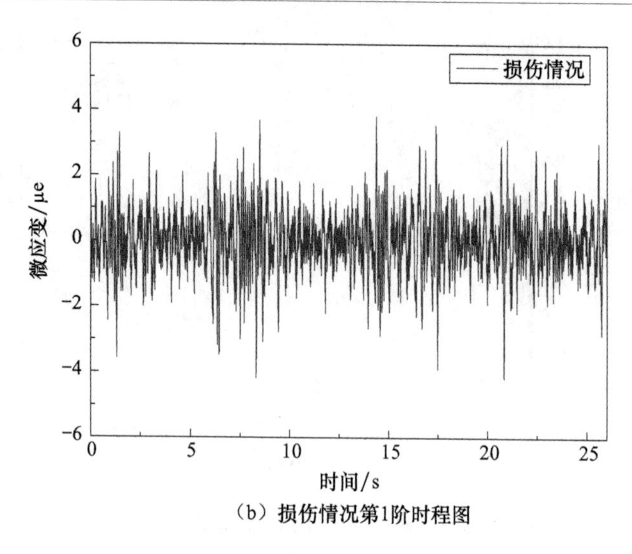

（b）损伤情况第1阶时程图

图 7-6　第 1 阶时程图

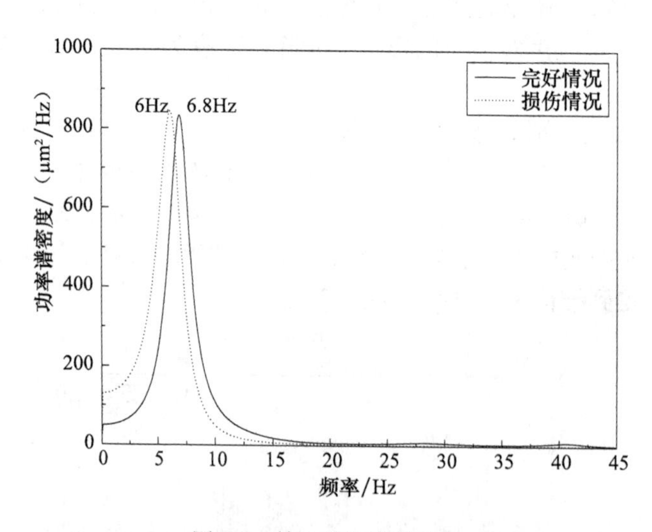

图 7-7　第 1 阶频率对比图

对比图 7-8 中完好情况和损伤情况第一阶振型图，发现测点 3 处发生明显的突变，说明该处有损伤发生，辨识结果与本试验的工况设置吻合。另外，对比图 7-7 中两工况下的频率，发现结构发生损伤后第一阶频率由 6.8Hz 变为 6Hz，表明结构发生损伤后其频率会发生相应的减小，但其对损伤的敏感度远不如应变振型。

试验结果表明 ICA 不仅能够辨识结构的模态参数，还能通过不同情况下模态参数的对比辨识结构的损伤。

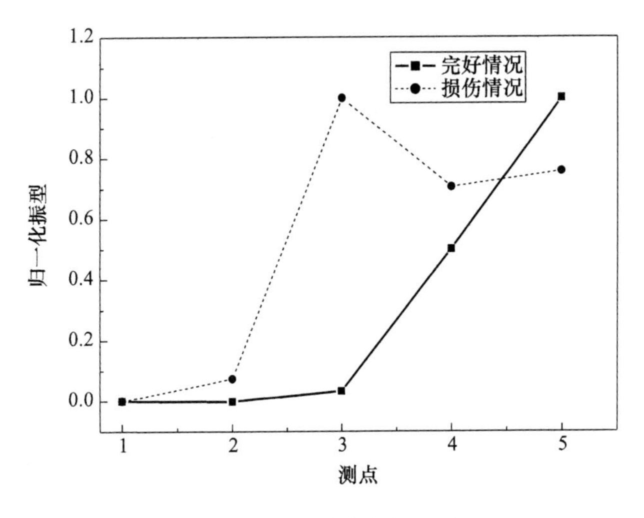

图 7-8　第 1 阶应变振型图

7.4　本章小结

本章主要介绍了独立分量分析的原理、常用的预处理方法、判据准则以及 FASTICA 算法，并推导了独立分量技术进行模态参数辨识的可行性，最后通过悬臂梁模型试验详细介绍了独立分量分析方法辨识模态参数的过程，即运用前面章节介绍的小波阈值，与 ICA 联合作用，信号经过小波阈值降噪后利用独立分量技术辨识结构振动响应模态参数，进而实现结构损伤辨识。试验结果证明该方法简单有效，适用于环境激励难以测量的工程模态分析。

本章将独立分量技术运用于水流激励下悬臂梁结构的模态参数提取，为大型泄流结构的动力特性分析及损伤诊断提供新思路。

参 考 文 献

[1] 李洪，郝豪豪，孙云莲. 具有独立分量的经验模态分解算法研究［J］. 哈尔滨工业大学学报，2009，41（7）：245-248.

[2] Comon P. Independent component analysis, a new concept［J］. Signal Processing, 1994 (36): 287-314.

[3] 李舜酩. 振动信号的盲源分离技术及应用［M］. 北京：航空工业出版社，2011.

[4] 静行，刘真真，原方. 随机激励下基于 ICA 的结构模态参数辨识［J］. 噪声与振动控制，2014，34（6）：178-183.

[5] 静行．基于独立分量分析的结构模态分析与损伤诊断［D］．武汉：武汉理工大学，2010．

[6] 赵立权．ICA 算法及其在阵列信号处理中的应用研究［D］．哈尔滨：哈尔滨工程大学，2009．

[7] 张建伟，暴振磊，江琦．小波 -ICA 联合技术在水工结构应变损伤辨识中的应用［J］．振动与冲击，2016，35（11）：28-33．

第 8 章　基于频域法的工作模态参数辨识

频域法是模态参数辨识常用的方法之一，在科研与工程中得到了广泛应用。传统频域辨识法是根据频响函数在特征频率附近存在峰值的原理提出的峰值提取法。该方法通过提取响应信号的谱图的峰值确定系统的特征频率，物理意义明确，简单快捷，便于工程应用，但其在提取特征频率时主观性较强，且无法辨识密集模态。针对峰值提取法的不足，文献［1］提出了频域分解法，改善了辨识结果的真实性，但直接将该方法应用于泄流激励下的结构模态参数辨识时，仍无法剔除水流噪声模态。为此，根据泄流激励的特点，进一步发展了频域分解法，提出了通过定义模态一致性函数的方法来辨别虚假模态频率（如水流噪声模态频率），并同时确定该阶模态起主要作用的优势频域带宽，提高阻尼比的计算精度。该方法的提出为仅利用结构输出响应来进行高精度的密集模态辨识开辟了新途径。

本章主要针对高拱坝在泄流激励荷载作用下，仅利用结构输出响应辨识结构工作模态参数。首先，对高拱坝泄洪诱发振动的激振荷载特性进行了分析；其次，分别建立了以典型水流脉动荷载和白噪声荷载作为输入激励的悬臂梁数值模型，仅利用输出响应应用频域分解法辨识悬臂梁的模态参数，并对辨识结果进行对比分析，论证以水流脉动荷载作为未知输入仅利用流激振动响应进行结构工作模态参数辨识的可行性，最后以二滩拱坝泄洪振动原型观测数据为基础，对二滩拱坝的泄洪工作模态参数进行了辨识并评估了该拱坝的泄洪动力性态，并与 ERA、SSI 算法辨识结果进行对比验证。

8.1　频域分解法的基本原理

8.1.1　结构泄流激励响应间的互功率谱函数理论

假设系统的未知输入 $f(t)$ 和输出 $x(t)$ 之间的关系可以表示为[2]

$$\boldsymbol{G}_{xx}(\mathrm{j}\omega)=\boldsymbol{H}(\mathrm{j}\omega)\boldsymbol{G}_{ff}(\mathrm{j}\omega)\boldsymbol{H}^{\mathrm{H}}(\mathrm{j}\omega) \tag{8-1}$$

式中，$\boldsymbol{G}_{ff}(\mathrm{j}\omega)$ 为 $N_\mathrm{i}\times N_\mathrm{i}$ 阶输入荷载的功率谱密度（PSD）矩阵，N_i 是输入点数；$\boldsymbol{G}_{xx}(\mathrm{j}\omega)$ 为 $N_\mathrm{o}\times N_\mathrm{o}$ 阶输出响应的功率谱密度矩阵，N_o 是输出点数。$\boldsymbol{H}(\mathrm{j}\omega)$ 是 $N_\mathrm{o}\times N_\mathrm{i}$ 阶频响函数（FRF）矩阵，上标 H 表示复共轭转置。

假定输入是白噪声，其自功率谱密度矩阵为一个常数矩阵，即 $\boldsymbol{G}_{ff}(\mathrm{j}\omega)=\boldsymbol{C}$，则式（8-1）变为

$$\boldsymbol{G}_{xx}(j\omega)=\sum_{k=1}^{N}\sum_{s=1}^{N}\left[\frac{\boldsymbol{R}_k}{\mathrm{j}\omega-\lambda_k}+\frac{\overline{\boldsymbol{R}}_k}{\mathrm{j}\omega-\overline{\lambda}_k}\right]\cdot\boldsymbol{C}\cdot\left[\frac{\boldsymbol{R}_s}{\mathrm{j}\omega-\lambda_s}+\frac{\overline{\boldsymbol{R}}_s}{\mathrm{j}\omega-\overline{\lambda}_s}\right]^{\mathrm{H}} \tag{8-2}$$

将式（8-2）两部分相乘并分解为部分分式的和，则输出的功率谱密度矩阵可以表示为如下极点 / 留数形式：

$$\boldsymbol{G}_{xx}(\mathrm{j}\omega)=\sum_{k=1}^{N}\left[\frac{\boldsymbol{A}_k}{\mathrm{j}\omega-\lambda_k}+\frac{\overline{\boldsymbol{A}}_k}{\mathrm{j}\omega-\overline{\lambda}_k}+\frac{\boldsymbol{B}_k}{-\mathrm{j}\omega-\lambda_k}+\frac{\overline{\boldsymbol{B}}_k}{-\mathrm{j}\omega-\overline{\lambda}_k}\right] \tag{8-3}$$

式中，$\boldsymbol{A}_k$ 为输出响应功率谱密度矩阵的第 k 阶留数矩阵，它是一个 Hermitian 矩阵，和输出响应功率谱密度矩阵具有相同的维数 $N_{\mathrm{o}}\times N_{\mathrm{o}}$。

通常情况下，一般结构阻尼较小，式（8-3）中的前两项将占主导地位，而且对于一个确定的频率 ω，仅有限个模态贡献显著，典型的情形是一个或两个模态。对于小阻尼结构，响应的功率谱密度可以表示为

$$\boldsymbol{G}_{xx}(\mathrm{j}\omega)=\sum_{k\in\mathrm{Sub}(\omega)}\left[\frac{d_k\boldsymbol{\phi}_k\boldsymbol{\phi}_k^{\mathrm{T}}}{\mathrm{j}\omega-\lambda_k}+\frac{\overline{d}_k\overline{\boldsymbol{\phi}}_k\overline{\boldsymbol{\phi}}_k^{\mathrm{T}}}{\mathrm{j}\omega-\overline{\lambda}_k}\right] \tag{8-4}$$

式中，$d_k=\boldsymbol{\gamma}_k^{\mathrm{T}}\boldsymbol{C}\boldsymbol{\gamma}_k/2\alpha_k$ 为一标量常数，其中 α_k 为系统极点的负实部（系统极点可表示为 $\lambda_k=-\alpha_k+\mathrm{j}\omega$），$\boldsymbol{\gamma}_k$ 为模态参与向量，$\boldsymbol{C}$ 为白噪声荷载自功率谱密度矩阵；$\boldsymbol{\phi}_k$ 为模态振型向量；Sub(ω) 对模态具有显著贡献的固有频率的集合。

8.1.2　辨识算法

1. 功率谱密度矩阵的奇异值分解

频域分解法首先要估计功率谱密度矩阵，系统在白噪声激励下，由响应测试数据可以得到功率谱密度的估计为 $\hat{\boldsymbol{G}}_{xx}(\mathrm{j}\omega)$。在其离散频率 $\omega=\omega_k$ 处，对 $\hat{\boldsymbol{G}}_{xx}(\mathrm{j}\omega_k)$ 进行奇异值分解可得

$$\hat{\boldsymbol{G}}_{xx}(\mathrm{j}\omega_k)=\boldsymbol{U}_k\boldsymbol{S}_k\boldsymbol{V}_k^{\mathrm{T}} \tag{8-5}$$

式中，$\boldsymbol{U}_k=[\boldsymbol{u}_{k1}\quad \boldsymbol{u}_{k2}\quad \cdots\quad \boldsymbol{u}_{kN_{\mathrm{o}}}]$，$\boldsymbol{u}_{ki}(i=1,2,\cdots,N_{\mathrm{o}})$ 为 $\boldsymbol{U}_k$ 的列向量；$\boldsymbol{S}_k=\mathrm{diag}[\boldsymbol{s}_{k1}\quad \boldsymbol{s}_{k2}\quad \cdots\quad \boldsymbol{s}_{kN_{\mathrm{o}}}]$ 是按 $s_{ki}(i=1,2,\cdots,N_{\mathrm{o}})$ 降序排列的奇异值。

2. 复模态指示函数 CMIF

若 $\hat{\boldsymbol{G}}_{xx}(\mathrm{j}\omega)|_{\omega=\omega_k}$ 处只是单个模态的谐振点，则 $\boldsymbol{S}_k=\mathrm{diag}[s_{k1}\quad s_{k2}\quad \cdots\quad s_{kN_{\mathrm{o}}}]$ 中

只有 S_{k1} 达到最大值。一般地，若 $\hat{\boldsymbol{G}}_{xx}(\mathrm{j}\omega)|_{\omega=\omega_k}$ 处是 i 个模态共同的谐振点，则 $s_{ki}(i=1,2,\cdots,N_o)$ 中有 i 个奇异值在 $\omega\to\omega_k$ 处达到局部最大，若令所有小的和没有达到局部最大的奇异值等于零，则对角矩阵 $\boldsymbol{S}_k$ 的秩与 ω_k 点的模态数相等，且 $\boldsymbol{U}_k$ 中与非零奇异值 S_{ki} 相对应的列向量 $\boldsymbol{u}_{ki}$ 是第 i 阶模态振型。可见，通过矩阵 $\boldsymbol{S}_k$ 可以辨识结构的模态频率和振型，$\boldsymbol{S}_k$ 被称为复模态指示函数 CMIF[3]。采用 CMIF 辨识结构频率和振型的基本方法如下。

假设结构有 N_o 个实测输出响应（可以是位移或加速度），数据采样频率为 F_s，分析数据长度为 L。通过互（自）功率谱密度计算可得 $N_o\times N_o$ 功率谱矩阵序列 $\hat{\boldsymbol{G}}_{xx}(K\bullet\Delta\omega)$；其中，$K$=1,2,⋯,$L$/2；$\Delta\omega=2\pi\bullet\Delta f$；$\Delta f=F_s/L$。由式（8-5）所示，对每个 k 的每个取值对 $\hat{\boldsymbol{G}}_{xx}(K\bullet\Delta\omega)$ 进行奇异值分解得到

$$\hat{\boldsymbol{G}}_{xx}(K\cdot\Delta\omega)=\hat{\boldsymbol{U}}(K\cdot\Delta\omega)\boldsymbol{S}(K\cdot\Delta\omega)\boldsymbol{V}(K\cdot\Delta\omega)^{\mathrm{T}},\ K=1,2,\cdots,L/2 \tag{8-6}$$

将 $\hat{\boldsymbol{S}}(K\bullet\Delta\omega)$ 的对角元素整理成 $N_o\times L/2$ 矩阵，即可得 CMIF 的离散序列矩阵：

$$\mathrm{CMIF}(k\cdot\Delta\omega)=\begin{bmatrix} s_{1,1} & \cdots & s_{1,K} & \cdots & s_{1,L/2} \\ s_{2,1} & \cdots & s_{2,K} & \cdots & s_{2,L/2} \\ \vdots & & \vdots & & \vdots \\ s_{N_o,1} & \cdots & s_{N_o,K} & \cdots & s_{N_o,L/2} \end{bmatrix}=\begin{pmatrix} \boldsymbol{s}_1 \\ \boldsymbol{s}_2 \\ \vdots \\ \boldsymbol{s}_{N_o} \end{pmatrix} \tag{8-7}$$

式中，$s_{i,K}$ 是第 i 个奇异值的第 K 次计算结果。CMIF 每个行序列 $\boldsymbol{s}_1,\boldsymbol{s}_2,\cdots,\boldsymbol{s}_{N_o}$ 构成 N_o 个奇异值曲线，奇异值的峰值对应于系统的模态。

假设结构的模态数为 N_e，则奇异值曲线对应 N_e 个峰值，相应的模态频率为 $\{K_i\bullet\Delta\omega\}$，$K_i\in K$ 为奇异值曲线峰值对应的横坐标。每个奇异值曲线峰值处只存在一个单独的模态，则 $\hat{\boldsymbol{U}}(K_i\bullet\Delta\omega)$ 的第一列 $\hat{\boldsymbol{u}}(K_i\bullet\Delta\omega)$ 是第 i 阶模态振型。$\hat{\boldsymbol{u}}(K_i\bullet\Delta\omega)$ 的每个元素对应一个响应测点位置，其幅值代表位移量，相位代表方向。实际计算振型时，可直接根据相位的正、负确定振动位移的方向。振型可按下式计算：

$$\begin{aligned}\mathrm{Shape}(i)=[&\mathrm{sign}(\{\mathrm{angle}(\hat{\boldsymbol{u}}_{1,K_i})\})\bullet|\hat{\boldsymbol{u}}_{1,K_i}|\ \mathrm{sign}(\{\mathrm{angle}(\hat{\boldsymbol{u}}_{2,K_i})\})\bullet|\hat{\boldsymbol{u}}_{2,K_i}|\cdots\\ &\mathrm{sign}(\{\mathrm{angle}(\hat{\boldsymbol{u}}_{N_o,K_i})\})\bullet|\hat{\boldsymbol{u}}_{N_o,K_i}|]\end{aligned} \tag{8-8}$$

式中，sign(•) 为符号函数；angle(•) 为求复数的相位；|•| 为求复数的幅值。

由以上可知，频域分解法可以直接辨识结构的频率与振型，但无法获得结构阻尼比。由于式（8-5）的奇异值分解过程将系统的谱函数矩阵分解成了一个个单自由度的谱函数，在此基础上可以用半功率法得到阻尼比参数。

8.1.3　功率谱密度函数的模态频率置信区间（MCF）的确定

在功率谱密度图中，对应 r 阶模态固有频率 ω_r 处的峰值附近，该阶模态

将起主导作用。如果在此处仅有一个模态起主要作用，则 $\hat{U}(K_i \cdot \Delta\omega)$ 的第一列 $\hat{\boldsymbol{u}}(K \cdot \Delta\omega)$ 是第 i 阶模态振型，对应的奇异值就是相应单自由度系统的自功率谱密度函数，奇异值曲线峰值的选取一般都是凭经验拾取，而且精度取决于计算功率谱密度函数时傅里叶变换的精度[4-7]。因此必须寻求比较准确的方法确定奇异值曲线的峰值，辨别所拾取峰值结构是真实模态频率还是水流噪声引起的虚假模态频率，并同时确定该阶模态起主要作用的优势频域带宽。定义模态一致性指标函数（modal coherence function，MCF）为

$$\mathrm{MCF}(\omega_0) = \hat{\boldsymbol{u}}(K_i \cdot \Delta\omega)^{\mathrm{T}} \cdot \hat{\boldsymbol{u}}(K \cdot \Delta\omega) \tag{8-9}$$

式中，$\hat{\boldsymbol{u}}(K \cdot \Delta\omega)$ 是第 i 阶模态振型即奇异值向量 $\hat{U}(K_i \cdot \Delta\omega)$ 的第一列；$\hat{\boldsymbol{u}}(K \cdot \Delta\omega)$ 为与 $\hat{\boldsymbol{u}}(K \cdot \Delta\omega)$ 相邻点的奇异值向量，其中 $K = 1, 2, \cdots, L/2$ 进行遍历。

MCF 计算的是奇异值曲线峰值处模态振型向量与在奇异值峰值曲线附近点的第一列奇异值向量之间的相关关系。如果模态一致性函数在某个频率带宽内等于 1 或近似等于 1，则说明在该频带宽度内，该阶模态频率起主导作用，该频带宽度即为该阶模态的优势频域带宽。根据该阶模态的频率带宽进行傅里叶逆变换，即可得出该单自由度功率谱密度函数的时域波形。

8.1.4　阻尼比的计算

对于小阻尼系统，若用传统半功率点法辨识，通常就认为离散谱线中明显尖锐的谱峰对应固有频率，操作较为方便。但实际上用半功率点法会遇到以下两种情形：①与局部谱峰左右相邻的两条谱线均小于半功率数值；②局部最大值左右的谱线远远偏离对称状态，一侧有超过半功率的谱线，而另一侧临近的谱线均远远小于半功率点。这两种情形均使传统半功率点的确定有困难，文献［8］用线性插值的方法确定半功率点，大大降低了阻尼比的辨识误差。其计算简图如图 8-1 所示。基本原理如下。

设已经找到幅值的局部最高谱线频率为 f_0，幅值为 G_0，而 FFT 的谱线间隔为 Δf。左边半功率点位于 f_1 和 f_2 之间（$f_2=f_1+\Delta f$），右边半功率点位于 f_3 和 f_4 之间（$f_4=f_3+\Delta f$）。$f_1 \sim f_4$ 的对应幅值分别为 $G_1 \sim G_4$。通过线性差值确定半功率带宽，首先应确定图 8-1 中左半功率点和右半功率点所对应的频率 f_a、f_b。左边两条谱线 f_1 和 f_2 顶端的直线方程为

$$\frac{G - G_1}{f - f_1} = \frac{G_2 - G_1}{\Delta f} \tag{8-10}$$

线性差值左边半功率点满足方程：

$$\frac{\sqrt{0.5}G_0 - G_1}{f_a - f_1} = \frac{G_2 - G_1}{\Delta f} \tag{8-11}$$

可解得

$$f_a = f_1 + \Delta f \frac{\sqrt{0.5}G_0 - G_1}{G_2 - G_1} \tag{8-12}$$

同理有

$$f_b = f_4 - \Delta f \frac{\sqrt{0.5}G_0 - G_4}{G_3 - G_4} \tag{8-13}$$

由此可得线性差值半功率带宽为

$$D_f = f_4 - f_1 - \Delta f\left(\frac{\sqrt{0.5}G_0 - G_4}{G_3 - G_4} + \frac{\sqrt{0.5}G_0 - G_1}{G_2 - G_1}\right) \tag{8-14}$$

则估计的阻尼比 $\xi = D_f / (2f_0)$ 为

$$\xi = \frac{f_4 - f_1}{2f_0} - \frac{\Delta f}{2f_0}\left(\frac{\sqrt{0.5}G_0 - G_4}{G_3 - G_4} + \frac{\sqrt{0.5}G_0 - G_1}{G_2 - G_1}\right) \tag{8-15}$$

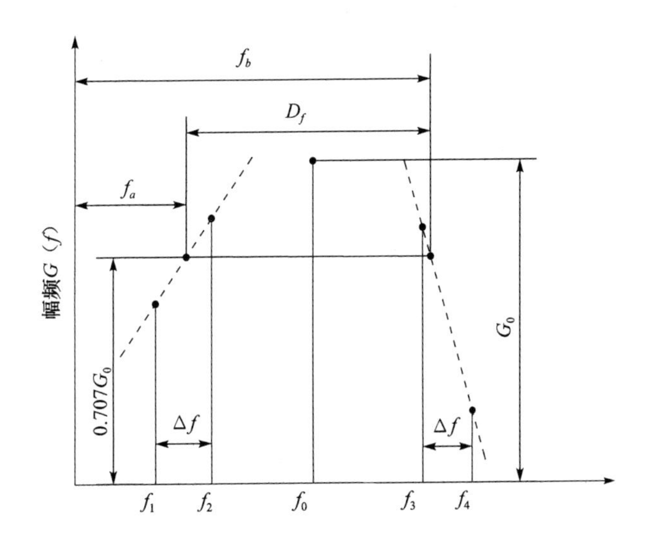

图 8-1　线性插值法确定半功率点示意图

8.2　数值模型验证

为验证结构在水流脉动荷载作用下模态参数辨识的可行性，建立悬臂梁有限元模型，分别计算悬臂梁结构在水流脉动荷载作用与白噪声荷载作用下的随机响应，而后分别利用各自输出位移响应辨识悬臂梁的模态参数，并对各自的辨识结果进行对比分析。悬臂梁的物理尺寸及材料参数为：悬臂梁长度 L=5.0m，矩形截面尺寸为 100mm × 120mm，弹性模量 $E=1.0\times10^{10}\mathrm{N/m^2}$，泊松比 μ=0.3，材料密度 $\rho=2000\mathrm{kg/m^3}$。通过有限元计算的悬臂结构前 4 阶模态频率如表 8-1 所示，悬臂梁第一阶振动表现为沿截面短边方向的一阶弯曲振动，悬臂梁第二阶振动表现为沿截面长边方向的一阶弯曲振动，悬臂梁第三阶振动表现为沿截面短边方向的二阶弯曲振动，悬臂梁第四阶振动表现为沿截面长边方向的二阶弯曲振动。

为了能使悬臂梁结构在水流脉动荷载（或白噪声荷载）激励作用下产生多阶振型，施加荷载时沿梁的长度方向分布 6 个，沿与 X、Y 轴夹角 45 度方向施加，如图 8-2 所示。悬臂梁在水流脉动荷载（或白噪声荷载）作用下的瞬态响应计算时间步长取 0.01s，计算 20.48s 共 2048 个荷载步。水流脉动荷载及白噪声荷载的功率谱密度如图 8-3 所示。

选择悬臂梁截面底部沿长度方向的 29 个节点 Y 方向动位移提取结构输出响应，用 Welch 平均周期法估计输出响应信号的功率谱密度矩阵，取周期长度 20.48s（2048 个采样点），得到 29 × 29 功率谱密度矩阵 $\hat{\boldsymbol{G}}_{xx}(K\bullet\Delta\omega)$，$K=1,2,\cdots,1024$；

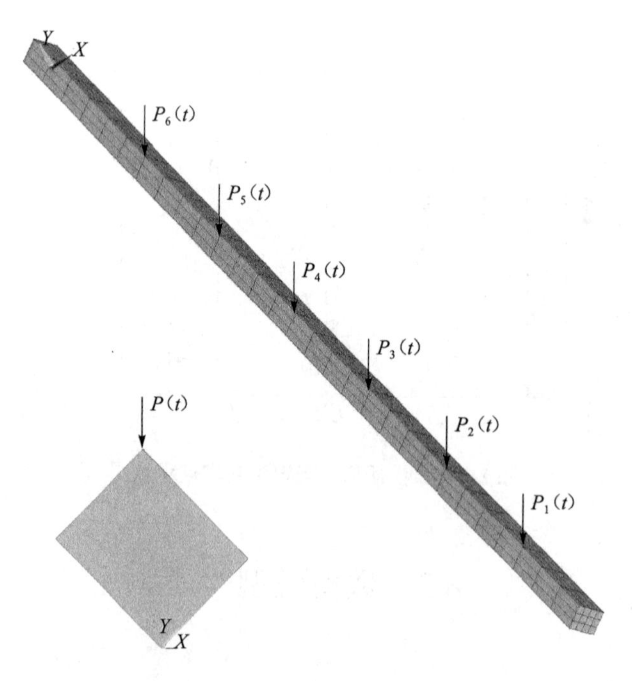

图 8-2　荷载沿悬臂梁分布及荷载施加方向

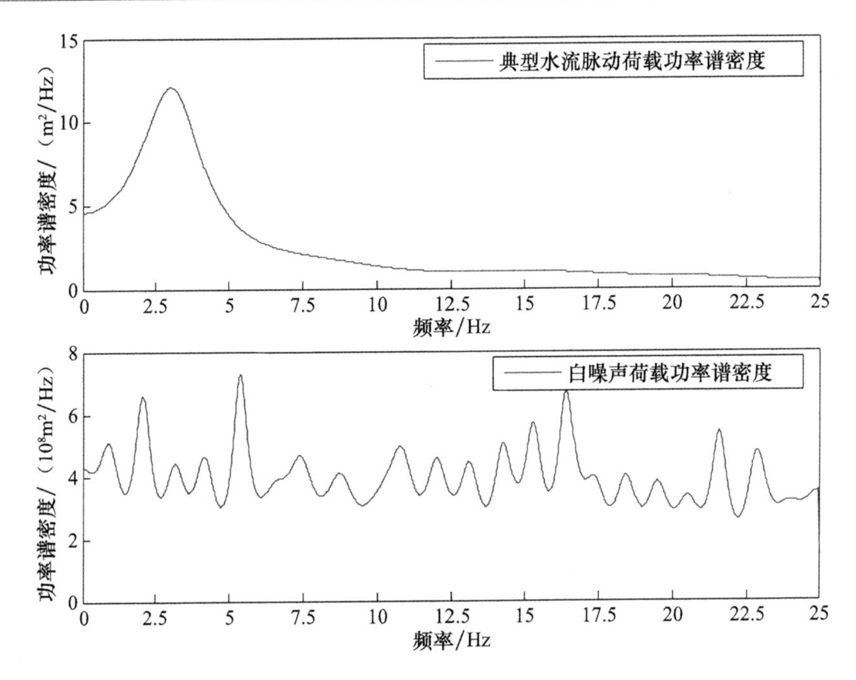

图 8-3　水流脉动荷载与白噪声荷载功率谱密度

对其进行奇异值分解，并分别计算典型水流脉动荷载激励下以及白噪声荷载激励下的 CMIF 指示函数如图 8-4、图 8-5 所示。模态频率位移奇异值曲线各峰值处，

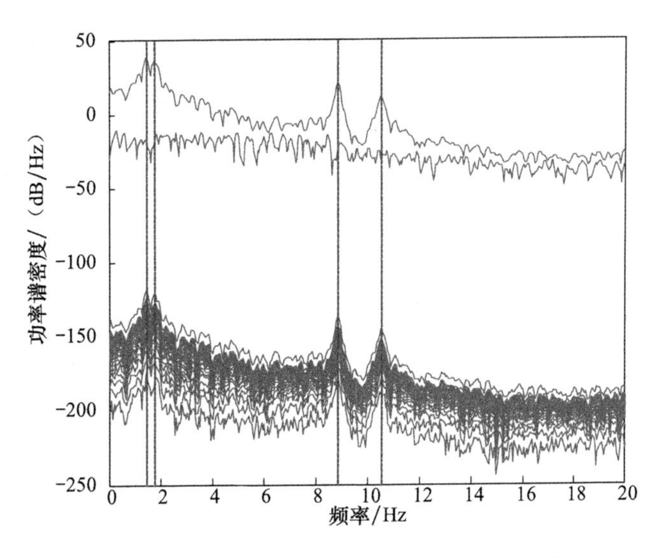

图 8-4　水流脉动荷载激励下的 CMIF 指示函数

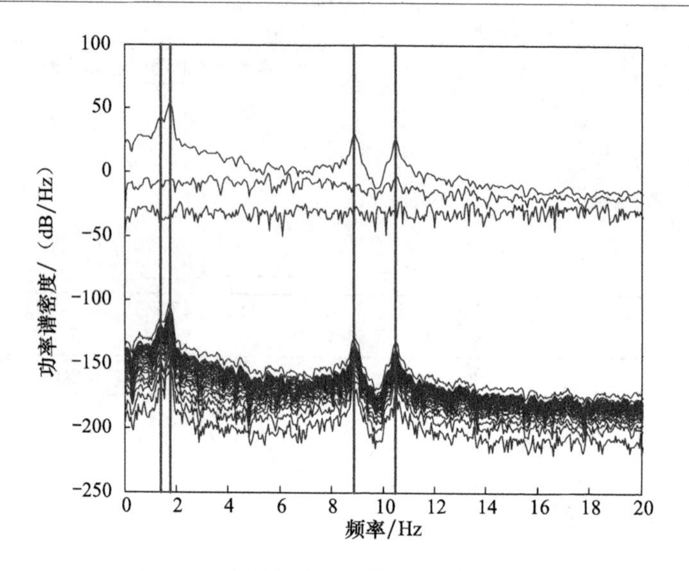

图 8-5　白噪声激励下的 CMIF 指示函数

无论是水流脉动荷载激励下还是白噪声荷载激励下，从图中可以辨识悬臂梁的前四阶模态频率如表 8-1 所示。振型辨识结果如图 8-6 所示。

表 8-1　模态频率辨识值与计算值比较

阶次	模态频率 /Hz		
	计算值	白噪声激励下的辨识值	水流脉动荷载激励下的辨识值
1	1.45	1.416（2.3%）	1.465（1.0%）
2	1.74	1.753（0.7%）	1.758（1.0%）
3	9.12	8.936（2.0%）	8.887（2.5%）
4	10.92	10.50（3.8%）	10.55（3.4%）

注：辨识值后的括号内数值表示与计算值的相对误差

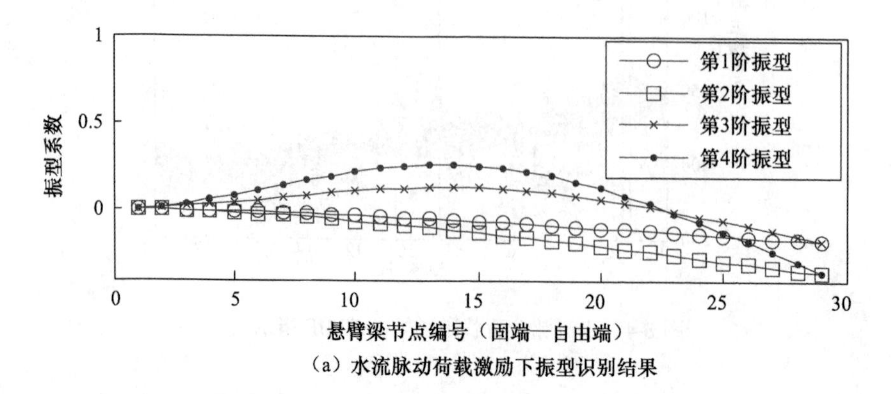

（a）水流脉动荷载激励下振型识别结果

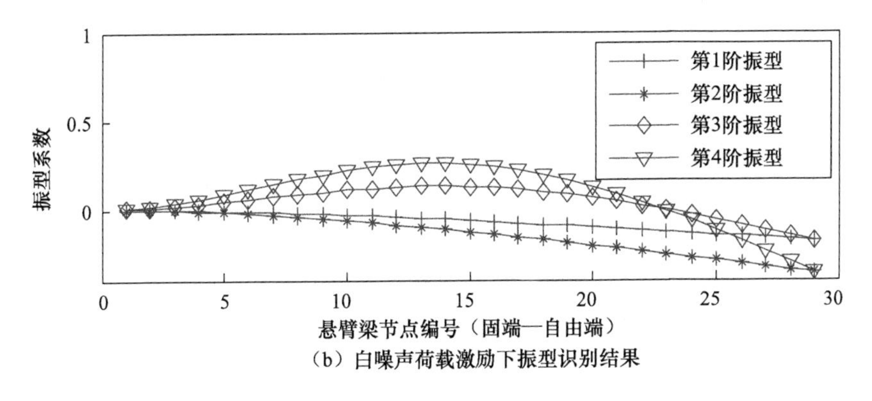

（b）白噪声荷载激励下振型识别结果

图 8-6　悬臂梁前 4 阶振型辨识值

从辨识结果来看，无论是白噪声激励还是水流脉动荷载激励，仅利用输出响应均能够较精确地辨识结构模态参数，如表 8-1 及图 8-6 所示，结构在水流脉动荷载激励下的辨识值与白噪声激励下的辨识值较为接近，且与模态计算值误差很小。可见，结构在水流脉动荷载激励下（即泄流状态），仅利用水工结构的流激振动响应可以准确地辨识结构模态参数。下面以二滩拱坝在汛期泄洪期间坝体实测振动响应，辨识二滩拱坝的工作模态参数。

8.3　泄流激励下高拱坝模态参数频域法辨识与验证

8.3.1　高拱坝模态参数频域法辨识

二滩拱坝位于四川省雅砻江下游，是座变半径、变中心抛物线型双曲拱坝。泄洪诱发拱坝振动，对拱坝来说，环境随机振动来自两个方面：一方面是作用于拱坝上的水流脉动压力；另一方面水流冲击水垫塘，从水垫塘基础部分传到拱坝结构的地面振动。研究表明，激发拱坝振动的水流作用及响应属各态历经的平稳随机过程。二滩拱坝坝体泄洪振动原型观测采用了 DP 型地震式位移传感器和北京东方振动噪声研究所 DASP 数据采集和处理系统。

考虑到拱坝泄洪振动属于微幅振动，为更加全面了解大坝泄洪振动情况，选择 2005 年汛期观测二滩拱坝泄洪振动。坝体表面共布置 9 个测点，测点高程均为 1205.00m，分布于拱坝 12#～20# 坝段，测点的分布情况如图 8-7 所示，测试工况 1 为：上游水位 1186.00m，下游水位 1017.50m，3#、4# 中孔开度 100%，泄流量 1892m^3/s；测试工况 2 为：上游水位 1187.05m，下游水位 1018.98m，3#、4#、5# 中孔开度 100%，泄流量 2852m^3/s。观测数据共有 9 个通道，采样频率 50Hz，这里取 4096 个采样点（81.92s）进行分析，典型测点动位移时程及功率谱如图 8-8、图 8-9 所示。

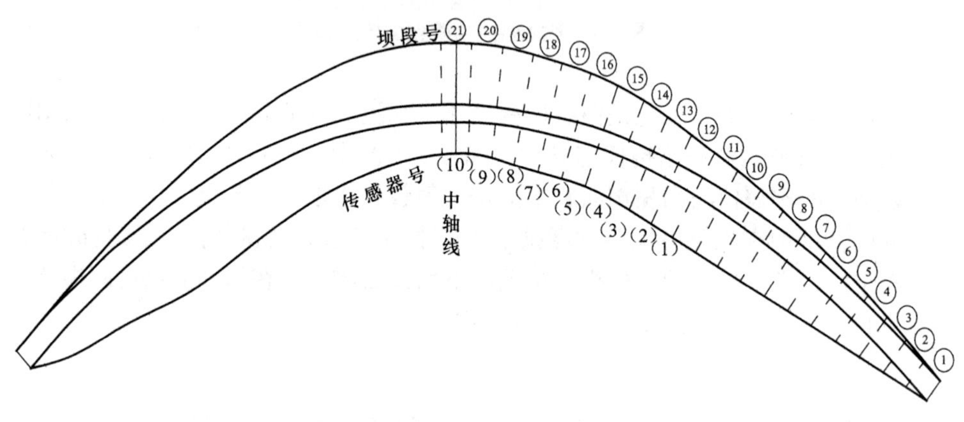

图 8-7　二滩拱坝原型动位移测点布置

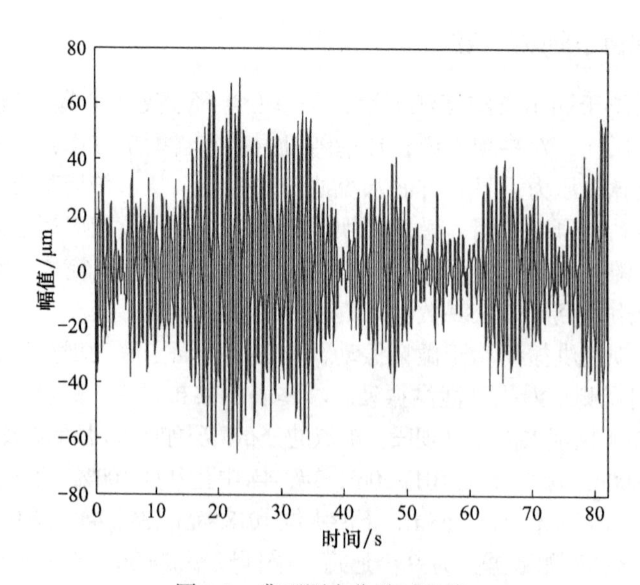

图 8-8　典型测点位移时程线

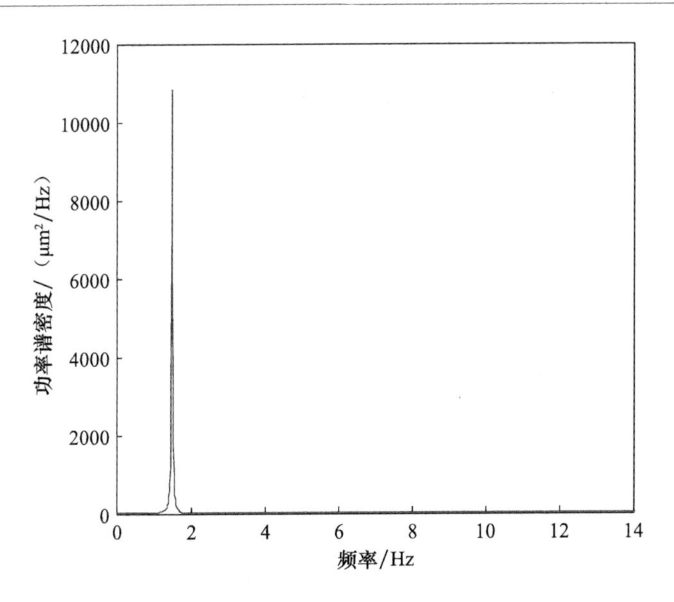

图 8-9 典型测点动位移功率谱密度

用 Welch 平均周期图法估计各工况下动位移观测信号的功率谱矩阵，可得到 9×9 功率谱矩阵序列 $\hat{\boldsymbol{G}}_{xx}(K\bullet\Delta\omega)$，对其进行奇异值分解，并计算 CMIF 指标如图 8-10 所示（以工况 1 为例）；考虑到大坝泄洪振动时的主要振动频率以低阶振

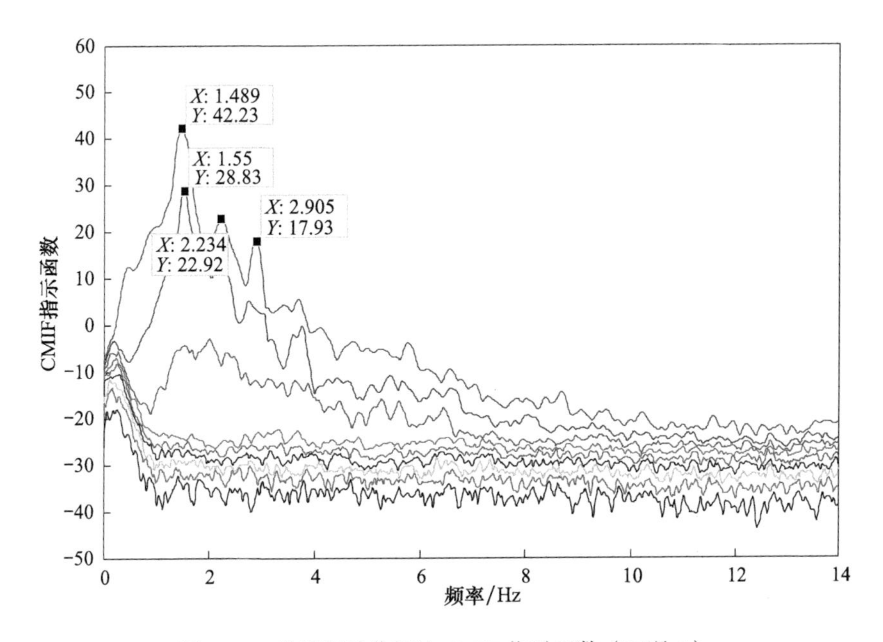

图 8-10 拱坝频域分解法 CMIF 指示函数（工况 1）

动为主，图中横坐标选择 0～15Hz 范围进行了放大。为确定辨别所拾取峰值是结构真实模态频率还是水流等背景噪声引起的虚假模态频率，并同时确定该阶模态起主要作用的优势频域带宽，同时计算各峰值的 MCF 函数如图 8-11～图 8-15 所示（以工况 1 为例），从 MCF 图中可以看出，频率为 4.639 的 MCF 值较小，可信度低，可认为是虚假模态频率。大坝振动频率及根据线性插值半功率带法计算的阻尼比如表 8-2 所示。

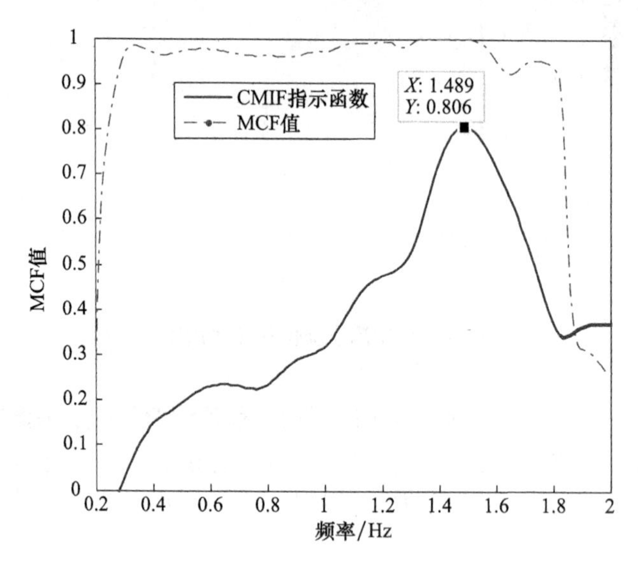

图 8-11　频率 1.489 的 MCF 值

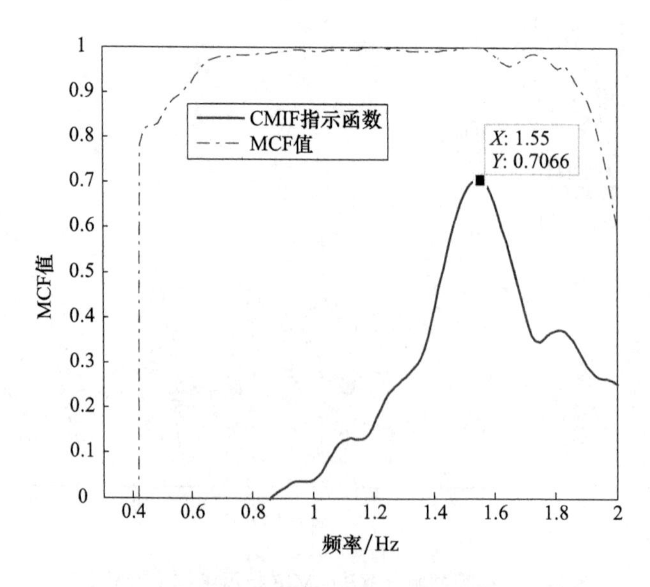

图 8-12　频率 1.55 的 MCF 值

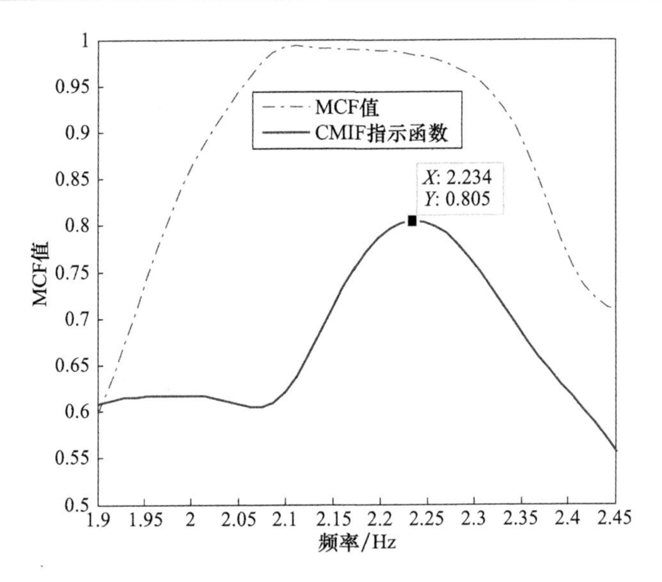

图 8-13　频率 2.234Hz 的 MCF 值

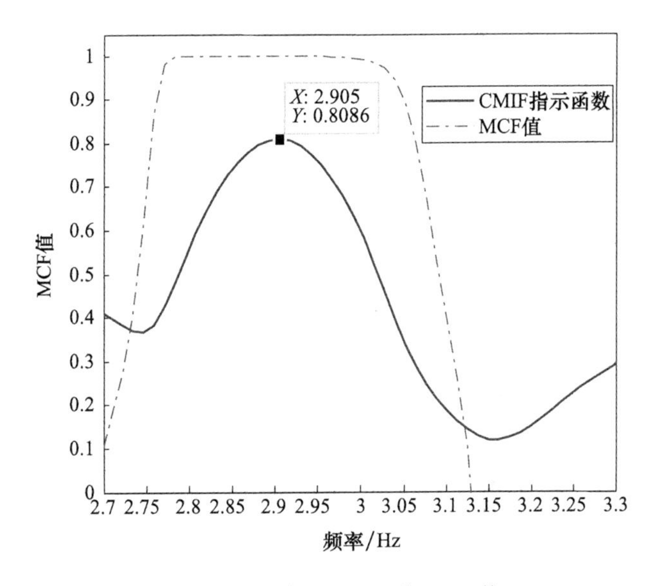

图 8-14　频率 2.905Hz 的 MCF 值

8.3.2　对比分析与验证

为检验该方法的有效性和准确性，与 ERA、SSI 算法的辨识结果进行对比[9]。其中，结构工作模态阶次由图 8-16 所示的奇异熵增量谱确定，剔除系统的非模态项（非共轭根）和共轭项（重复项）之后，利用改进稳定图方法剔除噪声

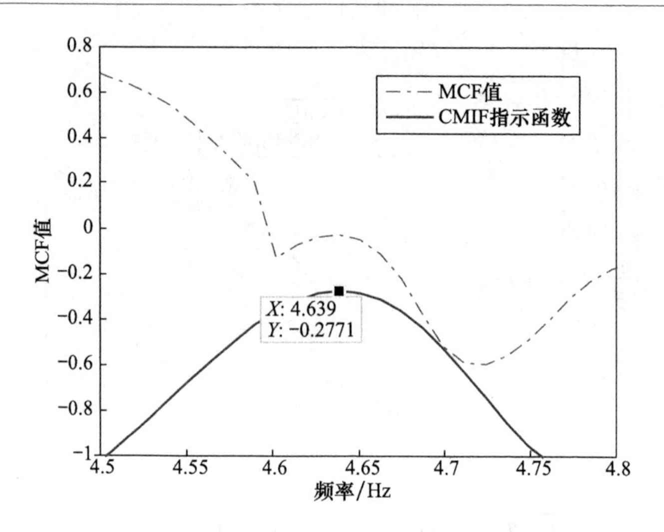

图 8-15　频率 4.639Hz 的 MCF 值（虚假模态）

表 8-2　不同泄洪工况下拱坝工作模态参数辨识结果

阶次	工况 1		工况 2	
	工作频率 /Hz	阻尼比 /%	工作频率 /Hz	阻尼比 /%
1	1.49	3.3	1.48	4.2
2	1.55	1.7	1.54	2.5
3	2.23	2.9	2.25	2.0
4	2.90	1.8	2.88	1.7

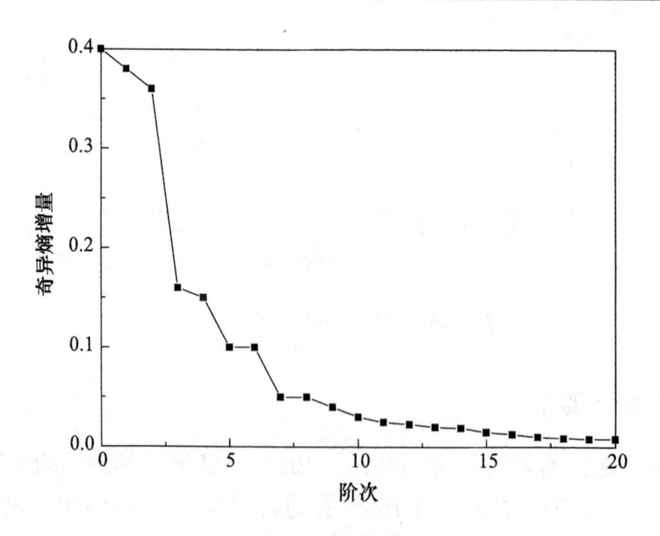

图 8-16　奇异熵增量谱

引起的虚假模态影响，最终辨识出结构的前 3 阶模态频率、阻尼比和振型，频率稳定图如图 8-17 所示。由图 8-17 稳定图可知，频率结果随着行空间行数的增加而有所浮动，对所有各阶模态频率进行均值处理后，得到稳定的辨识结果；同理，对阻尼比和振型的辨识也进行均值后得到各阶稳定的阻尼比和振型，SSI 法与 ERA 法辨识结果如表 8-3 所示。

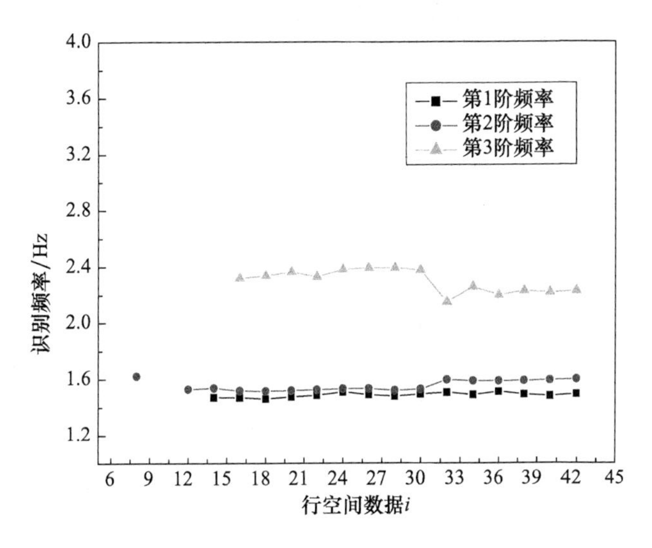

图 8-17　频率稳定图

表 8-3　SSI 法与 ERA 法辨识结果对比

模态阶数	SSI 辨识			ERA 辨识		
	频率 /Hz	阻尼比 /%	模态振型	频率 /Hz	阻尼比 /%	振型系数
1	1.48	1.46	反对称	1.46～1.48	1.4～1.5	1.34～1.41
2	1.55	1.25	正对称	1.59	1.1～1.2	4.08～5.52
3	2.29	1.86	正对称	2.27～2.29	1.2～2.1	–1.84～2.25

对比结果可知，时域法与频域法的辨识结果非常接近，频率辨识误差均在 5%以内，满足工程要求精度；同时，由于频域法的局限，无法得到结构振动振型。

8.4　本章小结

本章主要介绍了模态参数辨识的频域方法，并针对峰值提取法在提取特征频率时主观性较强、无法辨识密集模态的缺陷，提出通过定义模态一致性函数的方法来辨别虚假模态频率（如水流噪声模态频率），确定该阶模态起主要作用的优势频域带宽，提高阻尼比的计算精度。该方法的提出为仅利用结构输出响应来进行高精度的密集模态辨识开辟了新途径。以二滩拱坝泄洪振动原型观测数据为基础，对二滩拱坝的泄洪工作模态参数进行了辨识，论证了仅利用流激振动响应进行结构工作模态参数辨识的可行性。将本章辨识结果与 ERA、SSI 算法辨识结果进行了对比，结果表明三种方法均具有较高的精度和良好的工程实用性。

参考文献

[1] Brincker R, Zhang L M, Anderson P. Modal identification from ambient response using frequency domain decomposition [C] //Proceedings of 18th IMAC, USA, Society for Experimental Mechanics, 2000.

[2] Brincker R, Zhang L M, Andersen P. Modal identification of output-only system using frequency domain decomposition [J]. Smart Materials and Structures, 2001, 10: 441-445.

[3] 王兆辉，樊可清，李霆. 系统辨识在桥梁状态监测中的应用 [J]. 中南公路工程，2006，31（3）：159-163.

[4] 李火坤，练继建. 高拱坝泄流激励下基于频域法的工作模态参数辨识 [J]. 振动与冲击，2008，27（7）：149-153.

[5] 崔广涛，练继建，等. 水流动力荷载与流固相互作用 [M]. 北京：中国水利水电出版社，1999.

[6] 练继建，崔广涛. 高拱坝泄洪振动的计算分析与验证 [J]. 水利学报，1999（12）：23-32.

[7] 练继建，马斌，李福田. 高坝流激振动响应的反分析方法 [J]. 水利学报，2007，38（5）：575-581.

[8] 陈奎孚，焦群英. 半功率点法估计阻尼比的误差分析 [J]. 机械强度，2002，24（4）：510-514.

[9] 张建伟，康迎宾，张翌娜，等. 基于泄流响应的高拱坝模态参数辨识与动态监测 [J]. 振动与冲击，2010，29（9）：146-150.

第 9 章　结论与展望

环境激励下的结构模态辨识属于工作模态分析的一种，工作模态分析指结构处于工作状态、运行状态时进行的模态分析，其特点是仅已知分析过程或仅利用系统振动的输出信息。工作模态分析由于系统输入信号未知，在系统参数求解时无法建立确定的激励—系统—响应模型，从而导致系统特征值解空间的扩大，降低了模态辨识的精度。对于环境激励下的模态辨识，经典的模态分析方法因为需要已经输入信号而不再适用。对结构进行环境激励下的模态辨识，可以不暂停结构的正常使用，从而极大地方便了结构在正常使用状态下进行健康检测与监测工作。自 20 世纪 70 年代起，随着航天、土木工程、汽车、海洋等行业的模态辨识及损伤检测的需求，促使环境激励下的模态辨识与损伤检测领域快速发展，催生了一批平稳环境激励下时域、频域或时频域联合的模态参数辨识方法。总体来言，环境激励下的模态参数辨识在完成前期信号处理之后，需要经过模态辨识、模态验证或虚假模态剔除这两个步骤。

水工结构工作模态参数是结构运行状况的动态外在表现，模态参数的准确辨识是对高坝等大型水工结构进行在线动态无损检测和监测的前提，是具有重大实用价值的应用基础研究，该研究不仅涉及水利领域，还涉及结构动力学、仪器仪表与测试技术、信号处理、计算机科学与技术、材料科学和自动化等多个学科领域，具有明显的学科交叉和融合特征，是个复杂的综合课题。基于环境激励的工程结构模态参数辨识方法，能够辨识出传统的试验模态分析技术所不能辨识的模态参数，理论上具有可信度，应用上具有可行性。与此同时，该研究在水利、土木工程等领域还没有形成系统的理论和技术，还有许多问题亟待进一步完善。

（1）传感器优化布置问题。泄流结构体积庞大，且水下部分不能或不方便进行测试设备的布置，所测到得结构振动信息并非完备，同时，不适当的传感器布置将会影响参数辨识的精度，因此在环境背景噪声强干扰的情况下，如何通过尽可能少的传感器获取全面精确的结构模态参数信息还应深入研究。

（2）非稳态激励下非线性系统的模态参数辨识问题。对于环境激励，由于激励、系统均未知，常常需要把激励信号认为是白噪声或适当宽松地认为是平稳信号，辨识系统假定是线性的，以方便通过信号的统计规律进行系统辨识，但实际结构往往不能忽略非线性成分，包括几何非线性和材料非线性以及外部输入的非稳态激励，因此，对于非稳态激励下的非线性系统模态参数辨识才是符合工程实际情况的，其工作模态参数辨识的理论方法还需深入研究。

（3）辨识精度问题。在测试信号中必然包含噪声的干扰，所辨识的模态中除了系统模态外，还包含噪声模态，如何甄别和剔除噪声模态，合理地选择辨识方法和模态定阶等问题，一直是模态辨识研究中的重要课题。

（4）环境激励响应信号频带覆盖模态频带的程度，在什么样激励工作状况下测定响应最好。

（5）关于环境激励能量大小的问题，目前还没有完善的衡量标准，需要进一步探讨。不同于试验模态分析，环境激励无法设计激励形式及激励能量，因此很有可能对结构的激励不充分，从而导致部分阶次的模态难以辨识，例如，在对结构进行精细的损伤诊断时，往往需要利用结构较高阶次的模态。

（6）模态振型归一化问题。利用环境激励进行模态辨识时，由于激励未知，因此辨识得到的结构振型只是一个相对量。